面 向 21 世 纪 课 程 教 材
"十二五"普通高等教育本科国家级规划教材

高校土木工程专业指导委员会规划推荐教材
（经典精品系列教材）

水 文 学

雒文生　主编
赵英林　张小峰　编

U0202445

中国建筑工业出版社

图书在版编目（CIP）数据

水文学/雒文生主编. —北京：中国建筑工业出版社，
2001.12（2023.11重印）

面向 21 世纪课程教材."十二五"普通高等教育本
科国家级规划教材. 高校土木工程专业指导委员会规
划推荐教材（经典精品系列教材）

ISBN 978-7-112-04642-3

Ⅰ. 水… Ⅱ. 雒… Ⅲ. 水文学-高等学校-教材
Ⅳ. P33

中国版本图书馆 CIP 数据核字（2001）第 051040 号

本教材是根据建设部高校土木工程学科专业指导委员会审定的该门课
程教学大纲编写的。全书分为 6 章，主要内容有：绪论，河流与径流，水
文统计基本原理与方法，设计洪峰流量与水位计算，桥涵孔径设计，桥下
河床冲刷计算。

本书可作为高校土木工程学科教材，也可供相关专业师生学生和
参考。

面向 21 世纪课程教材

"十二五"普通高等教育本科国家级规划教材

高校土木工程专业指导委员会规划推荐教材

（经典精品系列教材）

水文学

雒文生　主编

赵英林　张小峰　编

＊

中国建筑工业出版社出版、发行（北京西郊百万庄）

各地新华书店、建筑书店经销

建工社（河北）印刷有限公司印刷

＊

开本：787×960 毫米　1/16　印张：14　字数：276 千字
2001 年 12 月第一版　　2023 年 11 月第十六次印刷
定价：**25.00 元**
ISBN 978-7-112-04642-3
（20916）

前　　言

　　本教材为高等学校土木工程专业的通用教材,是根据1999年9月建设部高校土木工程学科专业指导委员会三届二次会议精神,就大学专业调整后要求的《水文学》课程教学大纲内容编写的。编写过程中,多次征求出版社和有关专业师生的意见,及吸收过去教材编写的经验,力求教材内容切合本专业需要,并能适当反映国内外水文科学的先进水平。

　　全书共6章,内容包括水文测验及资料收集、水文循环及径流形成过程、水文统计基本原理和方法、由流量资料、暴雨资料推求设计洪水、小流域设计洪水、设计洪水位的推求、桥涵孔径设计和桥下河床冲刷计算等。每章均有思考题和习题,便于教学和学习。

　　本教材由武汉大学水文水资源工程系雒文生主编,其中第1章、第2章§2.1、§2.2和第4章由雒文生编写,第3章由赵英林编写,第2章§2.3及第5章、第6章由张小峰编写。在编写过程中,引用了一些有关院校、生产单位、研究单位编写的教材及技术资料,编者在此一并致谢。

　　敬请读者对本书存在的缺点和错误予以批评指正。

出 版 说 明

  1998 年教育部颁布普通高等学校本科专业目录，将原建筑工程、交通土建工程等多个专业合并为土木工程专业。为适应大土木的教学需要，高等学校土木工程学科专业指导委员会编制出版了《高等学校土木工程专业本科教育培养目标和培养方案及课程教学大纲》，并组织我国土木工程专业教育领域的优秀专家编写了《高校土木工程专业指导委员会规划推荐教材》。该系列教材 2002 年起陆续出版，共 40 余册，十余年来多次修订，在土木工程专业教学中起到了积极的指导作用。

  本系列教材从宽口径、大土木的概念出发，根据教育部有关高等教育土木工程专业课程设置的教学要求编写，经过多年的建设和发展，逐步形成了自己的特色。本系列教材投入使用之后，学生、教师以及教育和行业行政主管部门对教材给予了很高评价。本系列教材曾被教育部评为面向 21 世纪课程教材，其中大多数曾被评为普通高等教育"十一五"国家级规划教材和普通高等教育土建学科专业"十五"、"十一五"、"十二五"规划教材，并有 11 种入选教育部普通高等教育精品教材。2012 年，本系列教材全部入选第一批"十二五"普通高等教育本科国家级规划教材。

  2011 年，高等学校土木工程学科专业指导委员会根据国家教育行政主管部门的要求以及新时期我国土木工程专业教学现状，编制了《高等学校土木工程本科指导性专业规范》。在此基础上，高等学校土木工程学科专业指导委员会及时规划出版了高等学校土木工程本科指导性专业规范配套教材。为区分两套教材，特在原系列教材丛书名《高校土木工程专业指导委员会规划推荐教材》后加上经典精品系列教材。各位主编将根据教育部《关于印发第一批"十二五"普通高等教育本科国家级规划教材书目的通知》要求，及时对教材进行修订完善，补充反映土木工程学科及行业发展的最新知识和技术内容，与时俱进。

高等学校土木工程学科专业指导委员会

中国建筑工业出版社

2013 年 2 月

目　　录

第1章 绪 论

　　水文科学是地球科学的组成部分，也是现代技术的一个重要领域，在国民经济发展中正在发挥着愈来愈显著的作用，它将为土木工程的规划、设计、施工和管理提供必需的水文依据。本章就其主要内容、特点、研究方法和发展作一扼要介绍。

§1.1　水文学的研究内容

　　大气中的水汽、地球表面的江河、湖泊、沼泽、冰川、海洋和地下水等，都是以一定形式存在于自然界的水体。他们彼此区别，又相互转化和联系，既受周围环境的作用，又对环境产生各式各样的影响。水文学就是研究自然界中这些水体形成、分布、变化、运动、相互转化和与环境相互作用规律的一门科学。因此，按照水体所处位置和特点的不同，水文学可分为水文气象学、河流水文学、湖泊水文学、沼泽水文学、冰川水文学、海洋水文学、地下水文学等。古往今来，河流与人类生产、生活息息相关，如灌溉、防洪、发电、航运等等，所以河流水文学发展比较早，也比较快，已经成为内容非常丰富的一个水文学分支，为本专业学习的主要内容。

　　水文学的内容主要有：①水文测验和资料整编与发布，这是水文分析计算和研究的基础性工作。水文资料有降水、蒸发、水位、流量、泥沙、水温、水质等，可通过不同的水文测验设施进行观测，系统整理，然后以水文年鉴或水文数据库的形式提供有关部门应用；②水文实验研究，包括室内的和野外的，研究水量水质变化的物理机制和水文循环及径流形成的基本规律；③水文分析与计算（也称水文预测），主要根据水文要素变化的统计规律，预测未来很长很长的时期内某一水文现象平均出现的概率，如工程运用期间的百年一遇洪水，其出现概率为1%，为工程规划提供依据；④水文预报，主要根据水文现象的成因规律，由现时已经出现的雨情、水情、沙情等预报未来一定时期内（称预见期）径流、泥沙等的大小和变化，为防洪、发电、灌溉等实时决策提供依据；⑤水文地理，研究水文特征与地理因素间的关系，例如多年平均洪峰流量与流域面积、降雨、河流坡降间的相关关系，以及水文特征值随地区的变化规律，用以解决无实测资料流域的水文计算问题；⑥河流的冲刷与泥沙淤积计算，对河流防洪和工程安全具有重要意义，这部分内容已形成一门独立的学科——河流动力学；⑦其他，如水情、水质、兴利和防洪调度等。总之，水文学的内容非常广泛、非常丰富、也极其复杂，渗透到了国家经济建设的方方面面，我们将视本专业的需要，学习其中的有关部分。

§1.2　水文现象基本规律及其研究方法

1.2.1　水文现象的基本规律

1. 水文现象的确定性规律

水文现象同其他自然现象一样，具有必然性和偶然性，在水文学中通常按数学上的习惯，称前者为确定性、后者为随机性。

众所周知，河流每年都具有洪水期和枯水期的周期性交替，冰雪水源河流则具有以日为周期的流量变化，产生这些现象的基本原因是地球公转和自转的周期性变化。在一条河流上降落一场暴雨，相应地就会出现一次洪水。如果暴雨强度大、历时长、笼罩面积广，产生的洪水就大；反之，则小。显然，暴雨与洪水之间存在着因果关系。由此说明：水文现象都具有客观发生的原因和具体形成的条件，从而存在确定性的规律，也称成因规律。但是，影响水文现象的因素极其错综复杂，其确定性规律常不能完全用严密的数理方程表达出来，于是，在一定程度上又表现出非确定性，称随机性。例如根据雨洪成因规律进行洪水预报，尽管能取得较好的效果，但由于计算中忽略了一些次要的偶然因素的干扰，从而使预报成果表现出某种程度的随机误差。

2. 水文现象的随机性规律

河流某断面每年出现最大洪峰流量的大小和它们出现的具体日期各年不同，具有随机性，即未来的某一年份到底出现多大洪水是不确定的。但通过长期观测可以发现，特大洪水流量和特小洪水流量出现的机会很少，中等洪水出现的机会多，多年平均值则是一个趋于稳定的数值，洪水大小和出现机会形成一个确定的分布，这就是所说的随机性规律。因此要掌握这种规律，常常需要由大量的资料统计出来，故又称统计规律。

3. 水文现象的地区性规律

某些水文现象受气候因素，如降水、蒸发、气温等所制约，而这些气候因素是具有地区性规律的，所以这些水文现象也在一定程度上具有地区性规律。例如我国的多年平均降水量自东南沿海向西北内陆逐渐减少，从而使河川多年平均径流深也呈现出同样的地区性变化，它整体上反映了确定性规律和统计规律的综合结果。

1.2.2　水文研究的基本方法

根据上述水文现象的基本规律，其研究方法相应地分为以下三类：

1. 成因分析法

如上所述，水文现象与其影响因素之间存在着成因上的确定性关系。通过对实测资料和实验室资料的分析研究，可以从水文过程形成的机理上建立某一水文现象与其影响因素之间确定性的定量关系。这样，就可以根据过去和当前影响因素的状况，预测未来的水文现象，这种利用水文现象确定性规律来解决水文问题的方法，称为成因分析法，它在水文分析和水文预报中得到广泛应用。

2. 数理统计法

根据水文现象的随机性，以概率理论为基础，运用频率计算方法，可以求得某水文要素的概率分布，从而得出工程规划设计所需的设计水文特征值。利用两个或多个变量之间的统计关系——相关关系，进行相关分析，以展延水文系列或做水文预报。

为了获得水文现象的随机过程，近代又提出了一种随机水文学方法。

3. 地区综合法

根据气候要素和其他地理要素的地区性规律，可以按地区研究受其影响的某些水文特征值的地区变化规律。这些研究成果可以用等值线图或地区经验公式表示，如多年平均径流深等值线图、洪水地区经验公式等。利用这些等值线或经验公式，可以求出资料短缺地区的水文特征值。这就是地区综合法。

每种水文现象都程度不同地存在着以上三种规律性，因此，实际水文计算中，常常根据实际情况和需要，选用一种或几种方法计算，以便得出合理可靠的成果。

§1.3 水文科学的发展

水文科学如同其他科学一样，随着人类经济建设的不断需要，由萌芽到成熟，由定性到定量，由经验到理论发展起来，至17世纪后期逐步形成了一门比较独立的学科，从此水文学步入了快速发展时期。

水位的高低是水文学中最直观最重要的因素之一，我国和埃及是水位观测最早的国家。公元前约22世纪，大禹治水已"随山刊木"（即沿河边立木观测水位），以后秦孝文王时（公元前250年）李冰父子的都江堰"石人"，隋代（581～681年）的石刻水则、宋代（960～1279年）的水碑，明代（1368～1644年）的"乘沙、量水器"相继出现，清嘉庆年间（18世纪末）正式设立水位站，系统观测和记录水位。雨量是另一重要的水文要素，明洪武年间（14世纪70年代）开始观测。这一时期的古代著作《吕氏春秋》、《水经》、《论衡》、《河渠史》等，系统地调查、记载我国各大江河的源流、水情，并提出了水文循环的初步概念。15世纪后，欧洲的文艺复兴和产业革命，促进自然科学和技术科学飞跃发展，自记雨量计（C. 雷恩，1663）、蒸发器（E. 哈雷，1687）、流速仪（T.G. 埃利斯等，1870）等水文仪器相继发明，并设立水文站网系统观测水位、流量、降水、蒸发、泥沙等。尤其1674年P.贝罗特出版了《喷泉起源》一书，在水文循环的概念下，提出流域水量平衡原理，并用以计算出塞纳河伯格底以上的年径流量为年降水量的1/6，这标志着水文作为一门学科已经初步形成。

20世纪，由于水利、交通、能源等的大规模建设，提出了许多水文问题迫切需要解决；另外，水文观测已经积累了比较多的资料，为解决这些问题打下坚实基础，促使水文的长足发展。许多产汇流理论和水文统计原理与方法，如至今仍广泛应用的霍顿下渗理论、等流时线法、单位线法、马斯京根流量演算法、各种流域水文模型、经验频率公式、输沙率公式等都是这一时期建立的，较好地解决了水文预报和分析计算问题，为工程规划、设计、施工和管理提供了可靠的水文依据，并出版了大量的水文专著，如《应用水文学》（R.K.林斯雷等，1949）、《工程水文学》（R.K.林斯雷等，1958）、《山坡水文学》（M.J.柯克比，1978）、《流域水文模拟——新安江模型和陕北模型》（赵人俊，1984）、《水文预报方法》（长江水利委员会，1979、1993）、《河流泥沙工程学》（武汉水利电力学院，1983）、《泥沙运动力学》（钱宁，1983）与《河床演变学》（钱宁，1986）等。60年代以来，由于人类活动的大规模进行和电子计算机、卫星遥感遥测等高新技术的出现，给现代水文学以新的特点，即水文预报、预测，既要考虑水量，又要考虑水质，并估计人类活动对水文循环的一系列影响；再是水文信息采集、模型计算和优化调度一体化，实现工程管理的水文实时预报综合调度自动化系统，充分发挥水文预报、预测的社会效益和经济效益。

思 考 题

1.1 什么是水文学？它研究的主要内容有哪些？

1.2 自然界常见的有哪些水文现象？其变化有哪些基本规律？

1.3 水文研究的基本方法有哪些？

1.4 水文学在土木工程规划、设计、管理中有哪些作用？试举例说明。

第2章 河流与径流

§2.1 河流与流域

　　接纳地面径流和地下径流的天然泄水通道称河流。供给河流地面和地下径流的集水区域叫流域，它由汇集地面径流的地面集水区和汇集地下径流的地下集水区所组成。流域里大大小小的水流，构成脉络相通的系统称河系（河网），又称水系，如图2-1所示，为浙江省余英溪姜湾断面以上流域的水系和雨量站分布情况，过姜湾断面的点画线包围的区域即地面集水区。河流的流域和河系是河川径流的补给源地和输送路径，它们的特征都将直接、间接地影响径流的形成和变化。

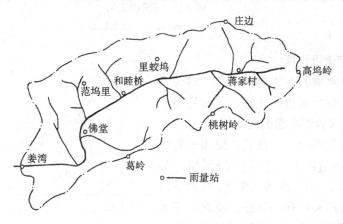

图2-1　余英溪姜湾断面以上流域水系及雨量站分布图

2.1.1 河流特征

1. 河流长度

　　自河源沿主河道至河口的长度称为河流长度，简称河长，可在适当比例尺的地形图上用曲线仪量得。

2. 河流分段

　　一条河流沿水流方向，自高向低沿流程可分为河源、上游、中游、下游、河口区5段。河源是河流的发源地，可以是泉水、溪涧、沼泽、冰川等。上游直接连接河源，这一段的特点是河谷窄、坡度大、水流急、下切侵蚀为主，河流中常有瀑布、急滩。中游河段坡度渐缓，下切力减弱，旁蚀力加强，急流、瀑布消失，河槽变宽，两岸有滩地，河床较稳定。下游是河流的下段，河槽宽、坡度缓、流速小，淤积为主，浅滩沙洲多，河曲发育。河口是河流的终点，即河流注入海洋或内陆湖的地区。这一段因流速骤减，泥沙大量淤积，往往形成三角洲。

3. 河谷与河槽

可以排泄河川径流的连续凹地称为河谷。河谷的横断面形状由于地质构造不同有很大差异，一般可分为峡谷、宽广河谷和台地河谷。谷底过水的部分称河槽，河槽的横断面称过水断面。根据横断面形状的不同，分为单式和复式两类，如图2-2所示。复式断面由枯水河槽和滩地组成，洪水时滩地将被淹没和过水。

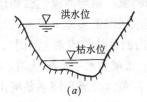 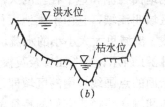

图 2-2   河槽断面图

(a) 单式断面；(b) 复式断面

4. 河道纵比降

河段两端的高程差叫落差。单位河长的落差称为河道纵比降，一般称河流坡降。当河段纵断面的河底近于直线时，该河段的落差除以河段长，便得平均纵比降。当河道纵断面的河底呈折线时，如图2-3所示，可在纵断面图上，通过下游端断面的河底处作一斜线，使之以下的面积与原河底线以下的面积相等，此斜线的坡度即为河道的平均纵比降J，计算公式为

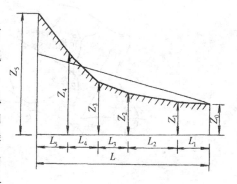

图 2-3   河道平均纵比降计算示意图

$$J = \frac{(Z_0 + Z_1)L_1 + (Z_1 + Z_2)L_2 + \cdots + (Z_{n-1} + Z_n)L_n - 2Z_0 L}{L^2} \quad (2-1)$$

式中 Z_0，$\cdots\cdots Z_n$——自下游至上游沿程各转折点的高程；

L_1，$\cdots\cdots L_n$——相邻两点间的距离；

L——河道全长。

除上述特征外，还有河流弯曲系数、河网密度、河系几何形态，各级河流的分叉率、河长增长率和集流面积增长率等。

2.1.2 流域特征

1. 分水线和流域

(1) 分水线　当地形向两侧倾斜，使雨水分别汇入两条不同的河流中去，这一地形上的脊线起着分水作用，称为分水线或分水岭。分水线是相邻两流域的分界线。例如降在秦岭以南的雨水流入长江，而降在秦岭以北的雨水则流入黄河，所以秦岭是长江与黄河的分水岭。

流域的分水线是流域的周界。流域的地面分水线是地面集水区的周界，通常就是经过出口断面环绕流域四周的山脊线，可根据地形图勾绘，如图 2-1 中的点画线。流域的地下分水线是地下集水区的周界，但很难准确确定。由于水文地质条件和地貌特征影响，地面、地下分水

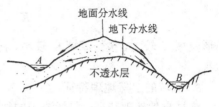

图 2-4　地面分水线与地下分水线示意图

线可能不一致。如图 2-4，A、B 两河地面分水线在中间的山脊上，但地下不透水层向 A 河倾斜，其地下分水线在地面分水线的右边，二者在垂直方向不重合，地面、地下分水线间的面积上，降雨产生的地面径流注入 B 河，产生的地下径流注入 A 河，从而造成地面、地下集水区的不一致。除此之外，如果 A、B 之间没有不透水的地下分水线，枯季时，A 河的水还会渗向 B 河，使地下分水线发生变动。

(2) 流域　流域是指汇集地面、地下径流的区域，是相对河流某一断面而言的。例如图 2-4 中 B 断面控制的流域，即是 B 以上的地面、地下集水区，它们产生的径流将由 B 断面流出。A 断面控制的流域则是 A 以上的集水区域，但由于它下切深度浅，其上产生的径流将有一小部分从断面下的透水层中排出，而没有经过 A 断面。

当流域的地面、地下分水线重合，河流下切比较深，流域面积上降水产生的地面、地下径流能够全部经过出口断面排出者，称闭合流域。一般的大、中流域，地面、地下分水线不重合造成地面、地下集水区的差异相对于全流域很小，且出口断面下切较深，常常被看做是闭合流域。与闭合流域相反，或者因地面、地下分水线不一致，或者因河流下切过浅，出口断面流出的径流并不正好是流域的地面集水区上降水产生的径流时，称这种情况为非闭合流域。很小的流域，或岩溶地区的流域，常常是非闭合流域，水文计算时要格外注意，应通过地质、水文地质、枯水、泉水调查等，判定由于流域不闭合可能造成的水量差异。

2. 流域的几何特征

流域的几何特征常用流域面积、流域长度、流域形状系数等描述。

(1) 流域面积　流域面积是指流域地面集水区的水平投影面积，如图 2-1 中点画线所包围的面积。通常先在 1/50000 或 1/100000 的地形图上划出流域的地面分

水线，然后用求积仪量出它所包围的面积，这就是流域面积。

（2）流域长度和平均宽度 流域长度就是流域的轴长。以流域出口为中心作出许多同心圆，由每个同心圆与流域分水线相交点作割线，各割线中点的连线的长度即为流域长度。流域面积 F 除以流域长度 L 的比值为流域的平均宽度 B，即 $B=F/L$。

（3）流域形状系数 流域平均宽度 B 与流域长度 L 之比为流域形状系数 K，即

$$K = \frac{B}{L} = \frac{F}{L^2} \tag{2-2}$$

扇形流域 K 较大，狭长流域 K 较小，它在一定程度上以定量的方式反映了流域的形状。

3. 流域的自然地理特征

流域自然地理特征，包括流域的地理位置、气候条件、土壤性质及地质构造、地形、植被、湖泊沼泽等。

（1）流域的地理位置 流域的地理位置是以流域所处的经度和纬度来说明的，它间接反映流域的气候和地理环境。

（2）流域的气候条件 包括降水、蒸发、温度、湿度、风等，是决定流域水文特征的重要因素。

（3）流域的地形 流域的地形特性除用地形图描述外，还常用流域的平均高程和平均坡度来定量地表征。可用格点法计算，即将流域地形图划分成100个以上的正方格，定出每个方格交叉点上的高程和与等高线正交方向的坡度，这些高程的平均值即为流域平均高程；这些格点的坡度平均值即为流域平均坡度。

（4）流域的土壤、岩石性质和地质构造 土壤的性质，如土壤类型、结构；岩石水理性质，如透水性、给水度；地质构造，如断层、节理。它们对下渗和地下水运动有重要影响。

（5）流域的植被 植被主要指森林，以植被面积占流域面积之比，称植被率，表示植被的相对多少。森林对减少泥沙和洪水有重要作用。

（6）流域的湖泊与沼泽 湖沼对径流起调节作用，能调蓄洪水和改变径流的年内分配。通常以它们占流域面积的百分数，称湖泊率和沼泽率，来反映它们的相对大小。

人类活动措施，如水利水电工程、水土保持、农业措施、城市化等，将通过改变流域的自然地理条件而引起水文上的变化。例如修建水库，扩大了水面面积，增加了蒸发和对径流的调蓄。

§2.2 径流及其形成过程

河川径流源源不断，是由于地球上存在着自然界永不停止的水分循环，即水

文循环。径流即是水文循环中的一个十分重要的环节。河川径流,有时汹涌澎湃,泛滥成灾;有时则水量锐减,难以满足灌溉、发电、航运和人们对水资源的需要。为了尽可能准确地对径流变化过程进行预报、预测,通过水文观测和实验,认识和掌握径流形成机理是非常重要的。

2.2.1 水文循环与水量平衡

1. 水文循环

地球表面的广大水体,在太阳的辐射作用下,大量的水分被蒸发上升至空中,随气流运动向各地输送。水汽上升和输送过程中,在一定条件下凝结而以降水形式降落到陆面或洋面上,降在陆面上的雨水形成地表、地下径流,通过江河流入海洋,然后再由海洋面上蒸发。水分这种往复不断的循环过程称为自然界的水循环,即水文循环。

自然界中水的循环有蒸发、降水、下渗和径流4个主要环节。根据地球上水文循环的全局性和局部性,可把水文循环分为大循环和小循环。海洋上蒸发的水汽,被气流带到陆地上空,在一定气象条件下成云致雨,降落到地面,称降水。其中一部分被蒸发,另一部分形成地面径流和地下径流,最后流回海洋。这种海洋与大陆之间水分的不断交换称大循环,如图2-5中的1。洋面蒸发的水汽,上升凝结后又降落在洋面上;或陆面蒸发的水汽上升凝结后又降在陆面上,这种局部的水文循环称小循环,如图2-5中的2。对陆面降水来说,主要是依赖于洋面上大量蒸发源源不断送来的水汽,即大循环起主导作用。

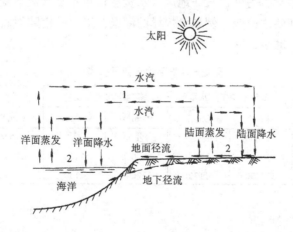

图 2-5 自然界水文循环示意图

1—大循环;2—小循环

我国水文循环的主要水汽来源是东南面的太平洋。随着东南季风,水汽向西北输送。输送途中,首先在沿海地区形成较多的降水。所以,越向西北,空气中的水汽越少，降水量也越少。来自西南方向印度洋的水汽也是我国水汽的重要来源，对我国西南地区的降水有很大作用，但是由于高山峻岭阻隔，水汽不能深入内陆腹地。还有少量的水汽来自大西洋、北冰洋、鄂霍次克海，仅对局部地区有主要影响。

　　2. 地球的水量平衡

　　水文循环过程中，任一地区一定时段内进入的水量与输出的水量之差，必等于其蓄水的变化量，此即水量平衡原理。每年的蓄水变量有正有负，长期多年的平均值趋近于零，故

$$\overline{R} = \overline{P}_c - \overline{E}_c \tag{2-3}$$

对于海洋则为

$$\overline{R} = \overline{E}_0 - \overline{P}_0 \tag{2-4}$$

式中　$\overline{R}$——流入海洋的多年平均年径流量；

　　$\overline{P}_c$、$\overline{P}_0$——分别为大陆上和海洋上的多年平均年降水量；

　　$\overline{E}_c$、$\overline{E}_0$——分别为大陆和海洋的多年平均年蒸发量。

　　二式合并，得全球水量平衡方程为

$$\overline{E}_c + \overline{E}_0 = \overline{P}_c + \overline{P}_0 \tag{2-5}$$

即全球的降水量和蒸发量是相等的，如表 2-1 所列。由表可知，海洋平均每年将向大陆输送 119000km³ 的降水资源，除去蒸发后，将是为人们运用的径流资源，即一般所说的水资源。由于各地的水文循环情况不同，使水资源在地区分布和时程分配上有很大的差异。另外，某一地区的水资源量也不是永恒不变的，人们可以通过影响水文循环使之改变。例如大规模的灌溉、造林等使陆面蒸发增加，从而使降水增加和径流减少。

地球上多年平均水量平衡表　　　　　　　　　表 2-1

区　域	面　积 $(10^6 km^2)$	多年平均年降水量		多年平均年蒸发量		多年平均入海年径流量	
		(km^3)	(mm)	(km^3)	(mm)	(km^3)	(mm)
陆　地	149	119000	800	72000	485	47000	315
海　洋	361	458000	1270	505000	1400	47000	130
全　球	510	577000	1130	577000	1130		

　　3. 流域水量平衡

　　对于某一流域，水文循环的各个因素也像全球那样，总是处于动态平衡之中，此即流域水量平衡。为使研究更具一般性，可先建立某一区域的通用水量平衡方程。在地面上任意划定一个区域，沿此区域的边界取出一个其底无水量交换的柱体（图 2-6）来研究。设在一定时期 T 内，进入此柱体的水量有：降水量 P、凝结量 E_1，地面径流流入量 R_{s1}、地下径流流入量 R_{g1}；流出此柱体的水量有：区域蒸

发量 E_2、地面径流流出量 R_{s2}、地下径流流出量 R_{g2}；时段初、末的柱体蓄水量为 S_1、S_2。根据水量平衡原理，该柱体在 T 时段内的通用水量平衡方程式如下：

$$(P + E_1 + R_{s1} + R_{g1}) - (E_2 + R_{s2} + R_{g2}) = S_2 - S_1 \qquad (2\text{-}6)$$

式中各项均以水深计。

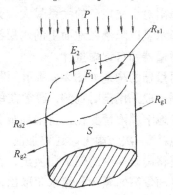

若上述柱体是一个闭合流域，则 R_{s1} $=0$，$R_{g1}=0$。并令 $R=R_{s2}+R_{g2}$，为流域出口断面的总径流深；$E=E_2-E_1$，代表净的蒸散发量；$\Delta S=S_2-S_1$，为该流域 T 时段内的蓄水变量，则得闭合流域时段为 T 的水量平衡方程为

$$P - E - R = \Delta S \qquad (2\text{-}7)$$

对于多年平均情况，上式中蓄水变量 ΔS 的多年平均值趋于零，R 变为多年平均年径流深 $\overline{R}$，P 变为多年平均年降水量 $\overline{P}$，E 变为多年平均年蒸散发量 $\overline{E}$，从而得多年平均情况的闭合流域水量平衡方程为

图 2-6 某一区域水量平衡示意图

$$\overline{P} = \overline{R} + \overline{E} \qquad (2\text{-}8)$$

根据各流域的实测降水、径流资料，并运用流域水量平衡方程，可求得各流域的和区域的多年平均情况的水平衡状况，见表 2-2。

我国各流域片多年平均水量平衡表　　　　　　　　　　表 2-2

项　　目	内陆河	外　流　河										全　国
		黑龙江	辽河	海滦河	黄河	淮河	长江	浙闽台诸河	珠江	西南诸河	额尔齐斯河	
年降水量 $\overline{P}$ (mm)	153.9	495.5	551.0	559.8	464.4	859.6	1070.5	1758.1	1544.3	1097.7	394.5	648.4
年径流量 $\overline{R}$ (mm)	32.0	129.1	141.1	90.5	83.2	231.0	526.0	1066.3	806.9	687.5	189.6	284.1
年蒸发量 $\overline{E}$ (mm)	121.9	366.4	409.9	469.3	381.2	628.6	544.5	691.8	737.4	410.2	204.9	364.3
流域面积 (km²)	3321713	903418	345207	318161	794712	329211	1808500	239803	580641	851406	52730	9545322

2.2.2　水文观测与水文资料收集

1. 降水

水分以各种形式从大气降落到地面，称之为降水。降水的主要形式有雨、雪、霰、雹，其他还有霜、露等。降水的形成主要是由于地面暖湿气团在各种因素的影响下迅速升入高空，上升过程中产生动力冷却，当温度降到露点以下时，气团中的水汽便凝结成水滴或冰晶，形成云层，云中的水滴、冰晶，随着水汽不断凝结而增多，同时还随着气流运动，相互碰撞合并而增大，直到他们的重量不能为上升气流浮托时，在重力作用下降落形成降水。可见，源源不断的水汽输入是降水的依据，气流上升产生动力冷却则是形成降水的必要条件。按引起低空暖湿气流上升的原因，常将降水分为锋面雨、气旋雨、对流雨和地形雨4种类型。不同类型的降水，其降雨过程和地区分布将有不同的特点。对我国绝大多数的河流来说，降雨对水文现象的关系最大，尤其是大洪水，因此，以下主要讲降雨观测。

降水量以降落在地面上的水层深度表示，常以 mm 为单位，观测降水量的仪器有雨量器和自记雨量计。

雨量器的构造如图2-7所示。设置时，其上口距地面70cm，器口保持水平。雨量观测一般采用定时观测，通常在每天的8时与20时观测，称之为两段制。雨季为更好地掌握雨情变化，将增加观测段次，如4段制，即从每天的8时开始，每隔6h观测一次，雨大时还要加测，如8段制、12段制、24段制。观测时用空的储水瓶将雨量筒中的储水瓶换出，在室内用特制的量杯量出降雨量。当可望降雪时，将雨量筒的漏斗和储水瓶取出，仅留外筒，作为承雪的器具进行观测。将雪加温融化后，得到降水深。

自记雨量计有各种型式，其中虹吸式自记雨量计是最常用的一种，其构造如图2-8所示。雨水从承雨器1流入容器8内。器内浮子2随水面上升，带动自记笔4在附于时钟5上的记录纸上画出曲线。该曲线的纵坐标表示累积雨量，横坐标表示时程，称累积雨量过程线。当容量内的水面升至虹吸管6的喉部时，容器内的水通过虹吸管自动地全部排入储水瓶7。与此同时，自记笔下落至横坐标上，以后再随着降雨量增加而上升，重新记录雨量。

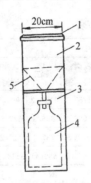

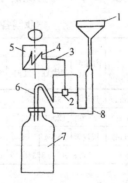

图2-7　雨量器示意图　　　　　图2-8　虹吸式自记雨量计结构示意图

1—器口；2—承雨器；3—雨量筒；　　　1—承雨器；2—浮子；3—连杆；4—自记笔；

4—储水瓶；5—漏斗　　　　　　　　5—自记钟；6—虹吸管；7—储水瓶

将观测的雨量进行整理计算，得逐日降水量和汛期降水摘录，与其他水文资料一起，刊布在水文年鉴或存入水文数据库中，我们可以根据这些资料，绘制降雨强度过程线和降雨累积过程线，以及计算流域平均雨量，反映降雨的时程变化和地区分布。

（1）降雨时程变化描述方法

1)降雨强度过程线 将时段雨量除以时段长,得时段平均降雨强度,简称雨强。以雨强为纵坐标,以时间为横坐标,可点绘出一次降雨的时段平均降雨强度过程线,如图2-9中的1线。当时段取得很小时,1线变为一条光滑的曲线,称瞬时降雨强度过程线。

2)累积降雨过程线 降雨强度过程线随时间积分,即累积降雨过程线。如图2-9中的2线,是对1线下各时段雨量按时程累加而得。显然,累积过程线的坡度就是相应时间的降雨强度。自记雨量计记录的是累积降雨过程,可由它求得各时段雨量和降雨强度。

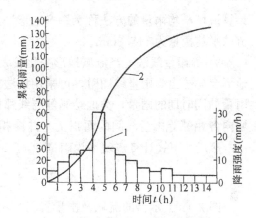

图2-9 某站一次降雨过程
1—时段平均降雨过程线;2—雨量累积过程线

(2) 流域平均雨量计算

雨量站观测到的降水量,只代表该站点的降水情况,而水文计算中,常需知道的是一个流域或地区一定时段内的平均降水量。下面介绍3种常用的计算方法。

1)算术平均法 当流域内雨量站分布比较均匀,地形起伏变化不大时,可用算术平均法求流域平均雨量,计算公式为

$$\overline{P} = \frac{P_1 + P_2 + \cdots + P_n}{n} = \frac{1}{n}\sum_{i=1}^{n} P_i \tag{2-9}$$

式中 $\overline{P}$——某时段的流域平均雨量,mm;

P_i——该时段第 i 站的降雨量,mm,$i=1, 2, \cdots, n$;

n——雨量站站数。

2)泰森多边形法 当流域雨量站分布不太均匀时,为了更好地反映各站在计算流域平均雨量中的作用,该法假定流域各处的雨量可由与其距离最近的雨量站代表。据此,可采用如下作图方法确定各雨量站代表的面积;如图2-10所示,先用直线(图中的虚线)连接流域内及附近相邻的雨量站,成为很多个三角形;然后,在各连线上作垂直平分线,它们与流域周界一起组成 n 个多边形,每个多边形正好有一个相应雨量站。例如多边形 f_1 有雨量站1。不难证明,在所有雨量站中,只有这个相应的雨量站距其多边形中的任何一点最近。设 P_1、P_2、$\cdots$、P_n 为各雨量站观测的雨量,f_1、f_2、f_3、$\cdots$、f_n 为各站代表的多边形面积,F 为流域面积,则流域平均雨量 $\overline{P}$ 可由下式计算:

$$\overline{P} = \frac{P_1 f_1 + P_2 f_2 + \cdots + P_n f_n}{F} = \sum_{i=1}^{n} P_i \frac{f_i}{F} \tag{2-10}$$

式中 f_i/F 表示各站代表面积占全流域的比重,称权重。$P_i f_i/F$ 称为权雨量。这种

计算流域平均雨量的方法称泰森多边形法。根据图 2-10 中的资料，按此法算得的流域平均雨量为 115.8mm。

3) 等雨量线法   当流域地形变化较大，区域内有足够数量的雨量站，能结合地形变化绘出等雨量线图时，可采用该法求流域平均雨量。其作法是：首先按各雨量站同时期的雨量，类似绘制等高线那样，绘出等雨量线，如图 2-11，量出流域内各相邻等雨量线间的面积 f_i，并由相邻的等雨量线值算出 f_i 上的平均雨量 P_i，然后按下式计算流域平均雨量 $\overline{P}$：

$$\overline{P} = \frac{1}{F} \sum_1^n P_i f_i \tag{2-11}$$

图 2-11 上示出的流域及雨量资料与图 2-10 相同，根据绘制的该次降雨的等雨量线，求得流域平均雨量为 114.7mm。

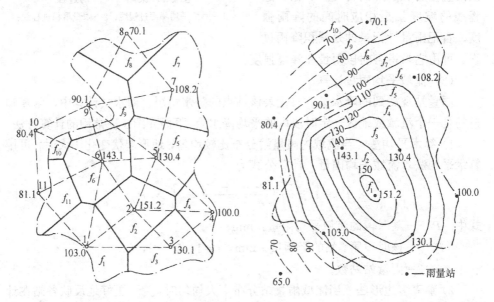

图 2-10   泰森多边形法求流域平均雨量   图 2-11   等雨量线法求流域平均雨量

此法能考虑流域地形的变化绘制等雨量线，比较好地反映了降雨在流域上的变化，精度较高，但绘制等雨量线需要较多站点的资料，且每次都要重绘，工作量很大。

2. 蒸发

蒸发是水受热后由液态或固态转化为水汽向空中扩散的过程。蒸发的大小，常以单位时间蒸发的水深表示，例如日蒸发 3mm 表示为 3mm/d。蒸发的先决条件是蒸发面上要有水分，必要条件是要供给一定的热能（主要是太阳辐射）和风引起的乱流扩散。蒸发对径流形成有显著影响，我国湿润地区约有 30%～50%，干旱地区约有 80%～95% 的年降水量被蒸发掉。因此，水文分析中研究流域蒸发是一项很重要的工作。自然界的蒸发包括水面蒸发、土壤蒸发和植物蒸散发，流域总蒸发则是流域中这些蒸散发的总和。

(1) 水面蒸发

水面蒸发量常用水面蒸发器进行观测。一般用的蒸发器有直径 20cm 蒸发皿（气象部门多用此种），口径为 80cm 的带套盆的蒸发器和口径为 60cm 的埋在地表的带套盆的 E-601 蒸发器。后者观测条件比较接近自然水体，代表性和稳定性都比较好，现在的蒸发站都用这种仪器观测。每天 8 时观测一次，得蒸发器一日（今日 8 时至次日 8 时）的蒸发水深，即日蒸发量。以上三种蒸发器都属于小型蒸发器皿，它们的蒸发条件与实际水体有差异。因此，必须将蒸发器皿测得的蒸发量乘以折算系数，才得实际水面蒸发量。折算系数随蒸发器皿的直径而异，当蒸发器直径超过 3.5m 时，其值近似等于 1.0。蒸发系数还与月份、所在地区有关，如表 2-3 是湖北省东湖蒸发试验站得出的各类蒸发器皿的折算系数。实际工作中，应根据当地的资料分析采用。

湖北省东湖蒸发站不同类型蒸发器皿折算系数表　　　　表 2-3

月　　份	1	2	3	4	5	6	7	8	9	10	11	12	全年平均
20cm 蒸发皿	0.62	0.52	0.54	0.54	0.49	0.51	0.56	0.61	0.68	0.72	0.90	0.84	0.61
80cm 蒸发器	0.99	0.80	0.72	0.66	0.67	0.69	0.70	0.79	0.91	0.93	1.01	1.06	0.83
E-601 蒸发器	0.98	0.97	0.88	0.92	0.93	0.95	0.99	0.99	1.04	1.05	1.06	1.04	0.98

当设计地区缺乏实测蒸发资料时，可根据当地气象站的风速、气温、水汽压等气象资料，由经验公式计算。

(2) 土壤蒸发

土壤蒸发即土壤中所含水分以水汽的形式逸入大气的运动。土壤蒸发不仅受气象条件影响，而且同土壤中所含水分、土壤性质等有关。湿润的土壤在蒸发过程中逐渐干燥时，其蒸发过程大体分为 3 个阶段。第一阶段，土壤含水量 θ 大于田间持水量 $\theta_{田}$（重力作用下，土壤能够保持而不被流走的最大含水量），土壤十分湿润，土层中毛细管上下沟通，这时土壤中的水分可以充分地供给土壤表面蒸发，所以蒸发只受到气象条件的影响，按土壤蒸发能力 E_m 进行，即 $E = E_m$。所谓蒸发能力，是指充分供水条件的蒸发，近似等于或略大于这里的水面蒸发。由于土壤蒸发耗水，土壤含水量将不断减少，当减少到小于田间持水量后，土壤中毛细管的连续状态逐渐受到破坏，于是土壤内部由毛细管作用上升到地表的水分也逐渐减少，这时土壤进入第二阶段。在这一阶段中，土壤蒸发率与土壤含水量大体上成正比，即 $E = (\theta/\theta_{田}) E_m$。当土壤含水量继续减少，至毛管断裂含水量 $\theta_{断}$ 后，土壤蒸发进入第三阶段。这时毛管水只能以薄膜水或气态水的形式向地面移动，运动十分缓慢。因此，这一阶段中的土壤蒸发率是很微小的，与气象条件和土壤含水量的关系已很不明显。

（3）植物蒸散发

土壤中的水分经植物吸收后，输送至叶面，经由气孔逸入大气，称为植物散发。由于气孔具有随外界条件张开和关闭的性能，所以说植物散发是一种生物物理过程。植物的散发率随土壤含水量、植物种类、季节和天气条件的不同而异。当土壤含水量低于枯萎点后，植物就要枯萎而死亡，散发随之停止，植物除散发外，还有降水时枝叶截留一部分降水在雨后蒸发的现象。二者一起称植物蒸散发。植物生长在土壤中，植物蒸散发与植物所生长的土壤上的蒸发总是同时存在，因此通常又将二者合称为陆面蒸发。

（4）流域蒸散发

流域土壤、水面蒸发与植物蒸散发的总和，称流域蒸散发或流域总蒸发。水文计算和水文预报中，常常需要确定这个总的数值和变化。很容易想到：先分别计算各项蒸发和蒸散发，然后再综合而得。但由于流域情况极其复杂和分项计算还很难准确，所以这种设想目前还难以实现。现在应用最多的办法是用流域水量平衡的方法推求，即以实测的降水量和径流量反推出流域的蒸散发量；或根据实测的水面蒸发资料估算。另外，我国已绘出了全国和各省的多年平均年蒸散发量等值线图，可供使用。

3. 下渗

下渗是水从土壤表面渗入土壤内的运动过程，常用下渗率的大小来描述下渗的强弱。所谓下渗率就是单位时间内入渗的水深，其单位与降雨强度相同，以mm/h、mm/min 表示。下渗不仅直接决定地面径流的大小，同时也影响土壤水分、地下水和地下径流，是径流形成的一个重要因素。

测量下渗的方法有同心环法、人工降雨法等。同心环法是把两个同心而无底的钢环打入地面下约10cm，在内环和内外环之间同时加水，水深保持一个常值，内外水面保持水平。因入渗而水面降低，则继续加水，维持一定水深，则加水的速率就代表该处的下渗率。内环为测量的下渗面积，两环间加水是为了防止内环下渗的水分向旁侧渗透。根据各个时间观测的下渗率，便可以实验开始的时间作零点，绘制下渗率随时间的变化过程，如图 2-12 所示，称下渗能力曲线，或简称下渗曲线。值得指出的是，下渗能力是充分供水下的下渗率，当供水不充分时，其下渗率将小于下渗能力。

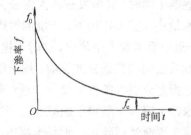

图 2-12　下渗能力曲线

很多实验表明，一个地点的下渗能力曲线基本上可以用一条曲线表示，并呈现出下渗能力随时间增长而衰减的规律，经过一定时间后趋于一个稳定的数值。这种规律常以某种数学模式来描述，如 R. E. 霍顿公式：

$$f = f_c + (f_0 - f_c)e^{at} \qquad (2\text{-}12a)$$

式中　f——t 时刻的下渗能力；

　　　f_0——初始（$t=0$）的下渗能力；

　　　f_c——稳定下渗率；

　　　a——递减指数。

又如菲力浦公式：

$$f = f_c + \frac{1}{2}st^{-1/2} \qquad (2\text{-}12b)$$

式中　s——吸水系数，其他符号意义同上。

实际工作中，只需通过实验定出上述的 f_0、f_c、a 或 s 值，便可按公式求得某处的下渗能力曲线。但必须指出：流域各处的下渗能力将随着土壤地质条件和土壤含水量的不同而有比较大的变化。为反映这一实际，实用上，或用实测降雨径流资料反推流域平均下渗能力曲线近似代表，或用下渗能力地区分布函数描述。

4. 水位

河流、湖泊、沼泽、水库等水体的自由水面离开固定基面的高程称为水位，其单位以 m 表示。我国规定统一采用青岛附近的黄海海平面作为标准基面，但由于各种原因，有些地方有些年代采用的基面并非标准基面，使用水位资料时应予以注意。

观测水位常用的设备有水尺和自记水位计两大类。

按水尺的构造形式不同，可分为直立式、倾斜式、矮桩式和悬锤式四种。其中以直立式水尺构造最简单，且观测方便，采用最为普遍。观测时，水面在水尺上的读数加上水尺零点的高程，即为当时水面的水位值。水位观测次数，视水位变化情况，以能测得完整的水位变化过程、满足日平均水位计算及发布水情预报的要求为原则加以确定。当水位变化平缓时，每日 8 时和 20 时各观测 1 次；枯水期每日 8 时观测 1 次；汛期一般每日观测 4 次，洪水过程中还应根据需要加密测次，使能得出完整的洪水过程。

自记水位计能将水位变化的连续过程自动记录下来，具有连续、完善、节省人力的优点。有的并能将观测的水位以数字或图像的形式远传至室内，即水位遥测。自记水位计种类很多，主要型式有横式自记水位计、电传自记水位计、超声波自记水位计和水位遥测计等。

根据水位记录，可计算出日平均水位、月平均水位和年平均水位，连同年、月最高、最低水位及洪水水位要素摘录，一起刊于水文年鉴或存入水文数据库，供有关部门查用。

5. 流量

单位时间通过河流某一断面的水量，即该断面的流量，其单位常以 m³/s 计。

流量是水文测验中最重要的一项内容，在水文预报预测中广泛应用。

(1) 流速仪观测流量

通过河流某一断面的流量 Q 可表示为断面平均流速 v 和过水断面面积 ω 的乘积，即

$$Q = v\omega \tag{2-13}$$

可见，流量测验应包括断面测量和流速测验两部分工作，其测算的基本程序是：将过水断面划分为若干部分，测算出各部分断面的面积 ω_i，用流速仪测算出各部分面积上的平均流速 v_i，二者相乘得部分流量 Q_i（$=\omega_i v_i$），其总和即为断面的流量 Q（$=\Sigma Q_i$）。

1) 断面测量　河道断面测量，是根据断面沿宽度方向的变化情况布置适量的测深水线，如图 2-13 所示，测得每条测深垂线的起点距 D_i 和水深 H_i，从施测时的水位减去水深，即得各测深垂线的河底高程，从而绘出测流断面的断面图。测深可采用测深杆、测深锤（或铅鱼）、回声测深仪等施测；起点距可应用断面索、经纬仪等测定。

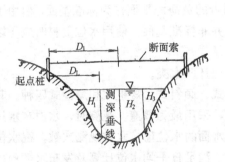

图 2-13　河流断面测量示意图

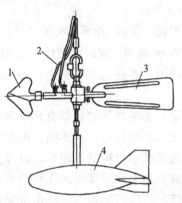

图 2-14　Ls25-1 型旋桨式流速仪
1—旋桨；2—与计数器相连的导线；
3—尾翼；4—铅鱼

2) 流速测验与流量计算

流速仪是用来测定水流中任意指定点沿流向的水平流速的仪器。我国采用的主要是旋杯式和旋桨式（图 2-14）两类。它们由感应水流的旋转器（旋杯或旋桨），记录信号的记数器和保持仪器正对水流的尾翼 3 部分组成。当仪器放入水中时，旋杯或旋桨受水流冲动而旋转，流速越大，旋转越快。根据每秒转数和流速的关系，便可计算出测点流速。流速仪转子的转速 n 与流速 v 的关系，在流速仪器检定槽中通过实验确定，其关系式一般为

$$v = Kn + C \tag{2-14}$$

式中 K、C 分别为仪器检定常数与摩阻系数。

测流时，将流速仪悬于施测点位置，记下仪器的总转数 N 和测速历时 T，求出转速 $n=N/T$，由式（2-14）即可求出该测点的流速 v。为消除流速脉动的影响，要求 $T \geqslant 100s$。

根据水文测验规范确定测流断面上沿宽度方向的测速垂线数和每条线上的测速点数及位置。例如：河面宽 5.0m 时，常规情况下应取 5 条测速垂线，其中若某测速垂线的深度 H 为 4.0m（系由悬索吊铅鱼测得），则应取 5 点测算测速垂线上的平均流速。这 5 点的位置分别在水面、水面下 $0.2H$、$0.6H$、$0.8H$ 和河底。按规范要求，该垂线的平均流速按下式计算：

$$v_m = \frac{1}{10}(v_{0.0} + 3v_{0.2} + 3v_{0.6} + 2v_{0.8} + v_{1.0}) \tag{2-15}$$

式中　v_m——测速垂线平均流速；

　　$v_{0.0}$、$v_{0.2}$、$\cdots \cdots v_{1.0}$——分别为水面、水面下 $0.2H$、$\cdots$河底处的测点流速。

部分断面的平均流速，由测速垂线平均流速推求。视情况不同，分别按下式计算：

对于中间部分

$$v_i = \frac{1}{2}(v_{m,i-1} + v_{m,i}) \tag{2-16}$$

对于岸边部分，左、右岸分别为

$$v_1 = \alpha v_{m,1}, \qquad v_n = \alpha v_{m,n} \tag{2-17}$$

式中　v_1、v_c、v_n——分别为左岸、中间、右岸部分面积的平均流速；

　$v_{m,1}$、$v_{m,i}$、$v_{m,n}$——分别为第 1 条、第 i 条、第 n 条测速垂线的平均流速；

　　　　α——岸边系数，斜岸边 $\alpha=0.67 \sim 0.75$，陡岸边 $\alpha=0.8 \sim 0.9$，死水边 $\alpha=0.5 \sim 0.67$。

最后由下式求得断面总的流量 Q：

$$Q = \sum_1^n \omega_i v_i \tag{2-18}$$

（2）浮标法观测流量

凡能漂浮之物，都能做成浮标。浮标可分为水面浮标、浮杆和深水浮标等，其中以水面浮标应用最广。用水面浮标测流时，首先在上游沿河宽均匀投放浮标，测定各浮标流经上、下游断面的运行历时 T，用经纬仪测定各个浮标流经中断面的位置（起点距）。同时还应观测水位、风向、风力等，供检查和分析成果时参考，然后按下式计算各浮标的虚流速 v_t（m/s）：

$$v_t = \frac{L}{T} \tag{2-19}$$

式中　L——上、下游浮标断面的间距，m；

　　　T——浮标流经上、下游浮标断面的历时，s。

绘制虚流速横向分布曲线，在曲线上查得各条测深垂线的流速，计算两条测深垂线间的部分面积 ω_i 和部分面积的平均流速 v_{fi}，则部分虚流量为 $Q_{ti}=A_i v_{fi}$。全

断面的虚流量 $Q_f = \Sigma \omega_i v_{fi}$，则断面流量 Q 为断面虚流量乘以浮标系数 K_f，即

$$Q = K_f Q_f \qquad (2\text{-}20)$$

浮标系数与浮标类型、风力、风向等因素有关，应通过与流速仪法比测确定。其值一般在 $0.85 \sim 0.95$ 之间。

(3) 流量资料整编

目前水文站上施测流量并不是逐日连续进行的，每年施测流量的次数一般十几次或几十次。这些孤立的成果不能够直接用于规划设计。为此必须把这些原始资料通过分析整理，按科学的方法和统一的格式，整理成系统的、连续的、规范的和具有一定精度的流量资料，刊印成册或存入水文数据库。这种对原始流量观测资料的整理分析过程，称为流量资料整编。河渠中水位与流量关系密切，可以通过建立水位与流量之间的关系，用以由水位过程推求流量过程。

1) 水位流量关系曲线的绘制   一个测站的水位流量关系是指测站基本水尺断面处的水位与通过该断面的流量之间的关系。水位流量关系曲线是根据实测的流量和相应水位成果，以水位为纵坐标，流量为横坐标点绘在方格纸上，并通过点群中央绘出的平滑曲线。根据测站不同的控制条件，天然河流中水位与流量的关系有些呈现单一关系，有些呈现复杂的非单一关系。前者称为稳定的水位流量关系，后者称为不稳定的水位流量关系。

当水位流量关系稳定时，可由多次实测的水位、流量记录绘制出图 2-15 中单一的水位流量关系曲线 Z-Q。根据水力学中的曼宁公式，流量 Q（$\mathrm{m^3/s}$）可表示为

$$Q = \omega v = \frac{1}{n} \omega R^{2/3} J^{1/2} \qquad (2\text{-}21)$$

式中 ω——过水断面积，$\mathrm{m^2}$；

$\quad\quad v$——断面平均流速，$\mathrm{m/s}$；

$\quad\quad R$——水力半径，m；

$\quad\quad J$——水面比降；

$\quad\quad n$——糙率。

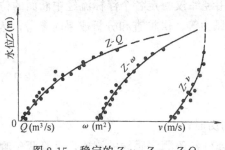

图 2-15   稳定的 $Z\text{-}\omega$、$Z\text{-}v$、$Z\text{-}Q$
关系曲线

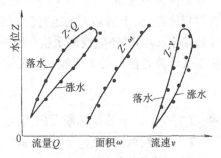

图 2-16   受洪水涨落影响的水位
流量关系曲线

可见，欲使水位流量关系曲线稳定，一般应满足的条件是：同一水位下，ω、R、J、n 维持不变。因此，山区性河流和控制性能好的河流断面（如河床牢固的能形成堰流的桥址附近）常有稳定的水位流量关系。为使绘制的 Z-Q 比较可靠，同时还应在绘制 Z-Q 时绘制水位面积 Z-ω 和水位流速 Z-v 关系曲线，使各级水位对应的流量满足 $Q=\omega v$（误差小于 1%）的要求，否则应调整 Z-Q，直至达到要求为止。

当水位流量关系不稳定时，Z-Q 关系不再是单一线，而是随水力因素变化而异的非单一线。天然河道中，洪水涨落、断面冲淤、回水影响等，都会通过 ω、R、J、n 的改变而影响 Z-Q 线的稳定性，如图 2-16、图 2-17 所示，

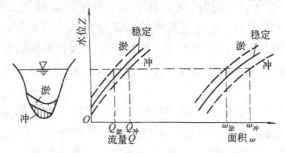

图 2-17　受冲淤影响的水位流量关系曲线

此时应分析原因，绘制受各种因素影响的水位流量关系曲线。例如有些测站，虽受冲淤的影响，但不是经常性的，在一定的时期内，Z-Q 关系保持稳定状态，则可分别定出各时期的 Z-Q 曲线，称为临时曲线法，如图 2-18 的 1 线，2 线……。在由水位推求流量时，应从各相应期的 Z-Q 曲线上查取。若断面受回水影响，则可用比降为参数定出一组 Z-Q 曲线备用。若由于洪水涨落影响，则可按涨落过程分别定线。

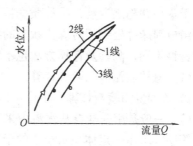

图 2-18　临时曲线法定线
（1、2、3 线代表不同的时期）

2）水位流量关系曲线的延长　特高水位持续时间短，施测条件往往受到限制而缺测。这时，必须将 Z-Q 曲线向高低水部分外延，方能推得全年完整的流量过程。高水部分的延长幅度一般不超过当年实测水位变幅的 30%，低水部分不超过 10%。

低水外延的方法一般是找出断流水位，并以断流水位为控制点，坐标为 $(Z_0,\ 0)$，将实测部分的水位流量关系按趋势延长至当年的最低水位处。

高水外延，一种方法是用水位面积关系 Z-ω 和水位流速关系 Z-v 延长，如图

2-15 所示，对于河床稳定的断面，Z-ω 可由实测断面资料计算，Z-v 高水时常趋于一条与纵坐标平行的直线，故可顺势延长，于是由 $Q=\omega v$ 即可延长高水的 Z-Q 线（图中的虚线）。另一类方法是采用水力学公式，如曼宁公式延长。计算断面流量的曼宁公式为 $Q=\dfrac{\omega}{n}R^{2/3}J^{1/2}$，不同水位的过水断面积 ω、水力半径 R 可根据实测的断面资料求得，糙率 n 值和水面比降 J 可通过绘制 Z-n、Z-J 关系曲线，因上部渐趋稳定，可顺势外延，以确定高水位时的 n、J，与 ω、R 一起代入式（2-21），即可求得高水位时的 Z-Q 线。

3）资料整编   流量资料整编的主要工作之一就是推求逐日平均流量。当 Z-Q 曲线较为平直，水位变化平缓时，可用日平均水位在 Z-Q 曲线上查得日平均流量。当一日内流量变化较大时，可用逐时水位在 Z-Q 曲线上查得逐时流量，再用算术平均法或面积包围法计算日平均流量。然后制成"逐日平均流量表"、"实测流量成果表"及"洪水水文要素摘录表"等一起刊入水文年鉴或存入水文数据库。

4. 泥沙

河流中泥沙的冲淤变化，对河道整治、水利水电工程、桥涵工程、港口建设都有巨大影响，因此必须对河流泥沙运行规律及其特性进行研究。河流泥沙测验，就是对河流泥沙进行直接的观测，为分析研究提供基本资料。

河流中的泥沙，按其运动形式分为悬移质、推移质和床沙 3 种。悬移质泥沙悬浮于水中并随之运动；推移质泥沙受水流冲击沿河底移动或滚动；河床泥沙则是指组成河床并处于相对静止状态的泥沙。三者随水流条件的变化而相互转化着。三者特性不同，测验及计算方法也不同。

（1）悬移质泥沙测验及计算

1）含沙量测验与计算   单位水体的浑水中所含泥沙的重量，称含沙量。含沙量测验，一般是用采样器从水流中采取水样，然后经过量积、沉淀、过滤、烘干、称重等手续求出一定体积水样中的干沙重，再用下式计算水样的含沙量：

$$\rho = \frac{W_s}{V} \qquad (2\text{-}22)$$

式中 ρ——水样含沙量，kg/m^3；

W_s——水样中的干沙重，kg；

V——水样体积，m^3。

我国目前使用较多的有横式采样器和瓶式采样器。横式采样器如图 2-19 所示，器身为圆筒形，容积一般为 $0.5\sim5L$。取样前把仪器安置在悬杆上或悬吊着铅鱼的悬索上，使取样筒两边的盖子张开。取样时，将仪器放至测点位置，器身与水

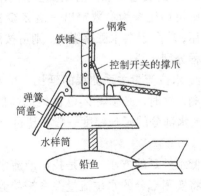

图 2-19   横式采样器

流方向一致，水从筒中流过。操纵开关，借助两端弹簧拉力使筒盖快速关闭，即可取得水样。

2) 输沙率测验与计算　单位时间内通过测验断面的悬移质重量称为断面悬移质输沙率。悬移质含沙量测验的目的就是为了推求通过河流测验断面的悬移质输沙率及其随时间的变化过程。由于断面内各点含沙量不同，因此输沙率测验和流量测验相似，也是在断面上布设一定数量的测沙垂线，通过测定各垂线测点流速及含沙量，计算垂线平均流速及垂线平均含沙量，然后计算部分流量及部分输沙率，各部分输沙率之和即断面输沙率。

垂线平均含沙量计算也与垂线平均流速计算类似，在测得各测点的流速及含沙量后，根据水文测验规范要求，选择适当的公式计算垂线平均含沙量 ρ_m，例如五点法：

$$\rho_m = \frac{\rho_{0.0}v_{0.0} + 3\rho_{0.2}v_{0.2} + 3\rho_{0.6}v_{0.6} + 2\rho_{0.8}v_{0.8} + \rho_{1.0}v_{1.0}}{v_{0.0} + 3v_{0.2} + 3v_{0.6} + 2v_{0.8} + v_{1.0}} \tag{2-23}$$

式中　ρ_m——垂线平均含沙量，kg/m^3；

　　　ρ_j——相对水深 j 的测点含沙量，$j=0.0,\ 0.2,\ \cdots$；

　　　v_j——相对水深为 j 的测点流速，$j=0.0,\ 0.2,\ \cdots$。

然后由垂线平均含沙量和测沙垂线间的部分流量，按下式计算断面输沙率：

$$Q_s = \frac{1}{1000}\left(\rho_{m1}Q_1 + \frac{\rho_{m1}+\rho_{m2}}{2}Q_2 + \cdots + \frac{\rho_{mn-1}+\rho_{mn}}{2}Q_{n-1} + \rho_{mn}Q_n\right) \tag{2-24}$$

式中　Q_s——断面输沙率，t/s；

　　　ρ_{mi}——第 i 条垂线的平均含沙量，kg/m^3，$i=1,\ 2,\ \cdots,\ n$；

　　　Q_i——第 i 块测沙垂线间面积的部分流量，m^3/s，$i=1,\ 2,\ \cdots,\ n$。

悬移质输沙率测验工作不仅复杂繁重，且很难实现逐日逐时观测。实践中发现断面平均含沙量（简称断沙）与断面上某一点或某一垂线平均的含沙量（简称单沙）常常有比较好的关系。通过多次实测资料分析，可以建立这种关系，如图2-20所示，称单沙、断沙关系。因此，经常性的泥沙取样工作便可只在此测点或垂线上进行，从而使泥沙测验工作大大简化。利用绘制的单沙、断沙关系，由每次实测的单沙资料推求出相应的断沙和输沙率，可进一步计算日平均输沙率，年平均输沙率及年输沙量等。

（2）推移质泥沙测验及计算

1) 推移质输沙率测验　该项工作是为了测定推移质输沙率及其变化过程。

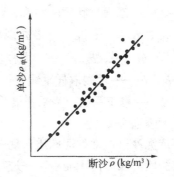

图 2-20　单沙、断沙关系

推移质输沙率是指单位时间内通过测验断面的推移质泥沙重量。测验推移质时，首先确定推移质的边界，在有推移质的范围内布设若干垂线，施测各垂线的单宽推移质输沙率；计算部分宽度上的推移质输沙率；最后累加求得断面推移质输沙率（简称断推）。由于测验断推工作量大，故也可以用一条垂线或两条垂线推移质输沙率（简称单推）与断推建立相关关系，用经常测得的单推和单推-断推关系推求断推及其变化过程，从而使推移质测验工作大为简化。

推移质取样的方法，是将采样器放到河底直接采集推移质沙样。因此，推移质采样器由于推移质粒径不同，推移质采样器分为沙质和卵石两类。沙质推移质采样器适用于平原河流。我国自制的这类仪器有黄河 59 型（图 2-21）和长江大型推移质采样器。卵石推移质采样器通常用来施测 1.0～30cm 粗粒径推移质，主要采用网式采样器，有软底网式和硬底网式两种。

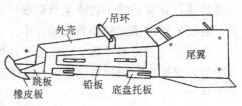

图 2-21   黄沙 59 型推移质采样器示意图

2）推移质输沙率的计算   要首先计算各取样垂线的单宽推移质输沙率，即

$$q_b = \frac{100W_b}{tb_k} \tag{2-25}$$

式中 q_b——单宽推移质输沙率，g/（s·m）；

W_b——推移质沙样重，g；

t——取样历时，s；

b_k——取样器的进口宽度，cm。

断面推移质输沙率用下式计算：

$$Q_b = \frac{1}{2000}K[q_{b1}b_1 + (q_{b1} + q_{b2})b_2 + \cdots + (q_{bn-1} + q_{bn})b_{n-1} + q_{bn}b_n] \tag{2-26}$$

式中 Q_b——断面推移质输沙率，kg/s；

q_{b1}、q_{b2}、$\cdots$、q_{bn}——各垂线单宽推移质输沙率，g/（s·m）；

b_2、b_3、$\cdots$、b_{n-1}——各取样垂线间的间距，m；

b_1、b_n——两端取样垂线至推移质运动边界的距离，m；

K——修正系数，为采样器采样效率的倒数，通过率定求得。

3. 河床泥沙测验

河床泥沙以往常称河床质，现在多简称床沙。其测验的基本工作是采取测验断面或测验河段的河床泥沙，并进行颗粒分析。河床泥沙的颗粒级配资料可供分析研究悬移质和单宽推移质输沙率沿断面横向的变化，同时又是研究河床冲淤、利用理论公式估计推移质输沙率和河床糙率等的基本资料。

采取河床中的沙样，可使用专门的河床泥沙采样器。采样器应能取得河床表层 0.1～0.2m 以内的沙样，仪器向上提时器内沙样不得流失。国内目前使用的沙质河床泥沙采样器有圆锥式、钻头式、悬锤式等；卵石河床泥沙采样器有锹式、蚌式等。河床泥沙的测验，一般只在悬移质和推移质测验作颗粒分析的各测次进行。取样垂线尽可能和悬移质、推移质输沙率测验各垂线位置相同。

4. 泥沙颗粒分析

泥沙是由许多粒径不同的泥土沙粒组成。沙样中各种粒径的泥沙各占多少（百分比）的分配情况，即该泥沙的颗粒级配。反映这种级配情况的曲线图称为颗粒级配曲线，或简称粒配曲线，如图 2-22 为某断面的悬移质、推移质、床沙样的粒配曲线，它是研究河流、水库、桥涵冲淤的一项重要资料，可以通过对采集样品的颗粒实验分析求得，这部分内容将在下节论述。

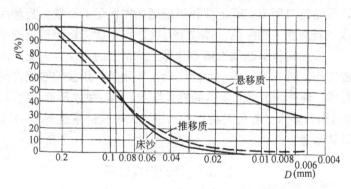

图 2-22　某断面悬移质、推移质和床沙的粒配曲线

5. 水文资料收集

收集水文资料是水文分析计算的一项很重要的基础性工作。水文资料的来源有水文年鉴、水文数据库、水文手册、水文图集和各种水文调查及气象部门的水文气象资料等。

（1）水文年鉴和水文数据库

水文站网观测整编的资料，按全国统一规定，分流域、干支流及上下游，每年汇编刊印成册，称为水文年鉴，1990 年后，随着电子计算机的迅速发展，这些资料基本上已不再刊印，而是以水文数据的形式存储在光盘上，供用户调用。水文年鉴的主要内容包括：测站分布图；水文站说明表及位置图；各测站的水位、流量、泥沙、水温、冰凌、水化学、降水量、蒸发量等资料。

（2）水文手册和水文图集

水文手册、水文图集、水资源评价报告等，是全国及各地区水文部门，在分析研究全国各地区所有水文站资料的基础上，通过地区综合编制出来的。它给出了全国或某一地区的各种水文特征值的等值线图、经验公式、图表、关系曲线等。利用水文手册，便可计算无资料地区的水文特征值。

(3) 水文调查

通过水文站网进行定位观测是收集水文资料的主要途径。但是，由于定位观测受时间和空间的限制，有时并不能完全满足生产需要，故还必须通过水文调查加以补充。水文调查包括洪水调查、枯水调查、暴雨调查等，其中主要是洪水。我国设计洪水计算规范要求，重要的设计洪水计算，都必须进行历史洪水调查和考证工作，以保证成果的可靠性。历史洪水调查包括两方面的内容：一是确定洪水的大小，主要是洪峰流量值；再是确定洪水的发生日期和在调查的历史年代中的排列序位，以便估计它的出现频率（重现期）。对于前者，一般可通过在工程断面附近选择比较顺直、稳定的河段，查阅有关的历史文献，访问当地老人，指认沿河各次历史洪水痕迹及发生时间，然后测量河道地形、断面和洪痕高程，确定各次洪水的水面坡降 J，过水断面积 ω 和河道糙率 n，由式（2-21）求得洪峰流量 Q。对于后者，可通过对历史文献记载和当地老居民回忆的系统分析和反复比较，排出各次洪水在调查期中的序位。排位千万注意，不要把影响排位的不太突出的洪水给遗漏了。因为这将引起洪水频率计算上一系列的错误。历史洪水调查是一项非常重要的工作，近年来，还应用地层学、地质学、年代学知识，采用同位素分析等先进技术，调查分析近万年内的特大洪水，称古洪水研究。我国 20 世纪七八十年代，曾组织许多水文部门对历史洪水进行大规模的系统调查，并汇编成册，供设计洪水计算参考。

2.2.3   径流形成过程

流域上的雨水，除去损失以后，经由地面和地下途径汇入河网，形成流域出口断面的水流，称之为河川径流，简称径流。径流随时间的变化过程，称径流过程，它是工程规划设计、施工和管理的基本依据。

1. 径流的表示方法与度量单位

(1) 流量 Q 流量指单位时间内通过某一断面的水量，常用单位为 m^3/s。由实测的各时刻流量，可绘出流量随时间的变化过程，如图 2-23 中的 Q-t 线，称

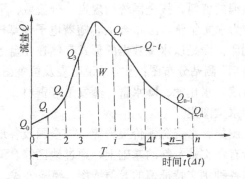

图 2-23   流量过程线及径流总量计算示意图

流量过程线。该图中的流量是各时刻的瞬时流量，根据瞬时流量按时段求平均值，得时段平均流量，如日平均流量、年平均流量等。

（2）径流总量 W　径流总量是指时段 T 内通过某一断面的总水量，其常用单位有 m^3、亿 m^3 等。它等于流量过程在时段 T 内的积分，即图 2-23 中过程线与横坐标之间的面积。因此，一种常用的近似计算方法是：将 T 划分为 n 个小的计算时段 $\Delta t = T/n$；然后按 Δt 把整个面积分成 n 个梯形，用求梯形面积的方法求各时段的径流量；最后，把它们累加起来，即得 T 时段的径流总量 W。其计算式为

$$W = \left(\frac{Q_0}{2} + Q_1 + \cdots + Q_{n-1} + \frac{Q_n}{2} \right) \Delta t \qquad (2\text{-}27)$$

式中各符号的意义如图 2-23 所示。

T 时段间径流总量 W 与平均流量 $\overline{Q}$ 的关系为

$$W = \overline{Q}T \qquad (2\text{-}28)$$

（3）径流深 R　径流深是设想将径流总量均匀地平铺在整个流域面积上所得的水深，常以 mm 计。若时段 T 秒内的径流总量为 W（m^3），平均流量为 $\overline{Q}$（m^3/s），流域面积为 F（km^2），则径流深 R（mm）与它们之间的关系为

$$R = \frac{W}{1000F} = \frac{\overline{Q}T}{1000F} \qquad (2\text{-}29)$$

（4）径流模数 M　单位面积上产生的流量称径流模数，计算式为

$$M = \frac{Q}{F} \qquad (2\text{-}30)$$

当 Q 为洪峰流量时，称洪峰流量模数，单位为 $m^3/(s \cdot km^2)$ 或 $L/(s \cdot km^2)$。

（5）径流系数 α　某一时段的径流深 R 与相应的流域平均降雨量 P 之比称径流系数。即

$$\alpha = \frac{R}{P} \qquad (2\text{-}31)$$

因为 R 是由 P 形成的，对于闭合流域 R 将小于 P，所以 $\alpha < 1$。

【例 1-1】　某站控制流域面积 $F = 121000 km^2$，多年平均年降水量 $\overline{P} = 767mm$，多年平均流量 $\overline{Q} = 822 m^3/s$。根据这些资料可算得：

（1）多年平均年径流总量　$\overline{W} = \overline{Q}T = 822 \times 365 \times 86400 = 259 \times 10^8 m^3$

（2）多年平均年径流深　$\overline{R} = \dfrac{\overline{W}}{1000F} = \dfrac{259 \times 10^8}{1000 \times 121000} = 214mm$

（3）多年平均年径流系数　$\alpha = \dfrac{\overline{R}}{P} = \dfrac{214}{767} = 0.28$

2. 径流形成过程

由降雨到径流是很复杂的过程，为便于分析，一般都把它分解为产流和汇流两个过程。

（1）产流过程

　　雨水降到地面，一部分损失掉，剩下能形成地面、地下径流的那部分降雨称净雨。因此，净雨和它形成的径流在数量上是相等的，但二者的过程完全不同，前者是径流的来源，后者是净雨的汇流结果；前者在降雨停止时就停止了，后者却要延续很长的时间。我国常把降雨扣除损失成为净雨的过程称作产流过程。降雨的损失，如图 2-24 所示，大体分为：

　　1）植物截留（I_s）它为植物枝叶截留的雨水，雨停以后，这部分雨水就很快被蒸发了。

　　2）填洼（V_d）植物截留后降到地面的雨水，除去地面下渗，剩余的部分（称超渗雨），将沿坡面流动，只有把沿程的洼陷填满之后，才能流到河网中去。称填充洼地的这部分水量为填洼。填洼的水量一部分下渗，一部分以水面蒸发的形式返回大气。

　　3）雨期蒸发（E）包括雨期的地面蒸发和截留蒸发。

　　4）初渗（F_0）严格地说，应为"补充土壤缺水量的那部分下渗"（田间持水量与当时的土壤实际含水量之差，称土壤缺水量）。下渗的这部分雨水将为土壤所持留，雨后被蒸发和散发掉，而不能成为地下径流，所以是损失，而且是最主要的损失，其值可超过 100mm 之多。

　　产流过程中，净雨按产流的场所（图 2-24）可分为：

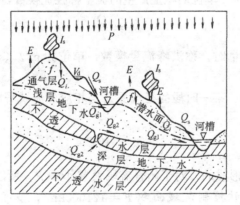

图 2-24　径流形成过程示意图

　　1）地面净雨　形成地面径流（Q_s）的那一部分降雨称地面净雨。它等于降雨扣除植物截留、填洼、蒸发和全部的地面下渗。它从地面汇入河网，形成地面径流。

　　2）表层流净雨　形成表层流（Q_i）的那一部分降雨称表层流净雨。表层流又称壤中流。因为表层土壤多为根系和小动物活动层，比较疏松，下渗能力比下层密实的土壤大。降雨时，来自地面的下渗将有一部分被阻滞在表层与下层交界的相对不透水面上，形成沿坡面的侧向水流，在表层土壤中流入河网（或在坡面下凹处露出地面后流入河网）。因此，被称作表层流或壤中流。表层流净雨数量上应等于地面下渗量减去初渗量和深层下渗量。

3）地下净雨　产生地下径流（包括浅层的 Q_{g1} 和深层的 Q_{g2}）的那一部分降雨称地下净雨。它在数量上等于地面下渗扣除初渗和表层流净雨。

必须着重指出：就目前的水文科学水平，要正确划分地面径流、表层流和地下径流是非常困难的，故实用上，现在一般只把实测的总径流过程划分为地面径流和地下径流。相应地，净雨也只分为地面净雨和地下净雨。表层流与地面径流性质上比较相近，可以认为是把它归并到地面径流中了，表层流净雨也自然地归并到地面净雨之中。大量实验表明，湿润多雨、植被良好的地区，除挨近河道的坡脚，即使大暴雨洪水，也很难观测到真正的坡面流，显然这种情况下，表层流常是径流的主要成分，径流计算时，应给予足够的重视和考虑。

（2）汇流过程

净雨沿坡地从地面和地下汇入河网，然后再沿着河网汇集到流域出口断面，这一完整的过程称流域汇流过程。前者称坡地汇流，后者称河网汇流。

1）坡地汇流　坡地汇流也可分为 3 种情况：一是地面净雨沿坡面流到附近河网的过程，称坡面漫流。在植被差、土层薄的干旱半干旱地区，大暴雨时，在山坡上容易看到这种水流。它一般没有明显的沟槽，常是许多股细流，时分时合，雨强很大时形成片流。在植被良好、土层较厚的山坡上，其量较少，通常仅在坡脚土壤饱和的地方出现。坡面流速度快，将形成陡涨陡落的洪峰。再是表层流（壤中流），在植被良好、表层土壤疏松的大孔隙中，饱和壤中流也有较大的速度，对于较大的流域和历时较长的暴雨，将是形成洪水的重要成分。第三种是地下净雨向下渗透到地下潜水面或深层地下水体后，沿水力坡度最大的方向流入河网，称此为地下坡地汇流，地下汇流速度很慢，所以降雨以后，地下水流可以维持很长很长的时间，较大的河流可以终年不断，是河川的基本径流。因此，也常称它形成的地下径流为基流。非饱和壤中流也可以维持很长的时间，成为基流的一部分。

2）河网汇流　净雨经坡地汇流进入河网，在河网中从上游向下游、从支流向干流汇集到流域出口后流出，这种河网汇流过程称河网汇流或河槽集流。显然，在河网汇流过程中，沿途不断有坡面漫流和地下水流汇入。对于比较大的流域，河网汇流时间长，调蓄能力大。所以，降雨和坡面漫流终止后，它们产生的洪水还会延续很长的时间。

一次降雨过程，经植物截留、填洼、初渗和蒸发等项扣除后，进入河网的水量自然比降雨总量少，而且经坡地汇流和河网汇流两次再分配作用，使出口断面的径流过程远比降雨过程变化缓慢、历时增长、时间滞后。图 2-25 清楚地显示了这种关系。如前所述，由于划分径流成分上的困难，目前实用上，一般只近似地划分地面、地下径流（地面径流中包括相当多的快速壤中流），相应地把净雨划分为地面和地下净雨。

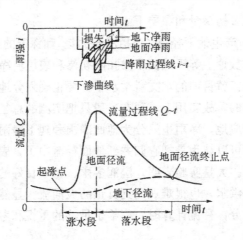

图 2-25　流域降雨过程—净雨过程—径流过程关系

§2.3　泥沙运动与河床演变

2.3.1　泥沙运动基本规律

地表大小不同的泥沙颗粒经水流冲蚀、挟带，自坡面、溪沟汇入江河，形成河流中的泥沙。影响流域产沙量的有降雨强度、地形特征、土壤结构和植被情况等自然因素，此外人类活动也起着重要作用。

按照泥沙运动状态的不同，可将泥沙分为床沙、推移质和悬移质三类。床沙是组成河床表面静止的泥沙。推移质是在河床表面，以滑动、滚动和跳跃形式前进的泥沙。悬移质是被水流挟带，悬浮于水中，随水流向前运动的泥沙。水流与河床的相互作用，是通过泥沙运动的纽带作用来体现的。挟带泥沙的水流，通过泥沙的淤积或冲刷，使河床抬高或降低。因此，河流泥沙的运动规律是桥渡工程规划与设计工作必不可少的理论基础。

1. 泥沙特征

(1) 泥沙粒径和粒配曲线

泥沙的形状是各式各样的。较粗的颗粒沿河底推移前进，碰撞的机会较多，容易磨损成较圆浑的外形。较细的颗粒随水流悬浮前进，碰撞的机会较小，不易磨损，往往保持棱角峥嵘的外形。为了克服形状不规则直径不易确定的困难，理论上采用等容粒径，即体积与泥沙颗粒相等的球体的直径。设某一颗粒的体积为 V，则其等容粒径为 $d=(6V/\pi)^{1/3}$，简称粒径。对较细的颗粒，一般不能采用这样的办法确定它们的粒径。实际中采用的方法有两种。对于沙土，采用筛分法。用筛分法量得的粒径与等容粒径是有所不同的。对于粉土和粘土，不可能进一步筛分时，采用水析法，如比重计法，粒径计法等。水析法的基本原理是，通过测量沙粒在静水中的沉降速度，按照粒径与沉降速度的关系式换算成粒径。

河流中的泥沙由粒径不等的许多颗粒组成。为了表示泥沙的组成特性，通常利用粒配曲线。如图 2-26 所示，其中横坐标为对数坐标表示的泥沙粒径，纵坐标表示小于等于某粒径的沙重占总沙重量的百分数。从泥沙粒配曲线上，不仅可以知道一个沙样中泥沙颗粒的粒径大小及其变化范围，而且还可以了解沙样组成的均匀程度。坡度越陡的曲线说明沙样的组成越均匀，例如图 2-26 中 I 线的沙样颗粒比 II 线的均匀，且前者的粒径较大。

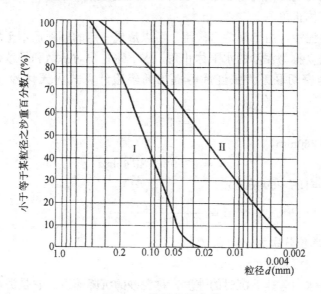

图 2-26　泥沙粒配曲线

常用的沙样特征粒径为中值粒径 d_{50}，它表示大于和小于这一粒径的泥沙重量各占沙样总重量的 50%，即在粒配曲线的纵坐标上找出 50%，其对应的横坐标即为 d_{50}。

另一常用的特征值是平均粒径 d_{pj}，可用下式计算：

$$d_{pj} = \frac{\sum_{i=1}^{n} \Delta P_i d_i}{\sum_{i=1}^{n} \Delta P_i} \tag{2-32}$$

式中　d_i——第 i 组泥沙的平均粒径；

ΔP_i——d_i 粒径组泥沙重量占沙样总重量的百分数。

沙样的均匀程度，常采用如下形式的非均匀系数

$$\phi = \sqrt{\frac{d_{75}}{d_{25}}} \tag{2-33}$$

来表示。d_{75} 和 d_{25} 分别表示小于等于这一粒径的泥沙重量占沙样总重量的 75% 和 25%。

（2）泥沙的容重和干容重

泥沙各个颗粒实有重量与实有体积的比值，称为泥沙容重（也称重度）γ_s，单位为 N/m^3。一般情况下，常取 $26kN/m^3$。

沙样经 $100\sim105℃$ 的温度烘干后，其重量与原状沙样整个体积的比值，称为泥沙的干容重（也称干重度）γ'，单位为 N/m^3。它是反映泥沙颗粒密实程度以及冲淤的泥沙重量与体积关系的一个重要物理量，在河床冲淤计算中会经常遇到。淤积泥沙干容重的变化幅度约 $2.94\sim21.56kN/m^3$。

（3）水下休止角

静水中的泥沙，由于摩擦力作用，可以形成一定的倾斜面不至塌落，此斜面与水平面夹角 β 称为泥沙的水下休止角。水下休止角对桥墩和导致建筑物抛石抗冲计算有较为密切联系。张红武等提出的经验计算式为天然沙（$d=0.061\sim9mm$）

$$\beta = 35.3d^{0.04} \tag{2-34}$$

卵石（$d=9\sim260mm$）

$$\beta = 27.92 + 5.65\lg d \tag{2-35}$$

破碎块石（$d=1.5\sim508mm$）

$$\beta = \frac{d}{0.0071 + 0.0237d} \tag{2-36}$$

式中 d、β 的单位分别为 mm 和（°）。

（4）泥沙的沉降速度

泥沙在静水中等速下沉时的速度，称泥沙的沉降速度。它是泥沙的重要水力特性之一。天然泥沙的沉降速度可用张瑞瑾公式计算：

$$\omega = \sqrt{\left(13.95\frac{\nu}{d}\right)^2 + 1.09\frac{\gamma_s - \gamma}{\gamma}gd} - 13.95\frac{\gamma}{d} \tag{2-37}$$

式中 ω——沉降速度，m/s；

ν——水的运动粘滞系数，m^2/s；

d——泥沙粒径，m；

γ_s、γ——泥沙和水的重度，N/m^3。

2. 推移质运动

（1）泥沙的起动

河床面上的泥沙颗粒由静止状态变为运动状态的临界水流条件称为泥沙的起动条件。常见的表达起动条件的形式有起动流速和起动拖曳力两种。我国工程界，使用起动流速的居多。

桥渡设计中，起动流速的计算常采用张瑞瑾公式，即

$$v_c = \left(\frac{H}{d}\right)^{0.14}\sqrt{17.6\frac{\gamma_s - \gamma}{\gamma}d + 0.605 \times 10^{-6}\frac{10 + H}{d^{0.72}}} \tag{2-38}$$

式中 v_c——以垂线平均流速表示的起动流速，m/s；

$\quad\quad H$——水深，m。

其余符号，意义同前。

上式对非粘性散粒体和粘性细颗粒泥沙均适用。当 $d>1.0$mm 时，上式右边根号内的第二项与第一项相比甚小，可忽略不计。

（2）推移质输沙率

推移质输沙率除用单位时间内通过过水断面的推移质数量表示外，工程中还常用单宽推移质输沙率 q_b 来表示，单位为 kg/（m·s）。推移质输沙率反映在一定水力、泥沙条件下水流所能挟带的推移质数量，对河道的冲淤变化有重要影响。在实测泥沙资料不足时，单宽推移质输沙率可采用冈恰洛夫公式估算：

$$q_b = 2.08d(v - v_c)\left(\frac{v}{v_c}\right)^3\left(\frac{d}{H}\right)^{1/10} \tag{2-39}$$

式中 q_b——单宽推移质输沙率，kg/（m·s）；

$\quad\quad d$——泥沙粒径，m；

$\quad\quad H$——水深，m；

$\quad\quad v$——垂线平均流速，m/s；

$\quad\quad v_c$——泥沙的起动流速，m/s。

3. 悬移质运动

由于水流的紊动扩散作用，使泥沙颗粒悬浮在水中，以基本上与水流流速相同的速度输移的泥沙，称为悬移质。一定水流泥沙条件下，河床处于不冲不淤平衡状态时，单位体积水流挟带悬移质泥沙的数量称为水流挟沙率。它是判别悬移质泥沙发生冲淤变化的重要物理量。

悬移质中较细的部分，在河段的床沙中很少或没有，几乎不与床沙发生交换，不参加造床作用，基本上是一泻而过，这部分泥沙称做冲泻质。实测资料表明，冲泻质的输沙率与水流条件之间的关系往往不密切，甚至不存在相关。悬浮质中较粗的部分（即除去冲泻质后的部分）在床沙中大量存在，其输沙率与水流条件之间有较好的关系，与河道的冲淤变化密切相关，故称床沙质。因此水流挟沙力多指水流所能挟带的悬移质中床沙质的含沙量，单位为 kg/m³。

划分床沙质和冲泻质的界限粒径可用河床泥沙粒配曲线 $P=5\%$（或 10%）对应的粒径 d_5（或 d_{10}）。如图 2-26，若将曲线 I 看做某一河段河床泥沙的粒配，曲线 II 看做为对应的悬移质粒配。在河床泥沙粒配曲线上查得 $d_5=0.04$mm，则对应的悬移质中，大于 0.04mm 的泥沙为床沙质，小于 0.04mm 的泥沙为冲泻质。

水流挟沙力可采用张瑞瑾公式计算：

$$s_* = k\left(\frac{v^3}{gR\omega}\right)^m \tag{2-40}$$

式中 s_*——水流挟沙力，kg/m³；

  v——断面平均流速，m/s；

  ω——泥沙沉速，m/s；

  R——过水断面的水力半径，m；

  k——系数，kg/m³；

  m——指数。

  上式的适用范围广，一般中低含沙水流均适用，运用时 m 及 k 最好利用实测资料确定。如无合用的实测资料，可参考图 2-27 选定。

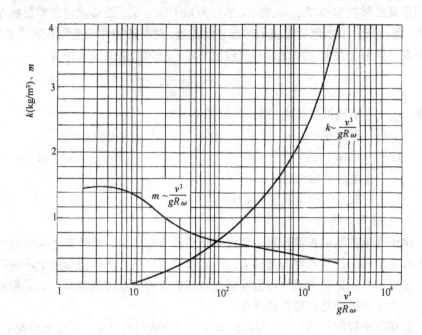

图 2-27 k、m 与 $\dfrac{v^3}{gR\omega}$ 的关系

  当上游来流的含沙量与本河段的水流挟沙力不相等时，河床将发生冲淤变化。这时悬移质含沙量沿程变化的方程式为

$$\frac{\mathrm{d}s}{\mathrm{d}x} = -\,\alpha\,\frac{\omega}{q}(s - s_*) \tag{2-41}$$

式中 s——悬移质含沙量，kg/m³；

  α——泥沙恢复饱和的综合系数，淤积时可取 0.25，冲刷时可取 1.0；

  q——单宽流量，m³/（m·s）；

  ω——泥沙沉速，m/s；

  s_*——水流挟沙力，kg/m³。

  【例 2-2】 某河段可近似看做为均匀流，断面为矩形，底宽 $b=200\mathrm{m}$，底坡 $J=0.0001$，水深 $H=2\mathrm{m}$，床沙平均直径 $d_{\mathrm{pj}}=1.5\mathrm{mm}$，糙率 $n=0.018$。试分析：

（1）当上游来流为清水，即无推移质和悬移质时，该河段是否会发生冲刷？（2）当上游来流中单宽推移质输沙率为 0.002/kg（s·m），且粒径与床沙粒径相同时，该河段又会怎样变化？

因该河段宽深比较大，水力计算中可近似用水深 H 代替水力半径 R。根据曼宁公式，河段断面平均流速

$$v = \frac{1}{n} H^{2/3} J^{1/2} = \frac{1}{0.018} \times 2^{2/3} \times 0.0001^{1/2} = 0.88\text{m/s}$$

（1）当上游来沙为零时，本河段是否发生冲刷，可用泥沙起动流速判别。因床沙粒径大于 1.0mm，起动流速公式（2-38）中根号内第二项可忽略，即

$$v_c = \left(\frac{H}{d} \right)^{0.14} \sqrt{17.6 \frac{\gamma_s - \gamma}{\gamma} d}$$

$$= \left(\frac{2}{0.0015} \right)^{0.14} \sqrt{17.6 \times \frac{2650 - 1000}{1000} \times 0.0015} = 0.63\text{m/s}$$

因为 $v > v_c$，所以该河段床沙能够移动，河床将发生冲刷。

（2）根据公式（2-39），该河段的单宽推移质输沙率

$$q_b = 2.08d(v - v_c) \left(\frac{v}{v_c} \right)^3 \left(\frac{d}{H} \right)^{1/10}$$

$$= 2.08 \times 0.0015 \times (0.88 - 0.63) \left(\frac{0.88}{0.63} \right)^3 \left(\frac{0.0015}{2} \right)^{1/10}$$

$$= 0.001\text{kg/(s·m)}$$

因为上游推移质来量大于本河段的推移质输沙率，水流无法把上游来的泥沙都输移走，所以本河段将会淤积。

2.3.2　河床演变

在自然情况下，河床总是处在不断地变化和发展过程中。当河床上修建了桥渡，受人工建筑物干扰，河床变化将更加显著。为了合理地利用河道，必须掌握河床演变的基本规律。

河流一般可分为山区河流和平原河流两大类型。山区河流坡度陡，流速大，水流中的悬移质含沙量小于河段的水流挟沙力，处于次饱和状态，以下切为主。但河床多系基岩或卵石、块石等组成，抗冲力强，因此河床下切速度缓慢。当山区土壤疏松时，如西北地区的黄土高原，则下切显著，沟壑纵横。

平原河流比降平缓，挟沙力相对较小，一般以泥沙的堆积为主。但河床多为细沙组成，在洪流作用下容易发生运动。因此平原河流冲淤变化的速度较快，变化的幅度也比较大。

1. 河床演变基本原理

河床演变的具体原因尽管千差万别，但根本原因可归结为输沙的不平衡。考

察河流的某一区域,如果进入这一区域的沙量大于这一区域水流所能输送的沙量,河床将发生淤积,使床面升高;反之,若进入这一区域的沙量小于这一区域所能输运的沙量,河床将产生冲刷,使床面降低。当河床发生冲淤变化后,水流的水力条件发生相应的变化,从而使水流的挟沙力也发生相应变化。床面升高使这一区域的过水断面减小,流速增大,其结果将使水流挟沙力增大;床面降低使这一区域的过水断面增大,流速减小,其结果使水流挟沙力减小。这样,当变形继续发展下去,就会使这一区域水流所能输运的沙量逐渐和进入这一区域的沙量相平衡。因此,可以认为由输沙不平衡所产生的河床变形是朝着使变形停止的方向发展的。这一现象称为河流的自动调整作用。

平原冲积河流的河床演变现象是极其复杂的。为了便于分析,可以根据某些特征加以分类。若以河床演变形式为特征,可分为纵向变形和横向变形两类。纵向变形体现为河床纵剖面和横断面的沿程冲淤变化。造成河床沿纵向发生变形,有些是由于天然的原因,例如来沙量的因时变化和沿程变化;有些是人为的原因,例如拦河坝的兴建。横向变形体现为河床的平面摆动。造成横向变形的原因,主要是由于环流。天然河流上形成环流的地方很多,如弯道。当水流绕过河道中的各种障碍物,如桥渡墩台时也能形成环流。环流导致横向输沙不平衡,其结果将使一岸冲刷,一岸淤积,造成河床的平面摆动。

河床演变丰富多彩,要对形形色色的河床演变现象有一个深入了解,必须对影响河床演变的主要因素心中有数。一般地说,影响河床演变的主要因素可概括为:①进口条件,包括来水量及过程,来沙量、来沙组成及过程;②出口条件,主要是出口处的侵蚀基点条件;③河床周界条件,包括河谷比降、河谷宽度、河床河岸组成及抗冲性。随着堤防、护岸工程及各种沿河、跨河建筑物的广泛兴建,对河床周界条件的控制程度日益增加,由此产生的对河床演变的影响同样是不可忽视的。

2. 河段分类与桥渡设计关系

不同的河型,其稳定性是不同的,而桥位选择、桥孔布置及墩台基础埋置高程等与所处河段的稳定程度紧密相关。准确判断河段的稳定程度,有助于桥渡设计做到经济合理。

在稳定河段建桥,由于河段的主流和岸线都较稳定,桥孔长度要大于河槽宽度,不需设置导流堤。次稳定河段河槽可能有横向变形、主支汊交替发展等变化,桥位应选在岸壁相对稳定处,桥孔布置时,要预估河槽横向摆动幅度或各汊流量分配的变化,一般要修建导流堤并注意墩台的埋置深度。不稳定河段主流摆动不定,岸线也不稳定,需对河段演变的历史、现状和发展趋势作出详细分析,找出河段的"节点",选择在"节点"处跨河。河段纵横向变形特点与桥渡设计中宜采用的措施,见表2-4和表2-5。为掌握各类河段的特点及其稳定性,表2-6对河流类型及演变特点进行了汇总归类,便于实际中判断桥渡河段的稳定程度。

河段纵向变形与桥渡设计关系　　　　　　　　　　表 2-4

纵向变形内容	强烈程度	稳定序号	主 要 现 象	宜 用 措 施
天然下切		I、II	造成基础埋深不足	通过调查研究或试验确定可能数值
溯源冲刷		I～VI	造成基础埋深不足	
坝下游冲刷		I～VI	使已建桥梁成为浅基	通过分析或试验确定数值，也可用输沙平衡进行估算
洪水冲刷		I～VI	造成基础埋深不足	用一般冲刷公式计算
集中冲刷	无或微	I、II		
	明显	III、IV	1. 桥下河床皆有发生最大集中冲刷的可能 2. 出现坐弯的傍岸集中冲刷	1. 用一般冲刷公式计算 2. 墩台基础埋至同样深度 3. 如有坐弯水流应计算傍岸集中冲刷
	强烈	IV、V、VI		
淤积堆高	无或微	I～IV		
	可能有	V、VI	减少桥渡泄洪能力，导致主流改道	调查研究估算可能淤高值

河段横向变形与桥渡设计关系　　　　　　　　　　表 2-5

横向变形内容	强烈程序	稳定序号	主 要 现 象	宜 用 措 施
主流横向摆动	不明显	I、II		
	较 小	II、III	桥下河槽可能扩宽或略有移动	扩大桥墩深埋基础范围
	明 显	IV	主流坐弯威胁上游桥头河滩路堤	1. 加强上游侧导流防护 2. 墩台基础埋至同一高程 3. 检算傍岸集中冲刷
	强 烈	V、VI	集中冲刷严重威胁墩台安全	1. 桥孔不宜偏小 2. 加固桥夹防护 3. 检算傍岸集中冲刷
岸线横向迁移	微	I～III		
	有	IV、V	易改道冲毁桥渡	1. 桥孔不宜偏小 2. 加固桥头防护 3. 检算傍岸集中冲刷
	易	VI	主流破堤改道	审慎选择桥位

表 2-6

河段类型及特点

河流类型	河段类型	稳定程度 分类	序号	形态特征	水文泥沙特征	河床演变特点	河段区别要点
山区河流	峡谷河段	稳定	I	1. 在平面上多急弯卡口,宽窄相间,河床为 V 型或呈 U 型,比降缓跌相连 2. 河流纵断面多呈凸型比降明显区别	1. 河床比降陡,一般大于 2‰ 2. 流速大,洪水时河槽平均流速可达到 5~8m/s 3. 水位变幅大,个别达到 50m 左右 4. 含沙量小,河床泥沙颗粒较大,由于流速大,搬运能力强,故床水时河床上有卵石运动	1. 河流稳定,变形多为单向的切蚀作用,速度相当缓慢 2. 狭谷河段的进口或窄口的上游,受壅水的影响,洪水时枯水时有较细的颗粒的沉积物,且多呈洪冲、枯淤变化 4. 两岸对河流的约束和嵌制作用大	峡谷河段,河床窄深,床面石裸露或大漂石覆盖,河床比降大,多急弯、卡口,断面呈 U 型或呈 U 型;开阔河段和顺直微弯河段,岸线整齐,河滩稳定,断面多呈 U 型,河槽稳定,河、滩、槽流向基本一致
	开阔河段	稳定 定	II III	4. 开阔河段,河面较宽,有时也有不大的河漫滩边滩,有的地方也会出现心滩和浅滩,过渡段沙洲,河床纵断面亦平缓,浅相间			
平原区河流	顺直微弯河段	次	II III	1. 平原区河流,平面外形可分为顺直微弯型、分汊型、弯曲型、宽滩型和游荡型 2. 河流开阔,靠两侧有堤防束水地面,枯水期沙洲多呈宽槽浅水形,通常横断面多呈斜三角形,凹岸侧深,凸岸侧浅,过渡段河床浅	1. 河床比降平缓,一般小于 1‰,有时不到 0.1‰ 2. 流速小,洪水时河槽平均流速多为 2~4m/s 3. 洪峰持续时间长,水位和流量变幅变化同步,凹 4. 河流泥沙颗粒较细,水流输送泥沙以悬移质为主,多为沙、粉沙和粘粒,但也有推移质 5. $\frac{Q_b}{Q_p} > 0.4$ 或 $Q_p > Q_c$ 0.67 者为宽滩河流	1. 顺直微弯河段,中水河槽顺直微弯,边滩呈犬牙交错分布;洪水时边滩向下游移,对深泓亦向下游平移 2. 分汊河段,中高水河槽交替变迁趋势。自由分汊可能有周期性有交替变迁的趋势 3. 弯曲型河段由于河湾,凹岸侧冲刷而复始的凹冲凹淤,随着凹岸侧冲刷下切和侵移,凸岸侧淤积岗地形并顶冲移向下游,与此同时曲率半径扭曲加长,阻力加大,须口缩短,洪水时发生裁弯取直 5. 游荡型河段,河道宽浅,沙洲众多,且变化迅速,支汊变化无常	稳定和次稳定河段的区别,前者河槽岸线,河床主流位置变形缓慢,后者河床发展的变形平移,主流在河段内摆动。分汊河段,两汊有交替变迁的趋势;弯曲河段,宽浅度比都较大,达几公里、十几公里,流量比都较大,槽流速小,滩流速大
	分汊河段		III IV				
	弯曲河段	稳定 定	III IV				
	宽滩河段	定	III IV	4. 枯水期沙多堆积体的形态则较细,因此,河床纵断面亦浅,浅相间			
	游荡河段	不稳定	V				

续表

河流类型	河段类型	稳定程度 序号	稳定程度 分类	形态特征	水文泥沙特征	河床演变特征	河段区别要点
山前区河流	山前变迁河段	V	不稳定	1. 山前变迁河段，多出现在较开阔的地面坡度较平缓的山前平原地带，河段距山口较远，其下多支是比较稳定的平原河流，水流多支汊，主流迁徙不定，岸线不稳，洪水时主流有滚动可能。2. 冲积漫流河段，距出口较近，河床坡度较陡，因为地势单调平坦，水流分散呈叭形散开，流速，水流大量泥沙淤落在山口坦坡上形成冲积扇	1. 河床比降介于山区和平原区之间，一般为1‰～10‰，但冲积漫流河段有时大于20%～50%。2. 流速介于山区与平原区之间，洪水时河槽平均流速可达到3～5m/s。3. 水流宽浅，水深变幅不大，既小于山区亦小于平原区。4. 泥沙中等或较大，在干旱、半干旱地区，洪水时在携带细颗粒泥沙（既有悬移质又有推移质，是淤积的主要材料）	1. 山前变迁型河段，泥沙与河床演变特点有类似平原游荡型河段之处，但其比降和泥沙游颗粒都是山前河面游荡型河段的特点，令流改造更为凶猛迅速。2. 冲积漫流河段，通常无固定河槽，夹带大量粗颗粒泥沙的水流淤槽，加以坡陡，有很大的破坏力。洪水后，河床支汊纵横、支离破碎，没有固定河漫滩，是最不稳定的河段，河床有可能淤高	不稳定河段与次稳定河段的区别，前者主流在整个河床内摆动，幅度大，变化快。后者主流在河槽内摆动，幅度小。游荡性河段与山前变迁性河段的区别，前者土质颗粒细，冲刷深，回淤快。主流不仅在河床内墨动，甚至可能造成河道改变，由于河流漫流河段地貌次大致具有冲积漫流特征，床面起伏明显。较游荡性河段更高，洪水傍切于宽阔的河段中通过
	冲积漫流河段	VI	稳定				区别要点同形态特征
河口	三角港河口	V		1. 三角港河口段为凹向大陆的海湾型河口段。2. 三角洲河口段的冲积型河型，河岸伸向大海出海呈凸出海型河口；河口段呈沙洲遍布，支汊纵横交错	比降一般小于0.1‰，流速也小；由于受潮汐影响，流速呈周期性正负变化；泥沙颗粒较细，多为悬移质	河口除受波浪和海流作用外，河流下泄的部分泥沙（进入河口后），常由于受潮流和径流的相互作用，形成拦门沙，加之淡水交混，促进了泥沙颗粒的凝絮凝积，洪水期山水冲刷，可能河床冲刷，因此很多河口段河流的冲淤变化很明显	
	三角洲河口	VI					区别要点同形态特征

注：表列河段为一般情况。如山区河段一般为次稳定河段，但也有例外的情况；有的山前河段有次稳定性，甚至不稳定的河段。遇到这类场合，应根据具体河段的实际情况，分析其稳定性，决定采用何种勘测设计方法。

2.3.3   造床流量与河相关系

1. 造床流量

造床流量是指其造床作用与多年流量过程的综合造床作用相等的某一种流量。这种流量不等于最大洪水流量，因为尽管最大洪水流量的造床作用剧烈，但时间过短；它也不等于枯水流量，因为尽管枯水流量作用时间长，但流量过小。造床流量是一个较大但又不是最大的洪水流量。

造床流量的确定方法，目前理论上还不够成熟。实际工作中，可采用平滩流量法，即以与河漫滩大致齐平时所对应的流量作为造床流量。这个方法物理意义上的解释为：水流低于河漫滩时，流速较小，造床作用不强；当水位高于河漫滩时，水流分散，造床作用降低；只有当水位平滩时，其造床作用最大。

用平滩流量法时，宜采用一个较长的河段作为依据，以避免用一个断面时河漫滩高程难以确定及代表性不强的缺点。

2. 河相关系

河相关系是指河床几何形态与水流、泥沙及河床边界条件之间的关系。它是在水流长期作用下形成的与所在河段具体环境相适应的某种均衡形态。

描述这种均衡形态的指标有很多。如河床纵比降与河床组成、流量或流域面积的关系。横断面形态与流量或水力泥沙因素的关系，河弯曲率半径关系式等。

桥位设计中最常用的两个河相关系式为

(1) 横断面宽深比

$$\xi = \frac{\sqrt{B}}{H} \tag{2-42}$$

式中 B —— 平滩流量时的河段平均宽度，m；

H —— 平滩流量时的河段平均水深，m。

ξ 一定程度上反映河床与河床组成物质的相对可冲性。ξ 值越大，河岸组成物质的抗冲强度越小于河床组成物质的抗冲强度，断面越宽浅，河段的稳定性就越差。根据我国一些河流资料，长江荆江弯曲型河段 $\xi = 2.23 \sim 4.45$；黄河高村以上游荡性河段 $\xi = 19.0 \sim 32.0$，黄河高村以下过渡段 $\xi = 8.6 \sim 12.4$。

(2) 稳定河宽

$$B_s = \eta \frac{Q^{0.5}}{J^{0.2}} \tag{2-43}$$

式中 B_s —— 稳定河宽，m；

Q —— 平滩流量，m^3/s；

J —— 河床比降；

η —— 稳定河宽系数，对较稳定的沙质河段 $\eta = 1.1 \sim 1.3$，较不稳定的河段 $\eta = 1.3 \sim 1.7$。

<h1>思 考 题</h1>

2.1 何谓流域？如何根据地形图勾画流域边界和计算河流某一断面以上的流域面积？

2.2 从哪些方面判别一个流域是闭合流域或非闭合流域？

2.3 什么叫水文循环？为什么会发生水文循环？它与河川径流有何关系？

2.4 何谓流域蒸散发？实用上应如何推求？

2.5 降雨过程中，下渗是否总按下渗能力进行？为什么？

2.6 净雨与径流有何区别与联系？

2.7 某流域的年径流模数为 10L/（s·km²），其年径流深为多少？

2.8 流速仪测流包括哪些内容？如何利用测流资料计算整个过水断面的流量？

2.9 泥沙测验包括哪些内容？如何利用泥沙测验资料计算断面的悬移质输沙率？

2.10 何谓床沙质和冲泻质？能否说推移质就是床沙质，悬移质就是冲泻质？

2.11 某河段上游来水的悬移质含沙量小于该河段的水流挟沙力，河段的水流流速小于河段床沙的起动流速，该河段河床将会发生什么变化？

2.12 河床演变的基本原理是什么？

2.13 河床分类的意义是什么？从哪些特征来判断河段类属？

<h1>习 题</h1>

2.1 余英溪姜湾流域（图 2-1），流域面积 $F=20.0\text{km}^2$，其上有 10 个雨量站，各站控制面积已按泰森多边形法求得，并与 1958 年 6 月 29 日的一次实测降雨一起列于表 2-7。要求：(1) 绘制泰森多边形；(2) 计算本次降雨的流域平均降雨过程及总雨量；(3) 绘制时段平均雨强过程线和累积降雨过程线。

姜湾流域 1958 年 6 月 29 日降雨量表　　　　　表 2-7

雨量站	控制面积 f_i (km²)	权重 a_i (=f_i/F)	时 段 雨 量 （mm）							
			13~14h		14~15h		15~16h		16~17h	
			p_{1i}	a_ip_{1i}	p_{2i}	a_ip_{2i}	p_{3i}	a_ip_{3i}	p_{4i}	a_ip_{4i}
高坞岭	1.20		3.4		81.1		9.7		1.4	
蒋家村	2.79		5.0		60.0		11.0		0.7	
和睦桥	2.58		7.5		30.5		21.3		0.9	
姜 湾	1.60		0		21.5		9.7		1.8	
庄 边	0.94		11.5		46.5		15.0		1.7	
桃树岭	1.74		14.1		65.9		17.0		1.6	
里蛟坞	2.74		8.5		45.7		9.8		0	
范坞里	2.34		0.1		36.8		7.8		0.9	
佛 堂	2.84		0.1		27.1		12.7		0.8	
葛 岭	1.23		14.5		40.9		9.4		0.7	
全流域	20.00									

2.2 湖北省某水库流域面积 $F=366\mathrm{km}^2$，其上某年 7 月发生一次降雨，流域平均雨量为 43.5mm，形成的洪水过程见表 2-8。要求：（1）绘制该次洪水的流量过程线；（2）计算该次洪水的径流总量 W、流域平均径流深 R、洪峰径流模数 M 和径流系数 α。

某流域 7 月一次洪水过程   表 2-8

时间 t			流量 Q（m^3/s）	时间 t			流量 Q（m^3/s）
月	日	时		月	日	时	
7	15	14	20.0	7	16	20	57.4
7	15	20	99.9	7	17	2	41.8
7	16	2	122.0	7	17	8	33.6
7	16	8	98.1	7	17	14	27.8
7	16	14	75.6	7	17	20	20.0

2.3 某流域面积为 $500\mathrm{km}^2$，流域多年平均雨量为 1000mm，多年平均流量为 $6\mathrm{m}^3/\mathrm{s}$，问该流域多年平均蒸发量为多少？若在流域出口修一水库，水库水面面积 $10\mathrm{km}^2$，当地蒸发器观测的多年平均年水面蒸发值 950mm，蒸发器折算系数为 0.8，问建库后该流域的径流量是增加还是减少？建库后出库的多年平均流量是多少？

2.4 已知沅江王家河站 1974 年实测水位、流量成果，并根据大断面资料计算出相应的断面面积，见表 2-9。要求：①求各测次的平均流速；②利用 Z-ω、Z-v 关系延长 Z-Q 曲线；③求出水位为 57.62m 的流量。

1974 年沅江王家河站实测水位、流量成果   表 2-9

水位 Z（m）	流量 Q（m^3/s）	断面面积 ω（m^2）	平均流速 v（m/s）	水位 Z（m）	流量 Q（m^3/s）	断面面积 ω（m^2）	平均流速 v（m/s）
44.35	531	1210		52.16	10300	4630	
45.45	1200	1580		53.76	14500	5390	
46.41	2230	1980		55.68	18800	6350	
46.96	2820	2210		57.62		7320	
47.58	3510	2470		57.31	20700	7160	
48.76	4950	3020		56.98	19600	7010	
49.03	5690	3250		54.19	13700	5610	
50.60	7490	3880		53.01	11900	5050	
51.68	10200	4400		48.09	4370	2710	

2.5 某河段河床泥沙和悬移质的粒配曲线如图 2-26 所示，其中曲线 I 为河床泥沙，曲线 II 为悬移质。试求：①河床泥沙的中值粒径，平均粒径和非均匀系数；②悬移质的中值粒径，平均粒径和非均匀系数。

2.6 有一宽浅式渠道，单宽流量为 $2\mathrm{m}^3/\mathrm{m}\cdot\mathrm{s}$，底坡 $J=0.001$，糙率系数 $n=0.02$，河床泥沙密度 $2650\mathrm{kg}/\mathrm{m}^3$，试求：为了防止冲刷，渠底所需铺设砾石的直径。

第3章 水文统计基本原理与方法

§3.1 水文统计的基本概念

3.1.1 水文现象的特点

水文现象在其发生发展过程中,既有必然性的一面,也有随机性的特点。由于自然界水分循环的结果,必然会引起降水而产生径流。水文现象在很多情况下具有以年为周期的周期性变化,如黄河有"桃、伏、秋、凌"四汛,这充分说明水文现象的必然性。因为影响水文现象的因素众多,各因素本身在时间上不断地发生变化,所以受其控制的水文现象也处于不断变化之中,它们在时程上和数量上的变化过程,伴随周期性出现的同时,也存在着一定程度的不确定性特点,这就是随机性。如任一条河流,不同年份的流量过程不会完全一样。即使在同一地区,由于大气环流的影响,有的年份汛期可能出现得早些,有的年份则要迟些,汛期和枯水期的流量各年份大小也可能不同,它们在时间上和数量上都不可能完全重复。

概率论与数理统计是研究随机现象的数学工具,它在水文学的各个部门有着广泛的应用。如在水文测验中,站网的规划、测验规范的制定、误差分析、资料整编等;在水文预报中,某些预报方案的制作、误差的分析与评定;在水文水利计算中,各种水利系统的规划设计及管理运用等,都以某种方式使用着概率统计方法。

3.1.2 事 件

"事件"是指在一定的条件组合下,在试验结果中所有可能出现或可能不出现的事情。事件可分为三类:

(1)必然事件 在一定的条件组合之下,某一事件在试验中不可避免地要发生,称此事件为必然事件。如水在标准大气压下,加热到100℃,必然发生沸腾现象。

(2)不可能事件 在一定的条件组合下,肯定不会发生的事件,称为不可能事件。如天然河流上游无阻水、蓄水建筑物,当洪水来临时,发生断流是不可能事件。

(3)随机事件 在一定的条件组合下,随机试验中可能发生也可能不发生的事件，称为随机事件。如每年汛期河流中必然会出现一次最大流量，但这个最大流量可能大于指定的流量，也可能小于或等于这个指定的流量，事先不能完全确定。因此，该河流中每年出现最大流量在数量上的大小是随机事件。

3.1.3 概　率

每一事件的发生都有某种程度的可能性，有的可能性大些，有的可能性小些。如每次降雨为中小雨的可能性大，为大雨的可能性小，为特大暴雨的可能性更小。为了比较各个随机事件出现的可能性大小，必须要有个数量标准，称这一数量为所指事件出现的概率。

设某一试验共有 n 种不同的可能结果，其中各个结果具有等可能性。如以 m 表示有利于出现事件 A 的可能结果数，则出现事件 A 的概率为：

$$p(A) = \frac{m}{n} \tag{3-1}$$

显然，必然事件的概率等于1，不可能事件的概率等于0，而任何随机事件的概率必然在0与1之间。

式（3-1）在概率论中称为古典概率公式，它只适用于实验的所有可能结果都是等可能的，且试验可能结果的总数是有限的。显然，水文事件要复杂得多，且试验可能结果的总数也是无限的，不能再用古典概率公式计算，只能通过多次试验进行估算。

3.1.4 频　率

设事件 A 在 n 次试验中出现了 m 次，则称

$$W(A) = \frac{m}{n} \tag{3-2}$$

为事件 A 在 n 次试验中出现的频率。

当试验次数 n 不大时，事件的频率很不稳定。但当试验次数足够大时，事件的频率与概率之差可达到任意小的程度，即频率趋于概率。这一点已为概率论中的大数定理所严格证明，也为大量的试验所证实，这为实际工作带来巨大方便。在水文现象中，多数事件的概率是未知的，只能通过逐年资料的积累，用频率来推知概率。总之，概率是表示某一随机事件在客观上可能出现的程度，是一个稳定的常量。频率是个经验值，随着试验次数的增多而趋近于概率值。

3.1.5 总体与样本

事件试验各种可能结果的全体称为总体。很多水文现象都是无限总体，如某站的年降雨量。其总体应该是自古迄今再展延至未来及其长远岁月中的所有年降雨量。从总体中随机抽取一部分系列，称抽样，抽取的这部分系列称为一个随机

样本，简称样本。总体可以划分为很多个样本，样本系列的长短，即样本中所含的项数的多少，称为样本容量或样本大小。

总体和样本之间既有差别又有密切的联系。由于样本是总体的一部分，因而样本的特征在一定程度上反映了总体特征，故总体的规律可以借助于样本的规律来逐步认识。这就是目前用已有水文资料来推估总体的依据。但样本毕竟只是总体的一部分，当然不能完全用以代表总体的情况，其中存在着一定的差别。因而用样本来推估总体必然带来抽样误差，在水文分析计算中，对抽样误差要作出估计。

§3.2 随机变量的概率分布及其统计参数

3.2.1 随机变量

若随机事件的每次试验结果可用一个数值 x 来表示，x 随试验结果的不同而取不同的数值。在每次试验中，究竟出现那一个数值则是随机的，但取得某一数值具有一定的概率，这种变量称为随机变量，或称随机变数。

随机变量可分为两类：离散型随机变量和连续型随机变量。如果在某一随机变量相邻两数值之间，不存在中间数值，这种随机变量称为离散型随机变量。例如掷一颗骰子，出现的点数中只可能是 1、2、3、4、5、6 共六种可能性，而不可能取得相邻两数间的任何中间值。如果随机变量可取得一个有限区间的任何数值，即相邻两个取值之间的差值可以小到无穷小，这种随机变量称为连续型随机变量。水文现象大多属于连续型随机变量。例如流量可以在零和极限值之间变化。

3.2.2 随机变量的概率分布

随机变量的取值与其概率是一一对应的，一般将这种对应关系称为随机变量的概率分布。设离散型随机变量 X，它可能取的值是 x_1、x_2、$\cdots$、x_n、$\cdots$，用 p_i 表示 X 取值 x_i 的概率，即

$$p(X = x_i) = p_i \qquad (i = 1、2、\cdots\cdots) \tag{3-3}$$

显然，随机变量取任何可能值时，其概率都不会是负，即 $p_i \geqslant 0$ $(i=1、2、\cdots\cdots)$；随机变量取遍所有可能值时，相应的概率之和等于 1，即 $\Sigma p_i = 1$。

对于连续型随机变量，因其取某一给定值的概率等于零，在水文上仅讨论随机变量 x 取大于、等于某 x_i 值的发生概率，表达为

$$p(X \geqslant x_i) = p_i \tag{3-4}$$

下面举例说明连续型随机变量概率分布曲线。

【例 3-1】 将某站 62 年降雨量资料以 200mm 为级差进行分组，并由大到小进行排队，按表 3-1 逐项进行计算。

某站62年年雨量分组频率计算表   表 3-1

年降雨量（mm）组距（$\Delta x=200mm$）	组内出现次数	累计次数	组内频率	组内平均频率密度	累计频率
	m_i	Σm_i	$\Delta p\%$	$\Delta p/\Delta x$	$p\%$
2101~2300	1	1	1.6	0.00008	1.6
1901~2100	2	3	3.2	0.00016	4.8
1701~1900	3	6	4.8	0.00024	9.6
1501~1700	7	13	11.3	0.00056	20.9
1301~1500	13	26	21.6	0.00105	41.9
1101~1300	18	44	29.1	0.00145	71.0
901~1100	15	59	24.2	0.00121	95.2
701~900	2	61	3.2	0.00016	98.4
501~700	1	62	1.6	0.00008	100.0
合　计	62		100.0		

以各组降水量下限值为纵坐标，组内平均频率密度为横坐标，可以绘出频率密度直方图，如图3-1（a）所示。各个长方形面积表示各组的频率，各长方形面积之和等于1。这种频率密度随随机变量取值而变化的图形，称为频率密度图。如资料年数无限增多，分组组距无限缩小，频率密度直方图就会变成光滑的连续曲线，频率趋于概率，则称为概率密度曲线，如图3-1(a)中虚线所示铃型曲线。

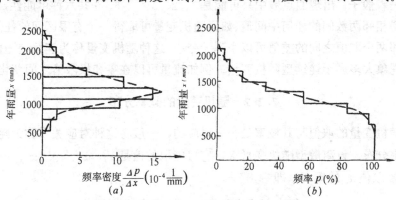

图 3-1 某站年雨量频率密度图和频率分布图

(a) 频率密度图；(b) 频率分布图

以表中各组降雨量下限值为纵坐标，累计频率值为横坐标绘出年雨量分布图，如图3-1（b）所示。如资料年数无限增多，分组组距无限缩小，图3-1（b）就会变成光滑的连续曲线，频率趋于概率，则称为概率分布曲线。其函数表达式为：

$$p\{X \geqslant x_i\} = F(x) = \int_x^\infty f(x)\mathrm{d}x \qquad (3-5)$$

图 3-2 给出了概率密度曲线和概率分布曲线的关系。分布函数 $F(x)$ 表示随机变量 $X \geqslant x_i$ 的概率，图 3-2（b）在水文学上通常称为随机变量的累积频率曲线。

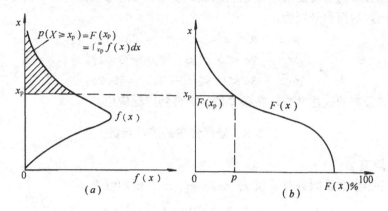

图 3-2 随机变量的概率密度曲线和概率分布曲线

（a）概率密度曲线；（b）概率分布曲线

正态分布是一种应用十分广泛的分布，其密度函数为：

$$f(x) = \frac{1}{\sigma \sqrt{2\pi}} e^{\frac{(x-\bar{x})^2}{2\sigma^2}} dx \quad (-\infty < x < +\infty) \tag{3-6}$$

式中包括两个参数，即均值 $\bar{x}$ 和均方差 σ。

正态分布的密度曲线如图 3-3 所示，它具有如下性质：

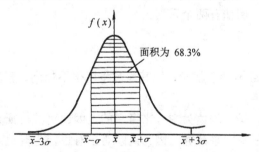

图 3-3 正态分布概率密度曲线

（1）单峰，铃形，在 $x = \bar{x}$ 时，$f(x)$ 有最大值 $\dfrac{1}{\sigma \sqrt{2\pi}}$；

（2）$f(x)$ 以直线 $x = \bar{x}$ 为对称轴；

（3）当 $x \rightarrow \pm\infty$ 时，曲线以 x 轴为渐近线。

由式（3-6）得正态分布的分布函数为：

$$F(x) = \frac{1}{\sigma\sqrt{2\pi}} \int_{-\infty}^{x} e^{\frac{(x-\bar{x})^2}{2\sigma^2}} dx \tag{3-7}$$

正态分布的密度曲线与 x 轴所围成的全部面积等于1。均值两边 $\pm\sigma$，$\pm2\sigma$，$\pm3\sigma$ 范围内的面积分别为：

$$\left.\begin{array}{l} p(\bar{x}-\sigma < x < x+\sigma) = 68.3\% \\ p(\bar{x}-2\sigma < x < x+2\sigma) = 95.4\% \\ p(\bar{x}-3\sigma < x < x+3\sigma) = 99.7\% \end{array}\right\} \tag{3-8}$$

正态分布的这些性质，在误差估计中得到广泛应用。

3.2.3 概率分布的统计参数

1. 均值 $\bar{x}$

设一个水文系列共有 n 项 x_1、x_2、$\cdots$、x_n，则均值为：

$$\bar{x} = \frac{x_1 + x_2 + \cdots + x_n}{n} = \frac{1}{n}\sum_{i=1}^{n} x_i \tag{3-9}$$

均值表示系列的平均情况，说明系列水平的高低。如甲河多年平均流量 $980\mathrm{m^3/s}$，乙河多年平均流量 $120\mathrm{m^3/s}$，说明甲河流域的水资源比乙河流域的丰富。

若以 $\bar{x}$ 除以系列中各项，则得以模比系数 $K_i = x_i/\bar{x}$ 表示的新系列，则有 $\Sigma K_i = n$，新系列的均值 $\bar{K}=1$。

2. 均方差 σ 与离势系数 C_V

均值只能反映系列中各变量的平均情况，不能反映系列中各变量相对于均值集中或离散的程度。例如有两个系列：

第一系列：　　　15　　　20　　　25

第二系列：　　　1　　　20　　　39

两系列的均值相同，都为20，但其离散程度很不相同。直观地看，第二系列比第一系列离散得多。

研究离散程度，是以均值为中心来考察的。因此离散特征参数可以用相对于分布中心（均值）的离差来计算。因为离差有正有负，为避免互相抵消，用其平方和的均值（方差）表示，为保持原变量的量纲不变，将方差再开方，称为均方差，即

$$\sigma = \sqrt{\frac{\sum_{i=1}^{n}(x_i - \bar{x})^2}{n}} \tag{3-10}$$

第一系列的均方差为4.08，第二系列的均方差为15.5，说明第二系列的离散程度比第一系列大。

当系列的均值相等时，可以用均方差比较两系列的离散情况。当系列的均值

不相等时，再用均方差比较两系列的离散情况就无效了。例如有以下两个系列：

第一系列：　　　5　　　　10　　　　15

第二系列：　　995　　1000　　1005

两系列的均方差相同，都为 4.08，说明两系列的绝对离散程度是相同的。但因其均值不同，一个为 10，一个为 1000，其离散情况的实际严重性是很不相同的。为了克服以均方差衡量系列离散程度的这种缺陷，水文统计中以均方差与均值之比作为衡量系列相对离散程度的参数，称为变差系数，以 C_V 表示，其计算式如下：

$$C_V = \frac{\sigma}{x} = \frac{1}{x}\sqrt{\frac{\sum_{i=1}^{n}(x_i - \bar{x})^2}{n}} = \sqrt{\frac{\sum_{i=1}^{n}(K_i - 1)^2}{n}} \tag{3-11}$$

在上述两系列中，第一系列的 $C_{V1}=4.08/10=0.408$，第二系列的 $C_{V2}=4.08/1000=0.00408$，说明第一系列的离散程度远比第二系列大。C_V 对密度曲线的影响如图 3-4 所示。C_V 越大，密度曲线越矮胖，表明 x 相对于 $\bar{x}$ 比较离散；反之，C_V 越小，密度曲线越尖瘦，表明 x 相对于 $\bar{x}$ 比较集中。

3. 偏态系数 C_S

变差系数 C_V 只能反映系列的离散情况，不能反映系列在均值的两边是否对称或不对称的程度如何。数理统计中，用离均差的三次方的平均值与均方差三次方的比值作为衡量系列是否对称及不对称程度的参数，称为偏态系数，记为 C_S。其计算式为：

$$C_S = \frac{\sum_{i=1}^{n}(x_i - \bar{x})^3}{n\sigma^3} = \frac{\sum_{i=1}^{n}(K_i - 1)^3}{nC_V^3} \tag{3-12}$$

若 $C_S=0$，说明随机变量在对称于均值的位置上离差的绝对值都一一相等，其均值所对应的频率等于 50%，此系列为对称系列，称为正态分布。若 $C_S>0$，说明大于均值的变量比小于均值的变量出现的机会小，其均值所对应的频率小于 50%。若 $C_S<0$，说明大于均值的变量比小于均值的变量出现的机会大，其均值所对应的频率大于 50%。C_S 对密度曲线的影响如图 3-5 所示。

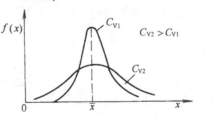

图 3-4　C_V 对密度曲线的影响

3.2.4　统计参数的无偏估值公式

计算总体的统计参数，必须知道总体的概率分布，水文系列一般都属于无限

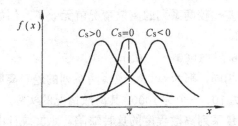

图 3-5 C_S 对密度曲线的影响

总体，不可能得到它，更不知道它的真正分布，故无法计算总体的统计参数，我们只能用样本的统计参数估算总体的统计参数。

设 θ 为未知参数的估计量，若 $E(\theta) = \theta$，则称 θ 为 θ 的无偏估计量，否则称为有偏估计量。可以证明均值是总体的无偏估计值，根据数学期望的运算规则，可求出样本均值的数学期望：

$$E(\overline{x}) = E\left(\frac{1}{n}\sum_{i=1}^{n}x_i\right) = \frac{1}{n}\sum_{i=1}^{n}E(x_i) = \frac{1}{n}nE(x) = E(x)$$

但必须指出，说均值是无偏估值是指极多个容量相同的样本，其均值的平均数可望等于相应总体的数学期望，对于一个具体的样本，其均值并不一定等于总体的数学期望。也必须指出，并非所有的估计量都是无偏的，由式 (3-7)、式 (3-8) 和式 (3-9) 计算的均方差、变差系数、偏态系数，大量样本平均的结果都不等于总体的相应参数，称这样的估计值为有偏估计值。在水文分析计算中，为了得到它们的无偏估计值，需对相应的公式进行修正后才可以近似得到总体的无偏估计值公式，其修正关系为：

$$\sigma = \sqrt{\frac{n}{n-1}} \times \sqrt{\frac{\sum_{i=1}^{n}(x_i - \overline{x})^2}{n}} = \sqrt{\frac{\sum_{i=1}^{n}(x_i - \overline{x})^2}{n-1}} \qquad (3\text{-}13)$$

$$C_V = \sqrt{\frac{n}{n-1}} \times \sqrt{\frac{\sum_{i=1}^{n}(K_i - 1)^2}{n}} = \sqrt{\frac{\sum_{i=1}^{n}(K_i - 1)^2}{n-1}} \qquad (3\text{-}14)$$

$$C_S = \frac{n^2}{(n-1)(n-2)} \times \frac{\sum_{i=1}^{n}(K_i - 1)^3}{nC_V^3} \approx \frac{\sum_{i=1}^{n}(K_i - 1)^3}{(n-3)C_V^3} \qquad (3\text{-}15)$$

式 (3-6)、式 (3-13)、式 (3-14) 和式 (3-15) 一起称为无偏估值公式。在水文计算中，总是用这些无偏估值公式推估总体的参数，最后定出概率分布函数。

3. 2. 5　抽样误差

用样本的统计参数来代替总体的统计参数是存在一定误差的，这种误差是由于从总体中随机抽取的样本与总体有差异所引起的，故称为抽样误差。统计参数的抽样误差与频率曲线的线型有关。根据统计学的推导，当总体为皮尔逊Ⅲ型分布时（具体分布规律见本章§3.4），样本参数的均方误差计算公式如下：

$$\left.\begin{array}{l} \sigma_{\bar{x}} = \dfrac{\sigma}{\sqrt{n}} \\[3mm] \sigma_{C_V} = \dfrac{C_V}{\sqrt{2n}}\sqrt{1 + 2C_V^2 + \dfrac{3}{4}C_S^2 - 2C_V C_S} \\[3mm] \sigma_{C_S} = \sqrt{\dfrac{6}{n}\left(1 + \dfrac{3}{2}C_S^2 + \dfrac{5}{16}C_S^4\right)} \end{array}\right\} \tag{3-16}$$

式中，$\sigma_{\bar{x}}$、σ_{C_V}、σ_{C_S} 分别为样本均值、变差系数和偏态系数的均方误差；C_V、C_S 分别为总体的变差系数和偏态系数，计算时仍用样本的相应统计参数代替。

由上述计算公式可见，抽样误差的大小，随样本的容量 n、C_V、C_S 的大小而变。样本容量越大，对总体的代表性越好，其抽样误差也越小。这就是为什么在水文计算中总是想方设法取得较长的水文系列的原因。在计算 σ_{C_S} 的公式中，包含有 C_S 的高次方，当样本容量不大时（例如 $n < 100$），由样本系列直接计算 C_S 的误差很大，不能满足水文计算的要求。例如 $n = 100$，$C_V = 0.1 \sim 1.0$，$C_S = 2C_V$ 时，则 $\sigma_{C_S} = 40\% \sim 126\%$。

§3.3 经验频率曲线与理论频率曲线

3.3.1 经验频率计算公式

设有一水文系列共有 n 项观测数据，从大到小按顺序排队为 x_1、x_2、x_3、$\cdots$、x_n，若以 m 表示从大到小排队的序号，则其纯经验频率计算公式为：

$$p = \frac{m}{n} \times 100\% \tag{3-17}$$

如掌握的水文系列就是总体，用式（3-17）计算的也就是概率。如对短系列的样本资料则会产生较大的偏差，例如，$m = n$ 时，则 $p = 100\%$，即样本的末项就是总体的最小值，样本之外再也不会出现比它更小的数值了，这显然是不符合实际的。因而统计学家提出了很多改进公式，希望用这些改进的经验频率公式推求的频率值能近似代替总体的概率，其中

数学期望公式 $\qquad p = \dfrac{m}{n+1} \times 100\%$ $\qquad\qquad\qquad$ (3-18)

切哥达也夫公式 $\qquad p = \dfrac{m-0.3}{n+0.4} \times 100\%$ $\qquad\qquad\qquad$ (3-19)

海森公式 $\qquad p = \dfrac{m-0.5}{n} \times 100\%$ $\qquad\qquad\qquad$ (3-20)

式中 p——大于等于 x_m 的经验频率；

m——水文变量从大至小排列的序号；

n——样本容量，即观测资料的总项数。

前两个公式在统计学上有一定的根据，而海森公式纯属经验性的。选择公式的原则应是：形式简单；结果偏于安全；理论上有根据。因而我国水文计算规范规定，水文频率计算中均采用数学期望公式近似估计总体的概率。

频率是一个抽象的数理统计术语，不易为一般人所理解。为通俗起见，有时用"重现期"来更直观地描述"频率"一词。所谓重现期是事件重复出现的平均间隔时间，即平均隔多少时间出现一次，或说多少时间遇到一次。根据所研究问题的性质不同，频率和重限期的关系有两种表示方法。

当研究暴雨洪水问题（所取的 $p \leqslant 50\%$）时，采用

$$T = \frac{1}{p} \tag{3-21}$$

式中 T——重现期，以年计，表示大于、等于 x_m 的随机变量平均 T 年重现一次；

p——频率，以小数或百分数计。

例如，某洪水的频率为 $p=1\%$，则此洪水的重现期 $T=1/1\%=100$ 年，称此洪水为百年一遇的洪水，表示大于等于这样的洪水平均 100 年出现一次。由于水文现象一般并无固定的周期性，所谓百年一遇的洪水，是指大于等于这样的洪水在长时期内平均一百年可能发生一次，而不能认为每隔 100 年必然遇上一次。

当研究枯水问题（所取的 $p > 50\%$）时，采用

$$T = \frac{1}{1-p} \tag{3-22}$$

例如，对于 $p=90\%$ 的年平均流量，则对应的重现期为 $T=1/(1-0.9)=10$ 年，称此为 10 年一遇的枯水流量，表示小于等于这一流量的情况平均 10 年出现一次。

3.3.2 经验频率曲线

经验频率曲线的绘制和使用方法是：

(1) 将某种水文变量 x_i，例如某站的年降雨量，按由大至小的次序排列，排列的序号不仅表示大小的次序，而且表示 $x \geqslant x_i$ 的累计次数。

(2) 用数学期望公式（3-18）计算各项 $x \geqslant x_i$ 的经验频率。

(3) 以变量 x 为纵坐标，以其对应的经验频率为横坐标，点绘出经验频率点，依据点群趋势绘出光滑曲线，如图 3-6 所示，即为经验频率曲线。

(4) 有了经验频率曲线，即可在曲线上求得指定频率 p 的水文变量值 x_p。

经验频率曲线计算工作量小，绘制简单，查用方便，若设计频率在经验频率范围内，精度能满足设计要求。但由于水文实测系列不长，而水文计算中常推求 100 年一遇，1000 年一遇，甚至更稀遇的设计值，因此必须将经验频率曲线外延，

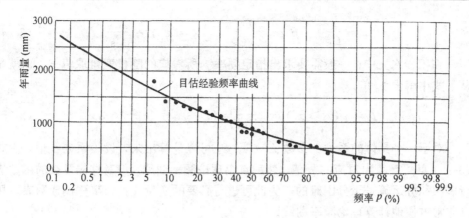

图 3-6 某站年降雨量经验频率曲线

而徒手外延十分困难，任意性很大。为避免曲线外延的任意性，常借助于由数学方程表示的，与水文要素的经验频率点据配合最好的数理统计学中已知的某频率曲线进行外延，这种频率曲线称为理论频率曲线。

3.3.3 理论频率曲线

英国生物学家皮尔逊从很多实际资料中发现物理学、生物学及经济学上的有些随机变量不具有正态分布，因而致力于探求各种非正态的分布曲线，最后提出13 种类型的分布曲线。其中第 Ⅲ 型曲线被引入水文计算中，并得到广泛应用。

皮尔逊 Ⅲ 型概率密度曲线，是一端有限、一端无限的不对称单峰曲线，如图

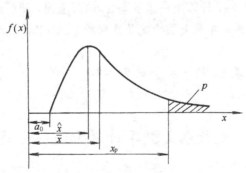

图 3-7 皮尔逊 Ⅲ 型概率密度曲线

3-7 所示，其密度函数为：

$$f(x) = \frac{\beta^\alpha}{\Gamma(\alpha)}(x - a_0)^{\alpha-1} e^{-\beta(x - a_0)} \tag{3-23}$$

式中 $\Gamma(\alpha)$ —— α 的伽玛函数，即 $\Gamma(\alpha) = \int_0^\infty x^{\alpha-1} e^{-x} dx$；

α、β、a_0 —— 曲线的三个参数（a_0 为随机变量 x 的最小值），可用系列的统计参数 $\overline{x}$、C_v、C_s、计算，即

$$\alpha = \frac{4}{C_S^2} \qquad \beta = \frac{2}{xC_VC_S} \qquad a_0 = \overline{x}\left(1 - \frac{2C_V}{C_S}\right) \tag{3-24}$$

在工程水文中，一般需要求出指定频率 p 所对应的随机变量取值 x_p，也就是从下式中解出 x_p 值：

$$p = p(x \geqslant x_p) = \frac{\beta^\alpha}{\Gamma(\alpha)}\int_{x_p}^{\infty}(x - a_0)^{\alpha-1}e^{-\beta(x-a_0)}dx \tag{3-25}$$

对于一个具体的系列，参数 $\overline{x}$，C_V，C_S 可以计算出来，设一系列 x 值，由式 (3-25) 就可计算出对应的 p 值，然后点绘理论频率曲线。但对这样复杂的函数进行多次积分运算是十分困难的，为此可进行必要的变量代换，事先制成数表，用以非常方便地计算理论频率曲线。

取标准化随机变量 $\Phi = \dfrac{x - \overline{x}}{xC_V}$，水文学中，$\Phi$ 值称为离均系数，且 $E(\Phi) = 0$，$\sigma_\Phi = 1$。因此，对于随机变量 x_p 则有

$$x_p = \overline{x}(C_V\Phi_p + 1) \tag{3-26}$$

将式 (3-26) 代入式 (3-25) 得：

$$p = p(\Phi \geqslant \Phi_p) = \int_{\Phi_p}^{\infty} f(\Phi_p, C_S)d\Phi \tag{3-27}$$

式 (2-27) 中仅含一个参数 C_S，因此，只要给定 C_S，就可计算出 Φ 与 p 的对应值。若给定若干个 C_S 值，就可制成 p 和 Φ 的关系表。这一工作已由福斯特和雷布京完成，见附表1。在进行频率计算时，由已知的 C_S 查表即可求得一组 p 和 Φ 的对应值，再用式 (3-26) 计算出一组 p 与 x_p 的对应值，便可绘出理论频率曲线。

【例3-2】 已知某站年最大洪峰流量系列的 $\overline{x} = 825\text{m}^3/\text{s}$，$C_V = 0.4$，$C_S = 1.0$，求 $p = 1\%$ 的设计值。

由 $C_S = 1.0$ 查附表1，得 $p = 1\%$ 的 $\Phi_p = 3.02$，则

$$x_p = \overline{x}(C_V\Phi_p + 1) = 825 \times (0.4 \times 3.02 + 1) = 1822\text{m}^3/\text{s}$$

§3.4　现行水文频率计算方法——适线法

3.4.1　皮尔逊Ⅲ型分布参数初估方法

水文频率分布线型选定以后，下面的工作就是确定参数了。皮尔逊Ⅲ型曲线包含有 $\overline{x}$、C_V、C_S 三个统计参数，一旦三个统计参数确定了，其分布就完全确定。由于水文系列是无限系列，就只能用有限的样本资料去估计总体分布线型中的参数，称为参数估计。理论频率曲线的统计参数最终将由适线法确定，即通过试算的方法选择一条皮尔逊Ⅲ型曲线，使它与经验频率点配合最好，该曲线即推求的理论频率曲线，对应的参数即确定的统计参数。为减少计算中的盲目性，一般可

先采用近似的方法初估参数，然后再依此进一步优选参数。初估参数有多种方法，这里介绍两种常用的情况。

1. 矩法

随机变量 X 对原点离差的 K 次幂的数学期望 $E(X^K)$，称为随机变量 X 的 K 阶原点矩。随机变量 X 对分布中心 $E(X)$ 离差的 K 次幂的数学期望 $E\{[x-E(x)]^K\}$，则称为随机变量 X 的 K 阶中心矩。水文分析计算中，通常称均值、变差系数、偏态系数的计算式（3-6）、式（3-11）和式（3-12）为矩法公式。这是因为均值的计算式就是样本的一阶原点矩，均方差的计算式（3-10）就是二阶中心矩开方，偏态系数计算式（3-12）中的分子则为三阶中心矩。用矩法公式计算的参数作为初估参数，再经适线法最后确定。

2. 三点法

在数学中我们已经知道，如已知某数学曲线和它的数学方程，用选点法就可以确定方程中的参数。皮尔逊 Ⅲ 型曲线具有三个统计参数，$\bar{x}$、C_V、C_S，若已知其曲线，亦可用选点法得到一个方程组，因有三个待定参数，只要选三个点，建立一个三元一次方程组，解之即可得到三个参数。

在经验频率曲线上任选三个有代表性的点：(p_1, x_1)，(p_2, x_2)，(p_3, x_3)，根据皮尔逊 Ⅲ 型曲线的性质有：

$$\left.\begin{aligned} x_{p1} &= \bar{x} + \sigma\Phi(p_1, C_S) \\ x_{p2} &= \bar{x} + \sigma\Phi(p_2, C_S) \\ x_{p3} &= \bar{x} + \sigma\Phi(p_3, C_S) \end{aligned}\right\} \tag{3-28}$$

解上述方程组，消去均方差 σ，得

$$\frac{x_{p1} + x_{p3} - 2x_{p2}}{x_{p1} - x_{p3}} = \frac{\Phi(p_1, C_S) + \Phi(p_3, C_S) - 2\Phi(p_2, C_S)}{\Phi(p_1, C_S) - \Phi(p_3, C_S)} \tag{3-29}$$

令

$$S = \frac{x_{p1} + x_{p3} - 2x_{p2}}{x_{p1} - x_{p3}} \tag{3-30}$$

S 定名为偏度系数，从式（3-29）右端知 S 为 p 和 C_S 的函数。当所选三点一定，p_1，p_2，p_3 就定了，则 S 仅为 C_S 的函数，即

$$S = f(C_S) \tag{3-31}$$

p_1，p_2，p_3 一定时，任给一个 C_S，查 Φ 值表得 $\Phi(p_1, C_S)$、$\Phi(p_2, C_S)$、$\Phi(p_3, C_S)$，代入式（3-29）右端即可计算 S，故可事先制成 S 和 C_S 的对应数表。三点法中的 p_2 一般都取 50%，p_1 和 p_3 则取对称值，即 $p_3=1-p_1$。表 3-2 给出了 $p=5\%\sim50\%\sim95\%$ 时 S 与 C_S 的关系表。例如已由经验频率曲线上查得 x_{p1}、x_{p2}、x_{p3}，由式（3-30）求得 S 为 0.21，即可从表中查得相应的 $C_S=0.76$。

求得 C_S 后，再由式（3-28）可得

$$\sigma = \frac{x_{p1} - x_{p3}}{\Phi(p_1, C_S) - \Phi(p_3, C_S)} \tag{3-32}$$

$$\overline{x} = x_{p2} - \sigma\Phi(p_2, C_S) \tag{3-33}$$

$$C_V = \frac{\sigma}{\overline{x}} \tag{3-34}$$

三点法方法简单，其缺点是三个点的精确位置难以确定。一般在目估的经验频率曲线上选取，结果因人而异。与矩法一样，三点法在使用中一般都是与适线法相结合，作为适线法初估参数的一种手段。

三点法用表——$p=5\%\sim50\%\sim95\%$时 S 与 C_S 关系表　　　　表 3-2

S	0	1	2	3	4	5	6	7	8	9
0.0	0.00	0.04	0.08	0.12	0.16	0.20	0.24	0.27	0.31	0.35
0.1	0.38	0.41	0.45	0.48	0.52	0.55	0.59	0.63	0.66	0.70
0.2	0.73	0.76	0.80	0.84	0.87	0.90	0.94	0.98	1.01	1.04
0.3	1.08	1.11	1.14	1.18	1.21	1.25	1.28	1.31	1.35	1.38
0.4	1.42	1.46	1.49	1.52	1.56	1.59	1.63	1.66	1.70	1.74
0.5	1.78	1.81	1.85	1.88	1.92	1.95	1.99	2.03	2.06	2.10
0.6	2.13	2.17	2.20	2.24	2.28	2.32	2.36	2.40	2.44	2.48
0.7	2.53	2.57	2.62	2.66	2.70	2.76	2.81	2.86	2.91	2.97
0.8	3.02	3.07	3.13	3.19	3.25	3.32	3.38	3.46	3.52	3.60
0.9	3.70	3.80	3.91	4.03	4.17	4.32	4.49	4.72	4.94	5.43

3.4.2　现行水文频率计算方法——适线法

适线法是以经验频率点群为依据，给它选配一条最好的理论频率曲线，并以此估计水文要素总体的统计规律。具体方法步骤如下：

（1）计算并点绘经验频率点　把实测水文系列按从大至小的顺序排列，用数学期望公式计算经验频率，并与相应的变量一起点绘于频率格纸上。频率格纸是水文计算中绘制频率曲线的一种专用格纸，如图 3-6 所示。它的纵坐标为均匀分格或对数分格，表示变量；横坐标表示概率，它的分格是按把正态频率曲线拉成一条直线的原理计算出来的，中间部分分格较密，向左右两端分格渐稀。在这种格纸上绘制频率曲线，如为正态分布则为直线；如为偏态分布则两端的曲度也会大大变小，有利于适线工作的进行。

（2）计算样本系列的统计参数　可用矩法或三点法初估样本系列的统计参数。用矩法公式时，按式（3-6）和式（3-14）计算均值 $\overline{x}$ 和变差系数 C_V，由于 C_S 的计算误差太大，故不去直接计算，而是根据以往水文计算的经验，年径流 $C_S=(2\sim3)C_V$，暴雨和洪水 $C_S=(2.5\sim4)C_V$，初选一个 C_S 作为第一次适线时的 C_S 值。

（3）选定线型　我国一般选用皮尔逊Ⅲ型曲线。

（4）计算理论频率曲线　根据初定的 C_S，在皮尔逊Ⅲ型曲线的 Φ 值表（附表

1）中查得各对应频率的 Φ_p 值，再按式 $x_p = \bar{x}(C_v\Phi_p+1)$ 列表计算各频率 p 对应的设计值 x_p。

（5）适线 将理论频率曲线画在绘有经验频率点据的同一图上，根据与经验点据配合的情况，适当修正参数，直至配合最好为止。因为矩法估计的均值一般误差较小，C_s 误差较大，在修改参数时，应首先考虑改变 C_s，其次考虑改变 C_v，必要时也可适当调整 $\bar{x}$。

由以上可以看出，适线法是通过目估比较进行的，方法灵活，操作容易，能比较好地反映专家的经验，所以在当前的水文计算中广泛采用。这一方法的实质乃是通过样本的经验分布去探求总体的分布。

3.4.3 统计参数对频率曲线的影响

为了避免修正参数的盲目性，需要了解参数 $\bar{x}$、C_v 和 C_s 对频率曲线形状的影响。

（1）均值 $\bar{x}$ 对频率曲线的影响 当 C_v 和 C_s 不变时，据 $x_p = \bar{x}(C_v\Phi_p+1)$ 可知，在频率相同的条件下，x_p 随 $\bar{x}$ 值的增加而增加，即增大均值将使频率曲线抬高、变陡。

（2）变差系数 C_v 对频率曲线的影响 可以从以摸比系数 K 为变量（为了消除均值的影响）的频率曲线（图 3-8）上清楚看出，当 $\bar{x}$ 和 C_s 不变时，增大 C_v 将使频率曲线变陡，即增大 C_v 有使频率曲线顺时针转动的趋势。

（3）偏态系数 C_s 对频率曲线的影响 当 $\bar{x}$ 和 C_v 不变时，增大 C_s，频率曲线上段变陡而下段趋于平缓，中段下沉，如图 3-9 所示。

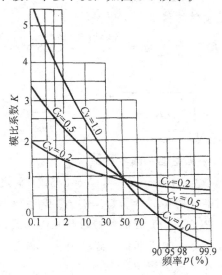

图 3-8 C_v 对频率曲线的影响

【**例 3-3**】 某站有 21 年实测年最大洪峰流量资料见表 3-3 中第（1）和第

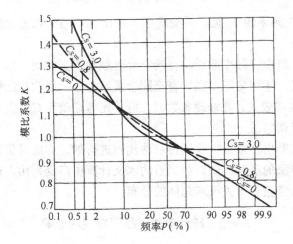

图 3-9 C_S 对频率曲线的影响

（2）栏，根据该资料用矩法初选参数进行适线，推求百年一遇的洪峰流量。具体步骤如下：

1. 点绘经验频率曲线

将实测 21 年资料按由大到小顺序排列，列入表 3-3 中第（4）栏，用数学期望公式 $p=\dfrac{m}{n+1}\times100\%$ 计算经验频率，列入表 3-3 中第（8）栏，并将第（4）栏与第（8）栏的数值对应点绘经验频率点于频率格纸图 3-10 上。

2. 按无偏估值公式计算统计参数

（1）年最大洪峰流量的均值

$$\overline{Q}=\frac{1}{n}\sum_{i=1}^{n}Q_i=\frac{26170}{21}=1246\text{m}^3/\text{s}$$

（2）变差系数

$$C_V=\sqrt{\frac{\sum_{i=1}^{n}(K_i-1)^2}{n-1}}=\sqrt{\frac{4.2423}{21-1}}=0.46$$

3. 适线法选配皮尔逊Ⅲ型理论频率曲线

（1）初选参数适线 $\overline{Q}=1246\text{m}^3/\text{s}$，取 $C_V=0.5$，并假定 $C_S=2C_V=1.0$，查附表 1 得出相应于各种频率 p 的 Φ_p，计算 $Q_p=\overline{Q}(C_V\Phi_p+1)=K_p\overline{Q}$，如表（3-4）中（3）栏。根据表（3-4）中（1）（3）栏的对应数值点绘曲线，发现该频率曲线的中段与经验频率点据配合尚好，但头部偏于经验频率点据之下，尾部又偏于经验频率点据之上。

（2）改变参数重新适线   因为上述曲线头部低而尾部高，故需增大 C_V。现取 $C_V=0.6$，$C_S=2C_V=1.2$，查附表 1，得相应于不同 p 的 Φ_p 值，并计算各 Q_p 值，列入表 3-4 中节、（5）栏，经与经验点据配合，发现头部配合较好，但尾部偏低较多。

（3）**再次改变参数配线** 根据上述情况需增大 C_S 值，选定 $C_V=0.6$，$C_S=2.5C_V=1.5$，再次计算理论频率曲线，该曲线与经验点据配合较好，因此，作为最后采用的理论频率曲线（图 3-10）。为了清楚表明经验点据与采用的频率曲线，在图 3-10 上最初试配的两条频率曲线均未绘出。

某站年最大洪峰流量频率计算表　　　　表 3-3

年份	洪峰流量 Q (m³/s)	序号 m	由大到小排列 Q (m³/s)	模比系数 K_i	K_i-1	$(K_i-1)^2$	经验频率 p (%)
(1)	(2)	(3)	(4)	(5)	(6)	(7)	(8)
1945	1540	1	2750	2.20	1.20	1.44	4.6
1946	980	2	2390	1.92	0.92	0.846	9.0
1947	1090	3	1860	1.49	0.49	0.240	13.6
1948	1050	4	1740	1.40	0.40	0.160	18.2
1949	1860	5	1540	1.24	0.24	0.0576	22.7
1950	1140	6	1520	1.22	0.22	0.0484	27.3
1951	980	7	1270	1.02	0.02	0.0004	31.8
1952	2750	8	1260	1.01	0.01	0.0001	36.4
1953	762	9	1210	0.971	−0.029	0.0008	40.9
1954	2390	10	1200	0.963	−0.037	0.0014	45.4
1955	1210	11	1140	0.915	−0.085	0.0072	50.5
1956	1270	12	1090	0.875	−0.125	0.0156	54.6
1957	1200	13	1050	0.843	−0.157	0.0246	59.1
1958	1740	14	1050	0.843	−0.157	0.0246	63.6
1959	883	15	980	0.786	−0.214	0.0458	68.2
1960	1260	16	883	0.708	−0.292	0.0853	72.7
1961	408	17	794	0.637	−0.363	0.1318	77.3
1962	1050	18	790	0.634	−0.366	0.1340	81.8
1963	1520	19	762	0.611	−0.389	0.1513	86.4
1964	483	20	483	0.388	−0.612	0.3745	90.9
1965	794	21	408	0.327	−0.673	0.4529	95.4
总计	26170		26170	21.001	0.001	4.2423	

理论频率曲线选配计算表　　　　表 3-4

频率 p (%)	第一次适线 $\overline{Q}=1246$ $C_V=0.5$ $C_S=2C_V=1.0$		第二次适线 $\overline{Q}=1246$ $C_V=0.6$ $C_S=2C_V=1.2$		第三次适线 $\overline{Q}=1246$ $C_V=0.6$ $C_S=2.5C_V=1.5$	
	K_p	Q_p	K_p	Q_p	K_p	Q_p
(1)	(2)	(3)	(4)	(5)	(6)	(7)
1	2.51	3127	2.89	3600	3.00	3738
5	1.94	2417	2.15	2680	2.17	2704
10	1.67	2080	1.80	2243	1.80	2243
20	1.38	1720	1.44	1794	1.42	1770
50	0.92	1146	0.89	1109	0.86	1071
75	0.64	797	0.56	698	0.56	698
90	0.44	548	0.35	436	0.39	486
95	0.34	424	0.26	324	0.32	399
99	0.21	262	0.13	162	0.24	299

4. 推求百年一遇的设计洪峰流量

由图 3-10，查得 $p=1\%$ 对应的流量为 $Q_p=3730\text{m}^3/\text{s}$，也可按 $Q_p=\overline{Q}\,(C_V\Phi_p+1)$

计算。

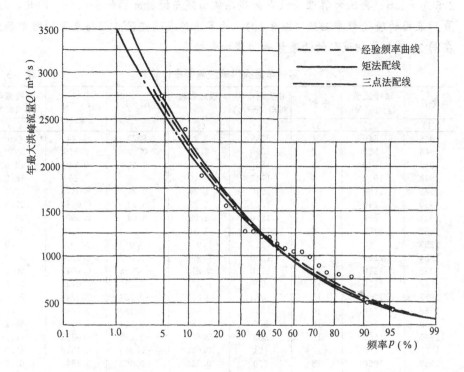

图 3-10   某站年最大洪峰流量频率曲线

【例 3-4】   采用【例 3-3】的实测年最大洪峰流量资料，按三点法初选参数进行适线。具体步骤如下：

(1) **点绘经验频率曲线**   见图 3-10 中虚线。

(2) **三点法初估参数**   从经验频率曲线上读得 $Q_{5\%}=2600\mathrm{m^3/s}$，$Q_{50\%}=1100\mathrm{m^3/s}$，$Q_{95\%}=400\mathrm{m^3/s}$。由式 (3-30) 可以求出：

$$S=\frac{Q_{5\%}+Q_{95\%}-2Q_{50\%}}{Q_{5\%}-Q_{95\%}}=\frac{2600+400-2\times1100}{2600-400}=0.36$$

查表 3-2，由 $S=0.36$ 得 $C_S=1.28$。查附表 1，当 $C_S=1.28$ 时，$\Phi_{5\%}=1.92$，$\Phi_{50\%}=-0.21$，$\Phi_{95\%}=-1.20$。由此可算出

$$\sigma=\frac{Q_{5\%}-Q_{95\%}}{\Phi_{5\%}-\Phi_{95\%}}=\frac{2600-400}{1.92-(-1.20)}=705\mathrm{m^3/s}$$

$$\overline{Q}=Q_{50\%}-\sigma\Phi_{50\%}=1100-705\times(-0.21)=1248\mathrm{m^3/s}$$

$$C_V=\frac{\sigma}{\overline{Q}}=\frac{705}{1248}=0.56$$

(3) **适线**   取 $\overline{Q}=1248\mathrm{m^3/s}$，$C_V=0.55$，并近似取 $C_S=2.5$，$C_V=1.375$ 进行适线，如图 3-10 所示。该线头部偏低，适当调整参数再次适线，最后可得参数：

$\bar{Q}=1248\mathrm{m}^3/\mathrm{s}$，$C_V=0.6$，$C_S=2.5C_V=1.5$。

    （4）计算 百年一遇设计洪峰流量为：

$$Q_p = 1248 \times (0.6 \times 3.33 + 1) = 3740\mathrm{m}^3/\mathrm{s}$$

§3.5 相关分析

3.5.1 概 述

    数理统计中把不同种类的随机变量之间的近似相互关系或平均的相互关系称为相关，把对这种关系的分析和建立相关关系称为相关分析。在水文分析计算中，相关分析的目的主要是为了插补展延资料系列，提高资料系列的代表性，也可用于建立水文预报方案等。

    根据变量间的相关程度，可以将其分为三类：完全相关、零相关和统计相关。两个变量 x 和 y 之间，对于每一个 x 值，有一个（或多个）确定的 y 值与之对应，则这两个变量之间的关系就是完全相关，或称函数关系。若两个变量之间没有什么联系，一个变量的变化不影响另一个变量的变化，这种关系称为零相关。若两个变量的关系介于完全相关和零相关之间，则称为统计相关或相关关系。当只研究两个变量的相关关系时，称为简相关。若研究三个或多个变量的相关关系时，则称为复相关。根据相关关系的线型，又可分为直线相关和非直线相关。以变量间变化步调分类，可分为正相关和负相关，正相关是倚变量随自变量的增加（减少）而增加（减少），负相关是倚变量随自变量的增加（减少）而减少（增加）。

    相关分析的内容主要是：判断变量间相关的类型和密切程度，即计算相关系数；检验变量间是否确实存在相关关系，即进行相关系数的显著性检验；确定变量间的数量关系，即回归方程或相关线。

3.5.2 一元线性回归

1. 回归方程

    设 x_i 和 y_i 为两系列的对应观测值，首先要从物理成因上分析两变量之间是否有内在联系，然后将对应观测数据点绘成点群分布图，见图 3-11，根据点群的密集程度判断变量的密切程度；根据点群趋势，判断应配以何种线型。如果点群的平均趋势近似直线，则其直线方程可表示为：

$$y = a + bx \tag{3-35}$$

式中，a 和 b 为待定常数。在图 3-11 中，x_i、y_i 代表实测值；x、y 代表回归线上的值。

    从图 3-11 可知，观测点与配合直线在纵轴方向的离差为：

$$\Delta y_i = y_i - y = y_i - a - bx_i \tag{3-36}$$

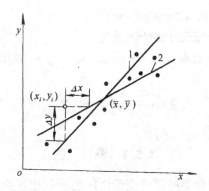

图 3-11   直线相关图

1—y 倚 x 的回归线；2—x 倚 y 的回归线

容易理解，应该选择一条与点群的离差为最小的直线来反映 x、y 间的关系。计算总离差有不同的方法，一般采用平方和准则，即

$$Q = \Sigma(\Delta y_i)^2 = \Sigma(y_i - a - bx_i)^2 = \min \tag{3-37}$$

如果回归直线与实测点群配合最好，其离差平方和必然达到最小。这种以离差平方和达到最小的条件来选择参数 a、b 的方法称为最小二乘法。

根据二元函数求极值的方法，欲使上式取最小值，可分别对 a、b 求一阶偏导数，并令其等于零。

$$\frac{\partial Q}{\partial a} = \frac{\partial \Sigma(y_i - a - bx_i)^2}{\partial a} = 0$$

$$\frac{\partial Q}{\partial b} = \frac{\partial \Sigma(y_i - a - bx_i)^2}{\partial b} = 0$$

解此方程组得：

$$b = r\frac{\sigma_y}{\sigma_x} \tag{3-38}$$

$$a = \bar{y} - b\bar{x} = \bar{y} - r\frac{\sigma_y}{\sigma_x}\bar{x} \tag{3-39}$$

$$r = \frac{\sum_{i=1}^{n}(x_i - \bar{x})(y_i - \bar{y})}{\sqrt{\sum_{i=1}^{n}(x_i - \bar{x})^2 \sum_{i=1}^{n}(y_i - \bar{y})^2}}$$

$$= \frac{\sum_{i=1}^{n}(K_{xi} - 1)(K_{yi} - 1)}{\sqrt{\sum_{i=1}^{n}(K_{xi} - 1)^2 \sum_{i=1}^{n}(K_{yi} - 1)^2}} \tag{3-40}$$

式中，$\bar{x}$ 和 $\bar{y}$ 分别为自变量 x_i 和倚变量 y_i 的均值；σ_x 和 σ_y 分别为 x 和 y 两系列的

均方差；r 为两系列的相关系数，表示两变量间关系的密切程度。

将 a 和 b 的表达式代入式（3-35）整理后得：

$$y - \bar{y} = r \frac{\sigma_y}{\sigma_x} (x - \bar{x}) \tag{3-41}$$

此式称为 y 倚 x 的回归方程。由该回归方程决定的相关线称为 y 倚 x 的回归线。通过此方程就可以由自变量 x 估计倚变量 y 的值了。式（3-41）中的 b 或 $r \frac{\sigma_y}{\sigma_x}$ 称为回归系数，它代表回归方程所示直线的斜率。式（3-39）中的 a 或 $\bar{y} - r \frac{\sigma_y}{\sigma_x} \bar{x}$ 就是该直线在 y 轴上的截距。

同样，可以求得 x 倚 y 的回归方程式：

$$x - \bar{x} = r \frac{\sigma_x}{\sigma_y} (y - \bar{y}) \tag{3-42}$$

一般 y 倚 x 的回归线和 x 倚 y 的回归线并不重合（图 3-11），但有一个公共交点 $(\bar{x}, \bar{y})$。在作回归计算时必须注意，由 x 求 y 时用式（3-41），由 y 求 x 时用式（3-42）。

2. 回归方程的误差

回归线仅是观测点据的最佳配合线，通常观测点据并不完全落在回归线上，而是散布于两旁。对于一个给定的 x_i，有许多个 y_i 与之对应，y_i 是一个随机变量，它也有一个分布，回归线上所对应的值 y 不过是许多个 y_i 的条件平均值，所以回归线只能反映变量间的平均关系，用此关系由 x 推求 y 是有误差的，以 S_y 表示，称为 y 倚 x 的均方差。

$$S_y = \sqrt{\frac{\Sigma(y_i - y)^2}{n - 2}} \tag{3-43}$$

S_y 和 σ_y 性质不同，前者是观测点与回归线之间 y 向离差平方和求得，后者是由 y 与系列均值 $\bar{y}$ 的离差平方和求得，可以证明两者有如下关系：

$$S_y = \sigma_y \sqrt{1 - r^2} \quad 或 \quad r = \sqrt{1 - (S_y/\sigma_y)^2} \tag{3-44}$$

算出均方差以后，便可在相关图上描绘出回归线的误差范围。按误差为正态分布的性质可知，y_i 落在 $y \pm S_y$ 范围内的概率为 68.3%；y_i 落在 $y \pm 2S_y$ 范围内的概率为 95.4%；y_i 落在 $y \pm 3S_y$ 范围内的概率为 99.7%，如图 3-12 所示。

3. 相关系数及其显著性检验

在式（3-40）中定义了一元回归的相关系数，式（3-44）则从更广泛的意义上说明了相关系数的实质，它反映了倚变量与自变量间关系的密切程度。从式（3-44）可知：

(1) 若 $r^2 = 1$，则 $S_y = 0$，(x_i, y_i) 完全落在相关线上，即完全相关；

(2) 若 $r^2 = 0$，则 $S_y = \sigma_y$，S_y 达到最大，说明 x 与 y 无关，即零相关；

(3) 若 $0 < r^2 < 1$，为统计相关，$r^2 \to 1$，S_y 越小，相关越密切。$r > 0$ 为正相关；

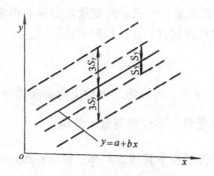

图 3-12 y 倚 x 回归线的误差范围

$r<0$ 为负相关。

在相关分析中，相关系数是根据有限的实测资料（样本）计算出来的，不免会有抽样误差。因此，为了推断两变量之间是否真正存在相关关系，必须对样本相关系数作统计检验。检验是采用数理统计学中假设检验的方法，先假设总体中的变量不相关（即 r 的真值为0），但总体不相关的两个变量，由于抽样的原因，样本相关系数不一定为零，变化于0和1之间。不同容量的样本的相关系数值的出现概率也不同，即样本的相关系数形成一定的概率分布。图 3-13 给出了样本容量 $n=50$ 和 $n=10$ 两种情况下相关系数 r 概率分布的密度曲线，因为总体不相关，当样本较大时（如 $n=50$），r 比较集中在零附近，当样本较小时（如 $n=10$），则 r 的离散度较大，甚至可能出现较大的绝对值（接近 ±1）。

利用图 3-13 的分布曲线，可对 r 作统计检验。样本相关系数的这种分布可由数理统计学中的 t 分布转换而得（推导过程从略），其统计量（给定信度下的 r 临

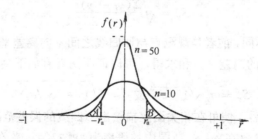

图 3-13   样本相关系数密度曲线示意图

界值）为：

$$r_\alpha = \frac{t_\alpha}{\sqrt{t_\alpha^2 + n - 2}} \tag{3-45}$$

在给定信度 α 下，以自由度 $n-2$ 查 t 分布表，得临界值 t_α，代入上式计算 r_α。由不同的 n、α 可制成相关系数显著性检验表，以供查用，见表 3-4。当 $|r| \geqslant r_\alpha$ 时，认为相关显著。其中 r 为根据样本资料计算的相关系数；r_α 为根据样本容量 n 和信

度 α 从表 3-4 中查得的数值。反之，当 $|r|<r_\alpha$ 时，即样本相关系数的绝对值较小，未超过临界值，则认为总体不相关的可能性较大，因而推断总体不相关。

"信度水平"可以理解为针对一定的样本容量，在以相关系数为随机变量的概率密度曲线上求得的与 r_α 相应的概率值，图 3-13 所示阴影部分的面积。r_α 为满足一定信度水平条件下的相关系数，以此作为判别总体是否相关的临界值。水文分析计算中，一般取用信度水平 $\alpha=0.05$ 或 $\alpha=0.01$；相关系数的检验要求 $|r|\geqslant r_\alpha$，且 $|r|\geqslant0.8$。同期观测资料不能太少，一般要求 $n\geqslant12$，相关线不能外延过多，不要辗转相关。

不同信度水平下所需相关系数最低值 r_α　　　　　表 3-4

$n-2$	α			
	0.10	0.05	0.02	0.01
8	0.5494	0.6319	0.7155	0.7646
9	0.5214	0.6021	0.6851	0.7348
10	0.4973	0.5760	0.6581	0.7079
11	0.4762	0.5529	0.6339	0.6835
12	0.4575	0.5324	0.6120	0.6614
13	0.4409	0.5139	0.5923	0.6411
14	0.4259	0.4973	0.5742	0.6226
15	0.4124	0.4821	0.5577	0.6055
16	0.4000	0.4683	0.5425	0.5897
17	0.3887	0.4555	0.5285	0.5751
18	0.3783	0.4438	0.5155	0.5614
19	0.3687	0.4329	0.5034	0.5437
20	0.3598	0.4227	0.4921	0.5368
25	0.3233	0.3809	0.4451	0.4869
30	0.2960	0.3494	0.4093	0.4487
35	0.2746	0.3246	0.3810	0.4182
40	0.2573	0.3044	0.3578	0.3932
45	0.2438	0.2875	0.3384	0.3721
50	0.2306	0.2732	0.3218	0.3541
60	0.2108	0.2500	0.2948	0.3248
70	0.1954	0.2919	0.2737	0.3017
80	0.1829	0.2172	0.2565	0.2830
90	0.1726	0.2050	0.2422	0.2673
100	0.1638	0.1946	0.2301	0.2540

4. 直线回归的扩充

有些水文变量间并不表现为直线相关，而具有曲线相关的形式，如水位与流量、洪峰流量和集水面积等。曲线的种类很多，分析计算比较复杂，故在实际应用中多半是根据相关点趋势直接目估定出相关线，而不去求它的相关方程。但也有不少情况，可以对曲线相关经过变量代换变为直线方程的，此时可仍用直线相关进行计算，以提高相关分析的精度。

对于幂函数

$$y = ax^b \qquad\qquad (3-46)$$

两边取对数得

$$\lg y = \lg a + b\lg x$$

令 $Y=\lg y$，$X=\lg x$，$A=\lg a$，则上式变为

$$Y = A + bX \tag{3-47}$$

对新变量 X 和 Y 而言，便是直线关系了，可对其作直线回归分析。

对于指数函数

$$y = ae^{bx} \tag{3-48}$$

两边取对数得

$$\lg y = \lg a + bx\lg e$$

令 $Y=\lg y$，$X=x$，$A=\lg a$，$B=b\lg e$，则上式变为

$$Y = A + BX \tag{3-49}$$

对新变量 X 和 Y 就可以作直线回归分析了。

【**例3-4**】　表3-5给出了某河上、下游站年最高水位资料，为了用上游站水位展延下游站水位系列，现建立它们之间的回归方程。

某河上、下游站年最高水位相关计算表　　　　　　　　　　　　表 3-5

年份	上游水位 x (m)	下游水位 y (m)	K_x	K_y	K_x-1	K_y-1	$(K_x-1)^2$	$(K_y-1)^2$	$(K_x-1) \cdot (K_y-1)$
1974	54.47	49.89	1.03	1.02	0.03	0.02	0.0009	0.0004	0.0006
1975	51.75	47.75	0.98	0.98	−0.02	−0.02	0.0004	0.0006	0.0005
1976	52.41	48.63	0.99	0.99	−0.01	−0.01	0.0001	0.0000	0.0001
1977	50.83	47.76	0.96	0.98	−0.04	−0.02	0.0014	0.0006	0.0009
1978	51.18	47.51	0.97	0.97	−0.03	−0.03	0.0010	0.0008	0.0009
1979	52.74	48.97	1.00	1.00	0.00	0.00	0.0000	0.0000	0.0000
1980	53.55	49.43	1.01	1.01	0.01	0.01	0.0002	0.0001	0.0001
1981	55.38	50.74	1.05	1.04	0.05	0.04	0.0023	0.0014	0.0018
1982	54.55	50.18	1.03	1.03	0.03	0.03	0.0010	0.0006	0.0008
1983	53.18	49.40	1.01	1.01	0.01	0.01	0.0000	0.0001	0.0001
1984	53.40	49.58	1.01	1.01	0.01	0.01	0.0001	0.0002	0.0001
1985	51.37	47.76	0.97	0.98	−0.03	−0.02	0.0008	0.0006	0.0007
1986	51.10	47.56	0.97	0.97	−0.03	−0.03	0.0011	0.0008	0.0009
1987	53.88	49.90	1.02	1.02	0.02	0.02	0.0004	0.0004	0.0004
合计	739.79	685.06	14.00	14.00	0.00	0.00	0.0098	0.0066	0.0079
平均	52.84	48.93							

由上、下游水位点绘相关图，可知属线性回归关系，因此，可建立二者间的线性回归方程。从表3-5的计算结果，可进一步计算以下各值：

（1）均值

$$\bar{x} = \frac{1}{n}\Sigma x_i = \frac{739.79}{14} = 52.84\text{m}$$

$$\bar{y} = \frac{1}{n}\Sigma y_i = \frac{685.06}{14} = 48.93\text{m}$$

（2）均方差

$$\sigma_x = \bar{x} \sqrt{\frac{\Sigma(K_x-1)^2}{n-1}} = 52.84 \times \sqrt{\frac{0.0098}{14-1}} = 1.45\text{m}$$

$$\sigma_y = \bar{y} \sqrt{\frac{\Sigma(K_y-1)^2}{n-1}} = 48.93 \times \sqrt{\frac{0.0066}{14-1}} = 1.10\text{m}$$

（3）相关系数

$$r = \frac{\Sigma(K_x-1)(K_y-1)}{\sqrt{\Sigma(K_x-1)^2 \Sigma(K_y-1)^2}} = \frac{0.0079}{\sqrt{0.0098 \times 0.0066}} = 0.982$$

于是，求得上、下游站水位的回归方程为：

$$y = 0.745x + 9.56$$

3.5.3 多元线性回归

一个变量有时受两个或两个以上的变量所影响，其中任何一个因素都不可忽略，那么就必须建立多变量之间的复相关，此即多元回归问题。因为复相关的计算比较复杂，工程上多用图解法选配相关线。复相关的分析法多借助于电子计算机进行。

设多元线性回归方程为

$$y = b_0 + b_1 x_1 + b_2 x_2 + \cdots + b_m x_m \tag{3-50}$$

式中 b_0，b_1，b_2，$\cdots$，b_m 为 $m+1$ 个待定参数，可直接用最小二乘法求解。

设在 t（$t=1$，2，$\cdots$，n）时刻，Y 及 $X = [1, x_1, x_2, \cdots, x_m]^T$ 的观测值序列已经获得，则可得到 n 个方程的方程组来表示这些数据之间的关系：

$$y_t = b_0 + b_1 x_{1t} + b_2 x_{2t} + \cdots + b_m x_{mt} \qquad (t=1,2,\cdots,n) \tag{3-51}$$

方程组（3-51）可用矩阵形式表示如下：

$$Y = XB \tag{3-52}$$

式中：

$$Y = \begin{bmatrix} y_1 \\ y_2 \\ \vdots \\ y_n \end{bmatrix} \qquad X = \begin{bmatrix} 1 & x_{11} & \cdots & x_{m1} \\ 1 & x_{12} & \cdots & x_{m2} \\ \vdots & \vdots & \cdots & \vdots \\ 1 & x_{1n} & \cdots & x_{mn} \end{bmatrix} \qquad B = \begin{bmatrix} b_0 \\ b_1 \\ \vdots \\ b_m \end{bmatrix}$$

因为 $n \gg m+1$，因此式（3-52）是一个矛盾方程组，它不存在通常意义下的解。如何在最优条件下解矛盾方程组呢？最小二乘原理指出：最可信赖的参数值 B 应在使残余误差平方和最小的条件下求得。

设估计误差向量 $e = [e_1, e_2, \cdots, e_n]^T$，并令

$$e = Y - XB \tag{3-53}$$

目标函数为：
$$J = \sum_{i=1}^{n} e_i^2 = e^{\mathrm{T}}e = \min$$

$$J = (Y - XB)^{\mathrm{T}}(Y - XB) = Y^{\mathrm{T}}Y - B^{\mathrm{T}}X^{\mathrm{T}}Y - Y^{\mathrm{T}}XB + B^{\mathrm{T}}X^{\mathrm{T}}XB$$

将 J 对 B 求偏导数，并令其等于零，则可求得使 J 趋于最小的估计值 B。即

$$\frac{\partial J}{\partial B}\Big|_{B=\hat{B}} = -2X^{\mathrm{T}}Y + 2X^{\mathrm{T}}X\hat{B} = 0$$

可解得 $\hat{B}$ 为

$$\hat{B} = (X^{\mathrm{T}}X)^{-1}X^{\mathrm{T}}Y \tag{3-54}$$

若 $(X^{\mathrm{T}}X)$ 是非奇异矩阵，则解向量 $\hat{B}$ 是唯一的。

【**例3-5**】 某流域有 1990~1995 年共 6 年的 10~11 月降雨和同年 12 月的径流资料，如表 3-6 所示。试推求该流域以 10 月份降雨为 x_1、11 月降雨为 x_2 与 12 月份径流 y 的关系式。

某流域 1990~1995 年 10~11 月降雨量及 12 月径流量资料　　表 3-6

年份	降 雨 量 （mm）		12 月份径流量（mm）
	10 月	11 月	
1990	186.7	55.1	19.3
1991	61.5	207.5	30.7
1992	39.6	83.1	26.7
1993	126.5	66.5	14.5
1994	37.8	73.7	6.1
1995	58.2	64.8	10.4

经分析，确定 y 倚 x_1 和 x_2 之间的关系为：
$$y_t = b_0 + b_1 x_{1t} + b_2 x_{2t} \qquad (t = 1, 2, \cdots, 6)$$

方程组用矩阵形式表示为：
$$Y = XB$$

$$Y = \begin{bmatrix} 19.3 \\ 30.7 \\ 26.7 \\ 14.5 \\ 6.1 \\ 10.4 \end{bmatrix} \quad X = \begin{bmatrix} 1 & 186.7 & 55.1 \\ 1 & 61.5 & 207.5 \\ 1 & 39.6 & 83.1 \\ 1 & 126.5 & 66.5 \\ 1 & 37.8 & 73.7 \\ 1 & 58.2 & 64.8 \end{bmatrix} \quad B = \begin{bmatrix} b_0 \\ b_1 \\ b_2 \end{bmatrix}$$

$$X^{\mathrm{T}}X = \begin{bmatrix} 1 & 1 & 1 & 1 & 1 & 1 \\ 186.7 & 61.5 & 39.6 & 126.5 & 37.8 & 58.2 \\ 55.1 & 207.5 & 83.1 & 66.5 & 73.7 & 64.8 \end{bmatrix} \begin{bmatrix} 1 & 186.7 & 55.1 \\ 1 & 61.5 & 207.5 \\ 1 & 39.6 & 83.1 \\ 1 & 126.5 & 66.5 \\ 1 & 37.8 & 73.7 \\ 1 & 58.2 & 64.8 \end{bmatrix}$$

$$= \begin{bmatrix} 6 & 510.3 & 550.7 \\ 510.3 & 61025.6 & 41308.6 \\ 550.7 & 41308.6 & 67050.9 \end{bmatrix}$$

$$(X^TX)^{-1} = \begin{bmatrix} 1.52709 & -0.00734 & -0.00802 \\ -0.00734 & 0.00006 & 0.00002 \\ -0.00802 & 0.00002 & 0.00007 \end{bmatrix}$$

$$B = (X^TX)^{-1}X^TY = \begin{bmatrix} 2.640 \\ 0.043 \\ 0.127 \end{bmatrix}$$

故所求回归方程为　　　$y = 2.640 + 0.043x_1 + 0.127x_2$

思　考　题

3.1　什么是概率？什么是频率？两者有什么区别和联系？

3.2　总体与样本有什么区别？有什么联系？

3.3　简述统计参数 $\bar{x}$, C_V, C_S 的意义及其对频率曲线的影响。

3.4　简述适线法的方法步骤。

3.5　何谓相关分析？相关分析在水文分析计算中有什么作用？

3.6　为什么相关系数能说明相关关系的密切程度？如何进行相关系数的显著性检验？

习　　题

3.1　某桥位断面年最大洪峰流量如表 3-6 所列，用适线法推求百年一遇的设计洪峰流量。

某桥位断面年最大洪峰流量　（单位：m³/s）　表 3-6

年份	洪峰流量	年份	洪峰流量	年份	洪峰流量
1965	9780	1973	11700	1981	14600
1966	9570	1974	8550	1982	19300
1967	7090	1975	16400	1983	14600
1968	20300	1976	19300	1984	15700
1969	10500	1977	10700	1985	9360
1970	15000	1978	18200	1986	8870
1971	8840	1979	11600	1987	6090
1972	10700	1980	13400	1988	7580

3.2　已知某河甲、乙两站有 16 年同期观测流量资料（见表 3-7），两站相距不远，区间无大支流汇入。试对两站最大洪峰流量作相关分析，已调查到乙站 1935 年的最大洪峰流量为 10500m³/s，计算甲站该年的最大洪峰流量。

某河甲、乙两站年最大洪峰流量   （单位：m³/s）   表 3-7

年份	甲站洪峰流量	乙站洪峰流量	年份	甲站洪峰流量	乙站洪峰流量
1971	6730	7380	1979	6860	7150
1972	2450	2060	1980	3220	3010
1973	5280	4640	1981	3440	3500
1974	5790	5150	1982	5320	5160
1975	5720	5740	1983	4170	3530
1976	4540	4650	1984	6330	4380
1977	8280	7600	1985	4040	2610
1978	2830	1220	1986	4350	4470

3.3　某河上游站洪峰水位（$H_{上t}$）为 x_1；下游站的相应洪峰水位（$H_{下t+\Delta t}$）为 y；以下游站的同时水位（$H_{下t}$）为参数，记为 x_2，见表 3-8。试用最小二乘法编写计算机程序，求 y 倚 x_1，x_2 的多元线性回归方程。

某河上、下游站水位表   （单位：m）   表 3-8

序号	y	x_1	x_2	序号	y	x_1	x_2
1	17.58	23.45	17.08	9	20.91	26.92	20.30
2	18.17	23.99	17.70	10	19.40	24.57	19.00
3	18.24	24.28	17.55	11	20.17	25.56	19.80
4	20.1	25.83	19.71	12	19.78	24.37	19.55
5	18.33	23.04	18.10	13	17.11	22.67	16.90
6	16.74	22.26	16.60	14	19.93	25.07	19.72
7	19.02	25.03	18.40	15	19.12	24.15	18.95
8	18.48	23.44	18.38				

第4章 设计洪峰流量与水位计算

§4.1 概 述

4.1.1 设计洪水的意义及内容

桥梁、涵洞、堤防、水坝和城市防洪工程,在未来长期运用过程中,随时都面临着洪水破坏的威胁。为保证工程的安全,规划设计时,将以某一标准的洪水作为防御对象,使建筑的工程遇到不超过这种标准的洪水时不会被破坏。工程规划设计中所依据的一定标准的洪水,即为设计洪水。标准愈高,愈是稀遇,设计的工程也就越安全,被洪水破坏的风险就愈小,但耗资也越大;反之,标准较低、耗资减少,但安全程度也随之降低,承受的风险加大。因此,应根据工程实际情况,按国家颁发的有关规范选定合适的设计标准,依此推算设计洪水。从这种意义上说,设计洪水也可定义为符合设计标准的洪水,例如设计标准 $p=1\%$ 的洪水,称作百年一遇的设计洪水;标准为可能最大的洪水称为设计的可能最大洪水。

设计洪水的内容,随服务对象的不同而有所不同,例如桥梁、涵洞、堤防等排洪工程,影响其安全的主要是洪峰流量和洪水位;对于蓄水能力很强的水库、蓄水池洪水总量则是重要因素;蓄洪、泄流都有重要作用的,则需推求设计洪峰、洪量和洪水过程线,称洪水三要素。显然,对于本专业来说,学习的内容主要是设计洪峰流量和设计洪水位计算,不过,当大中河流上建有大中型水库时,为考虑它们的作用,桥涵设计则需要推求设计洪水过程线。

4.1.2 洪水的设计标准

洪水设计标准的确定,是一个关系到政治、经济、技术、风险和安全的极其复杂的问题。各国根据自己的国情和各类工程特点,权衡众多因素的综合作用,在不同行业的设计规范中规定了相应的设计洪水频率标准,供工程规划设计中查用。例如表 4-1、表 4-2 分别为我国《桥渡规范》(TBJ 17—86)规定的洪水频率标准和《公路桥涵设计通用规范》(JTJ 021—85)规定的公路桥涵洪水频率标准。

铁路桥涵洪水频率标准 表 4-1

铁路等级	设计洪水频率		检算洪水频率
	桥 梁	涵 洞	特大桥（或大桥）属于技术复杂、修复困难者或重要者
Ⅰ、Ⅱ	1/100	1/50	1/300
Ⅲ	1/50	1/50	1/100

注：1. 若观测洪水（包括调查洪水）频率小于表列标准的设计洪水频率时，应按观测洪水频率设计，但当观测洪水频率小于下列频率时，应按下列频率设计：

Ⅰ、Ⅱ级铁路的特大桥和大中桥为 1/300，小桥和涵洞为 1/100；Ⅲ级铁路的桥涵为 1/100。

2. 遇水位不随流量而定，如逆风、冰塞、潮汐、倒灌、河床变迁、水库蓄水及其他水工建筑物的壅水等，则流量与水位应分别确定。

3. 设在水库淹没范围内的桥涵，一般仍采用表列洪水频率标准。设在水坝下游的桥涵，若水库设计洪水频率标准高于桥涵洪水频率标准时，一般按表列标准的水库泄洪流量加桥坝之间的汇水流量作为桥涵设计及检算流量；若水库校核洪水频率标准低于桥涵洪水频率标准时，应与有关部门协商，提高水坝校核洪水频率标准，使与铁路桥涵洪水频率标准相同。如有困难，除按河流天然状况设计外，并应适当考虑溃坝可能对桥涵造成的不利影响。

4. 在水坝上下游影响范围内的桥涵，如遇水库淤积严重等情况能造成对桥涵不利影响时，桥涵的设计洪水频率标准可酌量提高。

5. 有压和半有压涵洞的孔径应按设计路堤高度的洪水频率检算。

6. 增建第二线和改建既有线路时的洪水频率，应根据多年运营和水害情况确定。

公路桥涵洪水频率标准 表 4-2

设计洪水频率 \ 公路等级 \ 构造物名称	高速、一	二	三	四
特殊大桥	1/300	1/200	1/100	1/100
大、中桥	1/100	1/100	1/50	1/50
小 桥	1/100	1/50	1/25	1/25
涵洞及小型排水构造物	1/100	1/50	1/25	不作具体规定

注：1. 三、四级公路的永久性大桥，在水势猛急、河床易于冲刷的情况下，必要时可用 1/100 的洪水频率验算基础冲刷深度。

2. 三、四级公路在交通容许有限度的中断时，允许修建漫水桥和过水路面，其设计洪水频率，应根据容许阻断交通的时间久暂和对上下游的农田、城镇、村庄的影响以及泥沙淤塞桥孔，上游河床的淤高等因素确定。

4.1.3 设计洪水的计算途径

根据推求设计洪水时依据的实测水文资料的不同，计算途径基本上可以分为三类：

（1）由流量资料推求设计洪水 当设计断面有足够的实测流量资料时，可应用水文统计原理直接由流量系列推求设计洪水。

（2）由暴雨资料推求设计洪水 当设计断面流量资料不足，但有比较好的雨量资料时，可根据径流形成原理，由设计暴雨推求设计净雨，和由设计净雨推求设计洪水。

（3）地区综合法推求设计洪水 当设计流域（主要是小流域）缺乏降雨径流资料时，可根据水文地区变化规律，采用该类方法推求设计洪水。

实际计算中，为了保证计算成果的可靠性，对于重要工程的设计洪水，应视水文资料情况，采用多种途径计算，相互比较，充分论证，合理采用。

§4.2 由流量资料推求设计洪水

当研究断面有比较充分的实测流量资料时，可采用由流量资料推求设计洪水，其计算程序大体是：①洪水资料审查，以取得具有可靠性、一致性和代表性的资料；②选样，从每年洪水中选取符合要求的洪峰流量和洪量，组成各种统计系列；③频率计算，推求设计洪峰和设计洪量；④选择典型洪水过程线，根据设计洪峰和设计洪量进行放大，得设计洪水过程线。

4.2.1 设计洪峰流量的推求

1. 资料审查

洪水资料是设计洪水的基础，实际工作中要十分重视对洪水系列资料作"三性审查"，即作资料的可靠性、一致性、代表性审查。

（1）资料可靠性审查

资料可靠性审查就是鉴定资料的可靠程度。要审查资料的测验方法、整编方法和成果质量，特别是审查观测和整编质量较差的年份，如建国前及"文革"期间的资料。注意了解水尺位置、零点高程、水准基面的变动情况；汛期是否有水位观测中断的情况；测流断面有否冲淤变化；水位流量关系曲线的延长是否合理等。如发现问题，应会同原整编单位进一步审查和作必要的修改。例如水利部松辽水利委员会水文局在应用哈尔滨站的水文资料时，通过上、下游站的水量平衡计算，发现整编刊印的 1966～1980 年的流量显著偏大，致使下游的卡通站年水量比哈尔滨站还小 12.6%。后来经反复调查，得知这是由于航运部门在哈尔滨站下面不远处疏浚河道，引起测流断面流向发生很大改变所致。后来征得水文部门的同意，将实测流速按疏浚的流向进行改正，从而消除了上下游水量不平衡的矛盾。

（2）资料一致性审查

一个统计系列只能由同一成因的资料所组成。资料的一致性表现在流域的气候条件和下垫面条件的稳定性上，如果气候条件或下垫面条件有显著变化，则资料的一致性就遭到破坏。一般认为，流域的气候条件变化是很缓慢的，对几十年或几百年来看，可以认为是相对稳定的。而下垫面条件，可能由于人类活动而迅速变化。如测流断面上游修建了引水工程，则工程建成前后下游水文站所测得的实测资料的一致性就被破坏了。对于前后不一致的资料，应还原为同一性质的系列。由于上游的槽蓄作用减少或增加，分洪、决堤等影响到下游站的洪水，可用洪水演进的办法来还原。

(3) 资料代表性审查

资料的代表性是指样本资料的统计特性能否很好地反映总体的统计特性。在频率计算中，则表现为样本的频率分布能否很好地反映总体的概率分布。若样本的代表性不好，就会给设计成果带来误差。由于总体的概率分布为未知，代表性的鉴别一般只能通过更长期的其他相关系列做比较来衡量。

1) 与水文条件相似的参证站比较 例如甲、乙二站在同一条河流上或在同一水文分区内，而且所控制的集水面积相差不多。设甲站只有 1961～1990 年 30 年的资料，而乙站有 1876～1990 年共 115 年的资料。把乙站（参证站）115 年的洪峰资料当作是总体系列，配线得其均值 $\overline{Q}_m$、离势系数 C_v 及偏态系数 C_s；再求得乙站 1961～1990 年资料（样本系列）的 $\overline{Q}_m$、C_v、C_s。如果两者的结果很相近，则参证站 1961～1990 年的资料有代表性，即该样本可以代表总体。由于甲站与乙站水文条件相似，故可推断甲站 1961～1990 年的洪峰资料也有代表性。

2) 与本区域较长的雨量资料对照 若该流域内或附近有一个观测时间很长的雨量站，则可将它作为参证站，采取与上面类似的方法，判别本站系列的代表性。

对于代表性不好的洪峰系列，应该设法加以展延，以增加其代表性，因为样本容量越大越能代表总体。为了增加样本的代表性，一般采用下面两种方法展延洪峰流量系列：

A. 把同一条河流上下游站或邻近河流测站的洪峰与设计站同一次洪峰建立相关关系，以插补设计站短缺的洪峰资料。

B. 如果设计流域内的面雨量记录较长，可用 § 4.3 产、汇流计算的方法由暴雨资料来插补延长洪峰流量资料。

由于洪水变化剧烈，用上述方法确定资料的代表性，往往要求参证变量的年数很长，从而使该法的应用发生困难。因此，更多的是，基于洪水年际变化具有一定程度的周期性和我国大部分水文站已有较长观测资料，为保证系列有足够的代表性，规定连续系列长度应不少于 30 年，同时必须有一定数量的历史洪水调查资料。历史洪水的调查年限，短的可达百年以上，长者可达数千年，从而使洪水系列的代表性大大增强。

2. 选样

洪水在一年之内往往发生几次，有时某一年的次大洪峰流量比另一年的最大洪峰流量还要大很多，所以洪水有如何选择样本的问题。我国则规定采用年最大值法，即从 n 年资料中每年选一个最大的洪峰流量，组成 n 年样本系列。

3. 洪峰流量频率计算——特大洪水处理

(1) 问题的提出

频率计算中成果的合理性与计算资料的代表性有很大关系。在样本资料不很长时，一般的频率计算方法往往随观测年限的增加使成果变动很大。如果利用历史文献和调查的方法来确定出历史上很早以前发生过的特大洪水，即可把样本资料系列年数增加到调查期的长度，从而使资料的代表性大大提高。当然，调查期间每一年的洪水（主要是一般洪水）是不可能都得到的，这样就使系列资料不连续，也就不能用一般方法来计算洪水频率，因此就要研究有特大洪水时的频率计算方法，称为特大洪水处理。

(2) 连序样本和不连序样本

历史上的一般洪水通常没有文字记载和留下洪水痕迹，只有特大洪水才有文献记载和洪水痕迹可供查证，所以调查到的历史洪水一般就是特大洪水（比一般洪水大得多的洪水）。如图 4-1 所示，设某站在迄今 n 年内有连续的实测记录，其中 Q_3 是资料内特大洪水。另外调查到 3 次特大洪水 Q_1、Q_2 及 Q_4，并且调查的年限可以追溯到 N 年，则在 N 年中，只有 $n+3$ 次洪峰流量值，其余都是空白，称 N 年样本为不连序样本，资料在排序上有空位。对于不连

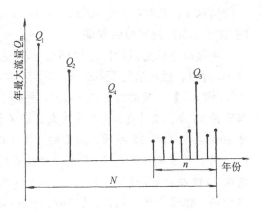

图 4-1　年最大洪峰流量系列不连序样本示意图

序样本，其经验频率及统计参数的计算，应该与连序样本有所不同，这就是所谓特大洪水处理问题。

(3) 考虑特大洪水时经验频率的计算

考虑特大洪水时经验频率的计算基本上是采用将特大洪水的经验频率与一般洪水的经验频率分别计算的方法。设调查及实测（包括空位）的总年数为 N 年，连续实测期为 n 年，共有 a 次特大洪水，其中有 l 次发生在实测期，$a-l$ 次是历史特大洪水。目前国内有两种考虑特大洪水的经验频率计算方法。

1) 独立样本法　此法是把包括历史洪水的长系列（N 年）和实测的短系列（n 年）看做是从总体中随机抽取的两个独立样本，各项洪峰值可在各自所在系列中连序排位，则特大洪水（包括系列内的特大值）的经验频率为

$$p_M = \frac{M}{N+1}, \qquad M = 1, 2, \cdots, a \qquad (4-1)$$

一般洪水（n 项中除去 l 项特大值）的经验频率为

$$p_{\mathrm{m}} = \frac{m}{n+1}, \qquad m = l+1, l+2, \cdots, n \qquad (4\text{-}2)$$

式中，m 为一般洪水在 n 中的排序；M 为特大洪大在 N 中的排序。

2）统一样本法   将实测一般洪水系列与特大值系列共同组成一个不连序系列作为代表总体的一个统一的样本，其中空缺项为一般洪水，其分布情况假设与实测的一般洪水相似，依此将空缺的部分填补起来，从而形成一个 N 年的连序系列，于是便可按第 3 章的经验频率计算公式计算各值的经验频率了。即特大洪水仍用式（4-1）计算。实测系列 $(n-l)$ 项一般洪水的经验频率计算式为

$$p_{\mathrm{m}} = p_{\mathrm{Ma}} + (1 - p_{\mathrm{Ma}}) \frac{m-l}{n-l+1} \qquad (4\text{-}3)$$

式中，$p_{\mathrm{Ma}} = a/(N+1)$ 是 N 年中末位特大洪水的经验频率；$(1-p_{\mathrm{Ma}})$ 是 N 年中一般洪水（包括空位）的总频率，$(m-l)/(n-l+1)$ 是实测期一般洪水在 n 年（去掉了 l 项）内排位的频率。

在频率格纸上点绘经验频率点子，一般洪水的 Q_{m} 与 p_{m} 对应，特大洪水的 Q_{M} 与 p_{M} 对应，然后进行配线。

【例 4-1】   某站自 1935～1972 年的 38 年中，有 5 年因战乱缺测，故实有洪水资料 33 年。其中 1949 年为最大，经考证为实测系列内特大洪水。另外，查明自 1903 年以来的 70 年间，为首的 3 次大洪水，其大小排位为 1921 年、1949 年、1903 年，并能判断在这 70 年间不会遗漏掉比 1903 年更大的洪水。同时，还调查到在 1903 年以前，还有 3 次大于 1921 年的特大洪水，其序位是 1867 年、1852 年、1832 年，但因年代久远，小于 1921 年洪水则无法查清。试按上述两种方法估算各项经验频率。

根据上述情况，可知实测洪水系列 $n=33$ 年，调查期 N 年，由于 1832 年以来 141 年间小于 1921 年洪水无法查清，故不能将 1867 年、1852 年、1832 年与 1921 年、1903 年都在 $N=141$ 年中统一排位。只能把前 3 个年份的 N 作为 141 年，后 3 个年份的 N 取 70 年，用 2 个 N 值进行估算。现将计算列出如表 4-3 所示。

某站洪水系列经验频率计算表 表 4-3

调查或实测期	系列年数		洪水序位		洪水年份	经 验 频 率 P	
	n（实测）	N（调查）	m（实测）	M（调查）		独立样本法	统一样本法
调查期 N_2		141（1832～1972年）		1	1867	$P_{\mathrm{M2-1}} = \dfrac{1}{141+1} = 0.007$	同独立样本法
				2	1852	$P_{\mathrm{M2-2}} = \dfrac{2}{142} = 0.014$	
				3	1832	$P_{\mathrm{M2-3}} = \dfrac{3}{142} = 0.021$	
				4	1921	$P_{\mathrm{M2-4}} = \dfrac{4}{142} = 0.028$	

续表

调查或实测期	系列年数		洪水序位		洪水年份	经验频率 P	
	n（实测）	N（调查）	m（实测）	M（调查）		独立样本法	统一样本法
调查期 N_1		70（1903～1972年）		1	1921	已抽到上栏一起排位	
				2	1949	$p_{M1-2}=\dfrac{2}{70+1}=0.0282$	$p_{M1-2}=0.0282+(1-0.0282)$ $\times\dfrac{2-1}{70-1+1}=0.042$
				3	1903	$p_{M1-3}=\dfrac{3}{71}=0.0423$	$p_{M1-3}=0.0282+(1-0.0282)$ $\times\dfrac{2}{70}=0.0559$
实测期 n	33（1935～1972年，内缺测5年，为一般洪水）		1		1949	已抽到上栏一起排位	
			2		1940	$p_{m2}=\dfrac{2}{33+1}=0.0588$	$p_{m2}=0.0559+(1-0.0559)$ $\times\dfrac{2-1}{33-1+1}=0.0845$
			⋮		⋮		⋮
			33		1968	$p_{m33}=\dfrac{33}{34}=0.969$	$p_{m33}=0.0559+0.9441$ $\times\dfrac{32}{33}=0.970$

由表4-3可以看出，调查期 N_2 的各项两种方法是相同的，n 年中末项两种方法也可以说是相同的，中间部分有所差异，但对频率计算结果影响不是很大。

上述两种方法，我国目前都在使用。一般说，独立样本法把特大洪水与实测一般洪水视为相互独立的，这在理论上有些不妥，但比较简便，在特大洪水排位可能有错漏时，因不相互影响，这方面讲则是比较合适的。当特大洪水排位比较准确时，用统一样本法更为合理。

（4）考虑特大洪水时统计参数的确定

考虑特大洪水时统计参数的确定仍采用配线法，参数值的初估可用矩法或三点法。三点法是以经验频率曲线为依据进行的。因此，考虑特大洪水的经验频率曲线确定之后，据此按三点法初估统计参数的方法将与第3章介绍的相同。当用矩法时，考虑特大洪水和系列不连续影响，其计算公式为

$$\overline{Q}_{\mathrm{m}}=\frac{1}{N}\left(\sum_{j=1}^{a}Q_{j}+\frac{N-a}{n-l}\sum_{i=l+1}^{n}Q_{i}\right) \tag{4-4}$$

$$C_{\mathrm{v}}=\frac{1}{\overline{Q}_{\mathrm{m}}}\sqrt{\frac{1}{N-1}\left[\sum_{j=1}^{a}(Q_{j}-\overline{Q}_{\mathrm{m}})^{2}+\frac{N-a}{n-l}\sum_{i=l+1}^{n}(Q_{i}-\overline{Q}_{\mathrm{m}})^{2}\right]}$$

$$=\sqrt{\frac{1}{N-1}\left[\sum_{j=1}^{a}(K_{j}-1)^{2}+\frac{N-a}{n-l}\sum_{i=l+1}^{n}(K_{i}-1)^{2}\right]} \tag{4-5}$$

式中，Q_i 为一般洪水，Q_j 为特大洪水，K_i 为一般洪水模比系数，K_j 为特大洪水模比系数。式（4-4）及式（4-5）可作如下说明：N 年内有 a 次特大洪水，$N-a$

次一般洪水,实测期 n 年内有 l 次特大洪水,$n-l$ 次一般洪水。在式(4-4)中,$\sum\limits_{j=1}^{a} Q_j$ 为特大洪水值的总和;$\dfrac{1}{n-l}\sum\limits_{i=l+1}^{n} Q_i$ 为实测期一般洪水的平均值,而 $\dfrac{N-a}{n-l}\sum\limits_{i=l+1}^{n} Q_i$ 则表示 N 年内一般洪水值的总和,即假定 N 年中(包括空位)一般洪水的均值与实测期一般洪水的均值相等。同理,式(4-5)中是把实测期一般洪水的方差当作 N 年内一般洪水的方差。

(5) 适线法推求洪峰流量理论频率曲线与设计值

洪水频率曲线的线型,除某些特殊情况外,一般均采用皮尔逊Ⅲ型。在线型和经验频率点据确定之后,即可由矩法或三点法初估的统计参数,通过逐步调试,使理论频率曲线与经验点据配合最好,此时的参数便是要计算的统计参数,相应的曲线便是要推求的洪峰流量理论频率曲线,于是设计洪峰流量就可按设计频率算出来了。

对于设计洪水计算,适线的原则一般是:①尽量照顾整个经验频率点群的趋势,使曲线通过点群中央,如实在有困难,可侧重考虑上部和中部大中洪水的点据;②对历史特大洪水,应估计他们的误差范围,适线时不可机械地使频率曲线通过这些点据,而是在相应的误差范围内调整,取得整体上的良好配合;③适线时应考虑统计参数在地区上的变化规律,使之能与地区上的变化相协调。

4.2.2 设计洪量的推求

设计洪量是指符合设计频率的各种不同的统计时段的洪水总量,例如设计 1 天洪量 $W_{1,p}$,是设计频率为 P 的连续 24h 洪水总量;设计 3 天洪量 $W_{3,p}$ 是频率为 P 的连续 72h 洪水总量,等等。其推求步骤与推求洪峰流量相似,也是洪水资料审查、洪量的选样和插补延长、洪量系列经验频率计算,适线法推求洪量的理论频率曲线和设计洪量。其中不同的只是洪量的选择和洪量系列的插补延长。

1. 洪量的选样

年最大流量可以从水文年鉴上直接查得,而某一历时的年最大洪水总量则要根据洪水水文要素摘录表的数据用面积包围法(梯形面积法)分别算出,例如最大 1 天洪量 W_1、最大 3 天洪量 W_3 和最大 7 天洪量 W_7 等。值得注意的是,所谓年最大 1 天洪量 W_1 实际上是一年中连续 24 小时最大洪量,并不是逐日平均流量表中的最大日平均流量乘以一天的秒数;同样 W_3 是指一年中连续 72 小时最大洪量,其他依此类推。一般情况下,年最大 3 天洪量中包含年最大 1 天洪量,年最大 7 天洪量包含年最大 3 天洪量。但是也有例外,如图 4-2 中年最大洪峰流量和年最大 1 天洪量在同次洪水中,而年最大 3 天洪量及年最大 7 天洪量则在另一次洪水中。

洪量的最长历时主要根据汛期洪水过程的情况来选定。例如小河洪水,复式

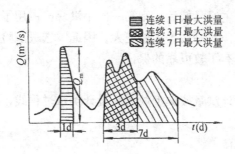

图 4-2 年最大洪峰、洪量选样示意图

洪峰的洪水历时也不过 $3d \sim 4d$，可以只算到 W_4。而对于大江大河，如长江宜昌站，入汛后多次洪水叠加，洪水历时长达 3 个月以上，则要算出 $W_{30} \sim W_{90}$。确定洪量最长历时还与蓄水工程泄洪方式及调洪能力有关，对于调洪能力大的蓄泄工程，最长洪量历时要取得长些。

每年都选取最大的 W_1，W_3，W_7，…，便可得出几个不同时段的年最大洪量系列。

2. 洪量资料的插补延长

调查历史洪水是增加洪峰系列代表性的有效途径，但是由洪痕只能推出洪峰，难以直接求出洪量。延长洪量系列，可用下述方法：

（1）峰量相关

将一个测站各次洪水的洪水总量与同一次洪水的洪峰流量对应点绘成峰量关系曲线，如果相关关系密切，便可由洪峰从关系线上查出相应的洪量。

（2）与参证站的洪量相关

把设计站各年的 W_1，W_3，…，与参证站同一次洪水的 W_1，W_3，…，对应点绘成关系线，关系密切时，即可用来由参证站洪量系列插补延长设计站的洪量系列。

（3）由暴雨资料插补延长

如果设计站的面暴雨量资料较长，则可以用 §4.3 的产、汇流计算方法，由暴雨资料推算缺测的洪水流量过程线，并计算各种历时的洪量。

4.2.3 设计洪水过程线的推求

有了设计洪峰 Q_p 和设计洪量 W_p，还要按典型洪水分配推求设计洪水过程线，才能够反映出设计洪水的全部特征。

1. 典型洪水的选择

对于设计标准较低的桥涵、堤防等工程，可选用洪峰流量与设计洪峰相近的洪水为典型洪水。对于设计标准较高的工程，设计频率较小，为安全着想，应该选最危险的洪水为典型，具体地说，就是选"峰高量大、主峰偏后"的典型洪水。

大洪水峰高量大，而主峰又偏后，则第一次小洪峰已占用了部分蓄滞洪区和防洪库容，大洪峰到来时，对桥涵等威胁更大。因此，选最危险的洪水为典型来进行设计，工程的安全就有了较可靠的保证。

2. 按典型放大

把设计洪峰、设计洪量按典型放大为设计洪水过程线，有同倍比放大和同频率放大两种方法。

(1) 同倍比放大法

令洪水历时 T 固定，把典型洪水过程线的纵高都按同一比例系数放大，即为设计洪水过程线。采用的比例系数又分两种情况：

1) 按峰放大　例如典型洪水的洪峰流量为 $Q_典$，设计洪峰流量为 $Q_设$，采用比例系数 $K_峰$（$=Q_设/Q_典$）乘典型洪水过程线的每一纵高，即得设计洪水过程线。这种方法适用于洪峰流量起决定影响的工程，如比较小的桥梁、涵洞、堤防等，主要考虑能否宣泄设计洪峰流量，而与设计洪量关系不大。

2) 按量放大　令典型洪水总量为 $W_典$、设计洪水总量为 $W_设$、用比例系数 $K_量$（$=W_设/W_典$）乘典型洪水过程线的每一纵高，即为设计洪水过程线。对于洪量起决定影响的工程，如分蓄洪区、排涝工程等，只考虑能容纳和排出多少水量，而与洪峰无多大关系，可用这种放大方法。

一般情况下，$K_峰$ 和 $K_量$ 不会完全相等，所以按峰放大的洪水过程线的洪量不一定等于设计洪量，按量放大的洪水过程线的洪峰不一定等于设计洪峰。因此，对于设计洪峰和设计洪量均有重要作用的工程，一般都采用下面讲述的同频率放大法。

(2) 同频率放大法

在放大典型过程线时，若洪峰和不同历时的洪量分别采用不同倍比，便可使放大后的过程线的洪峰及各种历时的洪量分别等于设计洪峰和设计洪量。也就是说，放大后的过程线，其洪峰流量和各种历时的洪水总量都符合同一设计频率，故称为"同频率放大法"。此法能适应多种防洪工程的特性，目前大、中型工程规划设计主要采用此法。

如图 4-3 中取洪量的历时为 1d、3d、7d，则"典型"各段的放大倍比可计算如下：

洪峰的放大倍比

$$K_峰 = \frac{Q_p}{Q_典} \tag{4-6a}$$

1 天洪量的放大倍比

$$K_1 = \frac{W_{1,p}}{W_{1,典}} \tag{4-6b}$$

式中　Q_p——设计洪峰流量；

$Q_{典}$——典型洪水的洪峰流量；

$W_{1,p}$——设计 1 天洪量；

$W_{1,典}$——典型洪水连续 1 天最大洪量。

"典型"的洪峰和一天洪量可分别按式（4-6a）、（4-6b）计算的放大倍比进行放大。怎样放大 3d 的洪量呢？由于 3d 之中包括了 1d，$W_{3,p}$ 中包括有 $W_{1,P}$，$W_{3,典}$中包括了 $W_{1,典}$，而"典型" 1d 的过程线已经按 K_1 放大了，因此对"典型" 3d 的过程线只需要把 1 天以外的部分进行放大。因此，1d 以外、3d 以内的典型洪量为 $(W_{3,典}-W_{1,典})$，所以这一部分的放大倍比为

$$K_{1-3} = \frac{W_{3,P} - W_{1,P}}{W_{3,典} - W_{1,典}} \qquad (4\text{-}6c)$$

同理，在放大典型过程线 3d 到 7d 的部分时，放大倍比为

$$K_{3-7} = \frac{W_{7,P} - W_{3,P}}{W_{7,典} - W_{3,典}} \qquad (4\text{-}6d)$$

用 $K_{峰}$、K_1、K_{1-3}、K_{3-7} 分别乘以典型洪水过程的洪峰流量和各对应部分过程线的纵坐标值，即得图 4-3 中放大的过程线。显见，该过程线的洪峰流量为 Q_P，连续 1 天最大洪量为 $W_{1,P}$，连续 3 天最大洪量为 $W_{3,P}$，……，均符合设计要求。但从图 4-3 中也可看到，典型放大过程中，由于在两种天数衔接的地方放大倍比不一样，因而在放大后的交界处产生锯齿状突变现象。对此，可以在保持各对应洪量不变的条件下徒手进行修匀，成为连续光滑的洪水过程线（图中的短画线），这就是最终推求的设计洪水过程线。

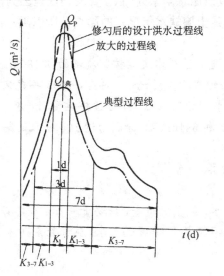

图 4-3 同频率放大法推求设计洪水过程线示意图

4.2.4   设计洪水成果的合理性分析

求出设计洪水之后，还要检查其合理性，如果发现与一般规律有矛盾，要分析其原因，以避免差错，尽可能提高精度。常用的检查方法有以下三种。

1. 本站洪峰及各种历时洪量的频率计算成果互相比较

(1) 同一频率下，应该是 $W_7 > W_3 > W_1$，将它们的理论频率曲线绘在一张图上，在实用范围内各线不应相交。

(2) 一般情况下，1d 洪量系列的 C_v 应该大于 3d 洪量的 C_v，3d 洪量的 C_v 应大于 7d 洪量系列的 C_v，历时愈短洪量系列的 C_v 应愈大。不过有些河流受暴雨特性及河槽调蓄作用的影响，其洪量系列的 C_v 值也可能随历时的加长而增大，达到最高值后又随历时的加长而减小。

2. 与上、下游及邻近河流的频率计算成果相比较

(1) 同一条河流的上、下游如果在同一地理区或者同一地区大、小不同的河流，应该是洪峰流量及各种历时洪量的均值从上游到下游递增，大河的比小河的要大；而洪峰模数则是小流域的较大。

(2) 如果其他条件相同，洪峰流量的 C_v 应该是小流域的较大。同样，历时相同的洪量，其 C_v 值也是上游站的大和小流域的较大。

3. 与暴雨频率计算成果对比

一般地说，设计洪水的径流深不应大于同频率的、相应历时的面暴雨量，而且洪峰及洪量的 C_v 都应该比暴雨系列的 C_v 要大。这是因为洪水除受暴雨影响之外，还受下垫面（尤其是土壤缺水情况）的影响，所以洪水的变化幅度要大于相应暴雨的变化幅度。

【例 4-2】   古田溪支流莲桥水文站控制流域面积 180km²，建于 1965 年，连续观测至今，具有 34 年的实测流量记录。再是，1993 年武汉大学（原武汉水利电力大学）在以往多次洪水调查基础上，结合莲桥站资料，求得 1948 年、1952 年最大洪峰流量为 1040m³/s 和 641m³/s，分别为近 100 年来的第一、第二大洪水，试推求 $p = 2\%$ 的设计洪水。

1. 设计洪峰流量计算

(1) 资料审查

该站实测和调查洪水，经多次审查，证明资料可靠，具有一致性和代表性，实测流量年限超过了规范不应少于 30 年的要求，属于长系列流量资料推求设计洪水的情况。

(2) 选样

由该站各年的洪水要素摘录资料，按年最大值法选样，得各年最大洪峰流量，同时也计算了各年连续 1d、2d、4d 最大洪量，一起列于表 4-4 中。

(3) 经验频率计算

年份	洪峰		一天			二天			四天			备注
	流量 (m³/s)	发生日期		洪量 (10⁶m³)	发生日期		洪量 (10⁶m³)	发生日期		洪量 (10⁶m³)	发生日期	
		月	日		月	日		月	日		月	日	
1966	388	6	2	8.66	6	1	12.35	5	31	15.02	5	31	1948 年、
1967	66.5	5	30	2.76	5	29	4.82	5	28	6.23	5	28	1952 年洪水
1968	268	6	18	16.61	6	18	27.27	6	17	35.17	6	16	为特大洪水,
1969	241	6	27	6.74	5	23	8.38	5	23	11.36	5	20	其值分别为
1970	234	6	23	6.72	6	21	11.54	6	21	14.47	6	21	1040m³/s、
1971	54.2	6	6	2.53	6	5	3.16	6	5	5.53	6	6	641m³/s,其
1972	95.1	4	29	3.62	4	29	4.66	6	6	6.93	8	3	重现期分别
1973	226	5	20	10.28	5	19	15.00	5	19	21.77	5	19	为 130 年和
1974	202	6	15	6.50	6	14	7.43	6	14	9.71	6	14	65 年
1975	267	5	9	6.90	5	9	9.24	5	9	12.17	6	9	
1976	232	4	17	7.23	4	17	10.70	4	16	13.15	6	2	
1977	160	9	25	5.79	9	24	8.37	6	25	13.61	6	22	
1978	200	6	7	11.19	6	6	17.47	6	6	20.51	6	6	
1979	303	9	9	6.81	5	27	8.48	5	27	10.41	5	27	
1980	285	5	16	6.77	5	16	7.72	5	28	13.38	4	26	
1981	203	4	6	8.08	6	11	10.14	6	11	15.48	4	5	
1982	210	6	15	7.74	6	15	10.76	6	15	16.20	6	13	
1983	178	6	16	6.66	3	11	7.43	3	11	12.38	6	15	
1984	202	5	31	9.23	5	31	13.86	5	31	16.53	5	30	
1985	151	7	22	4.97	6	26	7.07	6	26	9.21	6	25	
1986	220	7	2	6.38	7	2	9.29	7	1	10.83	7	1	
1987	120	6	30	3.61	5	27	4.73	5	27	5.70	5	27	
1988	265	9	24	8.02	4	5	9.91	4	5	12.88	9	22	
1989	228	6	18	8.03	6	18	9.63	6	18	11.54	6	18	
1990	336	6	1	10.09	5	31	12.53	5	31	14.83	5	31	
1991	115	10	4	4.76	3	30	6.89	3	30	10.03	3	28	
1992	369	7	6	14.04	7	6	21.36	7	6	27.29	7	5	
1993	257	5	2	5.73	5	2	6.40	5	2	7.56	5	2	
1994	157	6	20	9.94	6	19	15.43	6	19	18.54	6	18	
1995	145	6	16	7.98	6	16	13.33	6	15	17.15	6	15	
1996	172	6	21	7.51	6	21	8.36	6	21	9.69	6	21	
1997	387	6	25	7.30	6	24	11.83	6	23	16.53	6	22	
1998	224	6	22	8.37	6	22	11.70	6	21	21.10	6	19	
1999	280	5	26	10.57	5	25	15.01	5	25	16.34	5	26	

1964 年前多次洪水调查确认：1948 年、1952 年洪水为 19 世纪 70 年代以来的第一、第二大洪水，调查期 N 约 130 年，其经验频率分别定为 1/130 和 1/65；实测期（$n=34$）均为一般洪水，其经验频率按 $P=m/(n+1)$ 计算。依此点绘年最大洪峰流量经验频率点据，如图 4-4 所示。

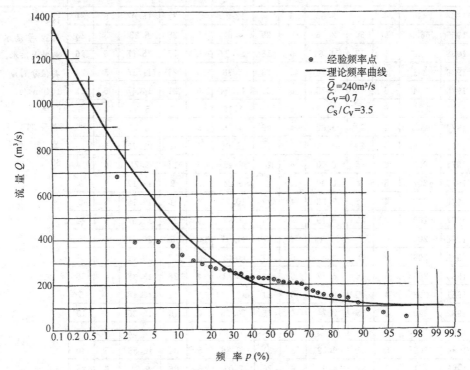

图 4-4　莲桥站年最大洪峰流量频率曲线

（4）推求理论频率曲线与设计洪峰流量

由表 4-4 中历年洪峰流量资料，按矩法初估统计参数，得年最大洪峰流量均值 $\overline{Q}=228\text{m}^3/\text{s}$，离势系数 $C_v=0.67$，C_s/C_v 按该地区经验，取 $C_s=3.5C_v$。依此进行适线，求得莲桥站年最大洪峰流量理论频率曲线，如图 4-4 所示，其统计参数分别为：$\overline{Q}=240\text{m}^3/\text{s}$，$C_v=0.7$，$C_s=3.5C_v$。由 $P=2\%$ 在理论频率曲线上查得设计洪峰流量为 $Q_{2\%}=750\text{m}^3/\text{s}$。

2. 设计洪量计算

年最大各时段洪量系列见表 4-4。对于洪量来说，历史洪水调查很难确定，峰量相关关系也比较差，无法由洪峰流量进行插补，故洪量频率计算无特大值处理问题。类似设计洪峰流量计算，可求得各时段的年最大洪量理论频率曲线及设计值，见表 4-5。

莲桥站洪峰、洪量频率计算成果表   表 4-5

项 目 成 果 名 称		洪峰流量 Q_m(m³/s)	洪 量 (10⁶m³)			备 注
			一天 W_1	二天 W_2	四天 W_4	
统计参数	均值	240	7.55	10.45	14.00	C_s/C_v 均 为 3.5，频率曲线 为皮尔逊Ⅲ型
	C_v	0.70	0.55	0.55	0.52	
设计值	频率 p（%） 0.2	1200	28.9	40.00	50.6	
	2	750	19.5	27.10	34.8	

3. 设计洪水过程线的推求

（1）典型洪水过程线

莲桥站以上为山区，坡陡流急，洪水暴涨暴落，一般为连续多峰洪水，一次洪水主要集中在 1d，历时可达 4d，年最大洪水一般都发生在 4~9 月。1966 年 9 月洪水，是实测最大的，峰高量大，为多峰形洪水，具有代表性，选该场洪水为推求设计洪水过程线的典型洪水。

（2）由设计洪峰、洪量推求设计洪水过程线

采用同频率放大法推求设计洪水过程线。根据该站的洪水特点，和尽可能减少放大造成的锯齿状过程，确定放大的控制时段为 1d 和 4d，依此计算洪峰，1d 洪水、1~4d 间的洪水放大倍比 K_Q、K_1、K_{1-4}，用以乘典型洪水的洪峰，1d 的洪水过程和 1~4d 间的洪水过程，得放大的洪水过程，然后在保持设计洪峰、1d 洪量和 1~4d 洪量不变的原则下作适当修正，得图 4-5 所示的 $p=2\%$ 的设计洪水过程线。

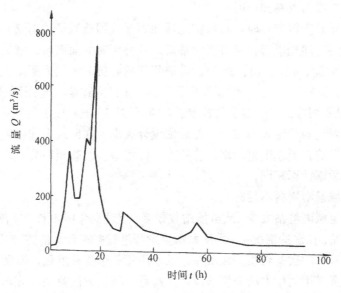

图 4-5 莲桥站同频率放大法推求 $p=2\%$ 的设计洪水过程线

4. 成果合理性分析

从表4-5所列的统计参数和设计值看，洪量的均值随时段增长而变大，C_v随统计时段增长而减小、C_s/C_v均为3.5，符合洪水统计参数变化的一般规律。另外，还将该站的统计参数与相邻流域进行比较，表明也是协调的，并与暴雨在地区上的变化相一致。表明上述计算成果是可靠的，可以作为工程设计的依据。

§4.3   由暴雨资料推求设计洪水

由暴雨资料推求设计洪水是以降雨形成洪水的理论为基础的。按照暴雨洪水的形成过程，推求设计洪水可分三步进行：①推求设计暴雨，同频率放大法求不同历时指定频率的设计雨量及暴雨过程。②推求设计净雨，设计暴雨扣除损失就是设计净雨。③推求设计洪水，应用单位线法等流域汇流计算方法对设计净雨进行汇流计算，即得流域出口断面的设计洪水过程。

4.3.1   计算设计暴雨

关于设计暴雨，一些研究成果表明，对于比较大的洪水，大体上可以认为某一频率的暴雨将形成同一频率的洪水，例如 $p=1\%$ 的暴雨形成 $p=1\%$ 的洪水。因此，推求设计暴雨就是推求与设计洪水同频率的暴雨。

1. 设计暴雨量的计算

流域设计暴雨量计算，按资料情况不同，将采用不同的方法。

（1）流域暴雨资料充分时

当流域暴雨资料充分时，可以把流域面雨量（即流域平均雨量）作为研究对象，概念上说，即先求得各年各场大暴雨的各种历时的面雨量，然后按各指定的统计历时，如 6h、12h、1d、3d 等、选取每年的各历时的最大面雨量，组成相应的统计系列，例如年最大连续 6h 面雨量系列，年最大连续 12h 面雨量系列，年最大 1d 面雨量系列等。各样本系列选定后，即可按照一般程序进行频率计算，求出各种历时暴雨量的理论频率曲线。然后依设计频率，在曲线上查得各统计历时的设计雨量。目前我国暴雨量频率计算的方法、线型、经验频率公式、特大暴雨处理等与洪水频率计算相同。

（2）流域暴雨资料不足时

当设计流域雨量站太少；或虽然站数较多，但观测年限不长；或流域太小，根本没有雨量站。在这些情况下，采用面雨量系列进行频率计算的方法不能应用。同时，由于相邻站同次暴雨相关性很差，难于用相关法插补展延，以解决资料不足问题，此时多采用间接方法来推求设计面雨量。间接方法就是：先求出流域中心处的设计点雨量；然后再通过点雨量和面雨量之间的关系（简称暴雨点面关系），间接求得指定频率设计面雨量。

1) 设计点雨量计算   如果在流域中心附近有一个具有长期雨量资料的测站，那么可以依据该站点的资料进行频率计算，求得各种历时的设计点暴雨量。点雨量频率计算中，也存在特大暴雨处理和成果合理性论证的问题，必须给予充分的注意和认真对待。特大暴雨处理与洪峰流量频率计算的方法相似，不再重述。而点暴雨频率计算成果的合理性分析，除应把各统计历时的暴雨频率曲线绘在一张图上检验，将统计参数、设计值与邻近地区站的成果协调外，还需借助水文手册中的点暴雨参数等值线图、邻近地区发生的特大暴雨记录以及世界点最大暴雨记录进行分析。

如果流域上完全没有长系列雨量资料时，一般是查各省的水文手册等文献中刊载的暴雨统计参数等值线图来解决。由等值线图可查得流域中心处各种历时暴雨的统计参数，这样就不难绘出各种历时暴雨的频率曲线，求得各种历时的设计点雨量。

2) 设计面暴雨量的推求   当流域面积很小时，可直接把流域中心的设计点雨量作为流域的设计面雨量。对于较大面积的流域，必须研究点雨量与面雨量之间的关系（称暴雨点面关系），进而将设计点雨量转化为设计面雨量。

目前，我国水文计算中采用的暴雨点面关系有两种：一种是流域中心雨量与流域面雨量的关系，因点雨量位置（一般取流域中心）和暴雨面积（恒为流域面积）是固定的，故常称定点定面关系。为了将雨量站较密的流域获得的定点定面关系移用于雨量站稀少、或缺乏的流域，通常将一个水文分区中各流域的点面关系综合为如图 4-6 所示的定点定面关系 $\alpha \sim T \sim F$。图中 α 为流域中心雨量折算为流域面雨量的系数，称点面系数，随所取的暴雨历时 T 和流域面积 F 而变化，它等于历时 T 的流域面雨量与相应的流域中心点雨量的比值。广东、海南、广西、福建等省区大量资料分析表明：定点定面关系的地区变化很小，可以在相当大的地区内综合和使用。另一种是暴雨中心点面关系，即暴雨中心点雨量与各等雨量线包围面积上的面雨量间的相关关系，由于点雨量的位置和面雨量的面积随各场暴雨变动，故又称动点动面关系。它在形式上与图 4-6 完全相同，但纵横坐标的意义却有实质性的差别。作为动点动面关系的 α，实际上代表的是某一历时暴雨的等雨量线包围面积 F 上的面雨量与相应的暴雨中心点雨量之比，但应用时，又作为定点定面关系的 α 使用。动点动面关系制作比较容易，以往应用得很普遍，大多数省区的水文手册中刊载的均为这种点面关系。由以上分析可知，由设计流域中心点雨量推求设计流域面雨量时，理应采用定点定面关系，但鉴于目前许多省区尚未绘制这种关系，因此仍可借用动点动面关系。不过，借用时，应分析几个与设计流域面积相近的邻近流域的 α 值作验证，如果差异较大，应作适当修正。

依据暴雨点面关系求设计面雨量是很容易的。例如在图 4-6 所代表的水文分区中的某流域，流域面积为 500km²，流域中心百年一遇 1d 暴雨为 300mm，由图上查得点面系数 $\alpha = 0.92$，故该流域百年一遇 1d 面雨量为 $P_{1\%} = 0.92 \times 300 = 276$mm。

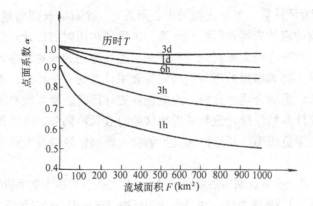

图 4-6   某水文分区定点定面暴雨点面关系曲线

2. 设计暴雨过程的确定

拟定设计暴雨过程的方法也与设计洪水过程线的确定类似，首先选定一次典型暴雨过程，然后以各历时设计雨量为控制进行缩放，即得设计暴雨过程。选择典型暴雨时，原则上应在各年的面雨量过程中选取。典型暴雨的选取原则，首先，要考虑所选典型暴雨的分配过程应是设计条件下比较容易发生的；其次，还要考虑是对工程不利的。所谓比较容易发生，首先是从量上来考虑，即应使典型暴雨的雨量接近设计暴雨的雨量；其次是要使所选典型的雨峰个数、主雨峰位置和实际降雨时数是大暴雨中常见的情况，即这种雨型在大暴雨中出现的次数较多。所谓对工程不利，主要是指两个方面：一是指雨量比较集中，例如 3d 暴雨特别集中在 1d 等；二是指主雨峰比较靠后，这样的降雨分配过程所形成的洪水洪峰较大且出现较迟，对工程安全将是不利的。为了简便，也可选择单站暴雨过程作典型。例如 1975 年 8 月在河南发生的一场特大暴雨，简称"75.8 暴雨"，历时 5d，板桥站总雨量 1451.0mm，其中 3d 为 1422.4mm，雨量大而集中，且主峰在后，曾引起两座大中型水库和不少小型水库失事。因此，该地区进行设计暴雨计算时，常选作暴雨典型。当难以选择某次合适的实际暴雨过程分配作典型时，最好取多次大暴雨进行综合，获得一个能反映大多数暴雨特性的概化综合暴雨分配作典型。

典型暴雨过程的缩放方法与设计洪水的典型过程缩放计算其本相同，一般均采用同频率放大法。即先由各历时的设计雨量和典型暴雨过程计算各段放大倍比，然后与对应的各时段典型雨量相乘，得设计暴雨在各时段的雨量，此即为推求的设计暴雨过程。具体方法见下面的算例。

【例 4-3】   某流域具有充分的雨量资料，求百年一遇设计暴雨过程。

(1)计算各统计历时的设计雨量   对本流域面雨量资料系列进行频率计算，求得百年一遇的各种历时的设计面雨量见表 4-6。

某流域各统计历时设计面雨量　　　　　表 4-6

统计历时 (d)	1	3	7
设计面雨量 $P_{1\%}$ (mm)	108	182	270

(2)选择典型暴雨　对流域中某测站的各次大暴雨过程资料进行分析比较后，选定暴雨核心部分出现较迟的 1955 年的一场大暴雨作为典型，其暴雨过程如表 4-7 所示。

(3)按同频率放大法求设计暴雨过程　根据典型暴雨过程，算得典型连续 1d、3d、7d 的最大暴雨量及其出现位置分别为：1d 最大（在第 6d）的 $P_{典1d}=63.2$ mm；3d 最大（在第 5～7d）的 $P_{典3d}=108.1$ mm；7d 最大（在第 1～7d）的 $P_{典7d}=148.6$ mm。然后结合各种历时设计面雨量求各段放大倍比为：最大 1d 的 $K_1=1.71$，最大 3d 中其余 2 天的 $K_{1-3}=1.63$，最大 7d 中其余 4d 的 $K_{3-7}=2.20$，将这些倍比值填在表 4-7 中各相应的位置，用以乘当日的典型雨量，即得该表中最末一栏所列的设计暴雨过程。

某流域设计暴雨过程计算表　　　　　表 4-7

时　间 (d)	1	2	3	4	5	6	7	合计
典型暴雨过程 (mm)	13.8	6.1	20.0	0.2	0.9	63.2	44.4	148.6
放大倍比 K	2.20	2.20	2.20	2.20	1.63	1.71	1.63	
设计暴雨过程 (mm)	30.3	13.3	44.0	0.4	1.6	108.1	72.4	270

4.3.2　计算设计净雨

设计暴雨扣除相应的损失，即得设计净雨。其计算方法，一般有径流系数法、暴雨径流相关图法、蓄满产流模型法和初损后损法，可根据实际情况选用。

1. 径流系数法

径流系数 α 是指降雨转化为径流的比例系数。对于某次暴雨洪水，其径流系数为流域平均雨量 P 除以相应的地面径流深 R_s，即 $\alpha=R_s/P$。某次洪水的地面径流深 R_s 可通过基流分割，将实测流量过程线划分为地面径流过程和地下径流过程来计算。基流分割，一般采用斜线分割法，即在实测的流量过程线上，从起涨点到退水段的地面径流终止点连一直线，该直线与其上面的流量过程线包围的面积即地面径流总量 W_s，除以流域面积 F，得地面径流深 R_s，即 $R_s=W_s/F$。地面径流退水快，地下径流退水慢，因此，在退水流量过程线上由消退较快转变为退水缓慢的转折点，即认为是地面径流终止点。其位置可由目估或地下径流标准退水曲线确定。

分析多场暴雨洪水的 α，即可大致定出不同等级暴雨的 α 值。对于一个流域，暴雨越大，α 越大；反之，则小。显然，α 值应小于 1，因为降雨中总有一部分耗于植物截留、填洼、下渗等损失，不能形成地面径流。规划设计时，根据暴雨的大小选择相应的 α 值，将 α 乘以设计暴雨过程即得设计净雨过程。

2. 降雨径流相关图法

该法是根据降雨与净雨（径流）之间的相关关系图将设计暴雨转化为设计净雨。因为净雨深等于对应的径流深，所以这里也常称净雨深为径流深。建立相关图时考虑的相关变量，除径流深、降雨量外，还有暴雨来临时的流域干湿程度、降雨历时、降雨的发生月份等，尤其流域的干湿程度常常是必须考虑的因素。因为同样的暴雨，降雨开始时流域愈湿润，产生的径流就越多；反之，流域愈干燥，产生的径流就越少。它对净雨的作用仅次于降雨，成为降雨径流相关图中不可缺少的相关变量。

(1) 流域湿润程度的定量计算

定量地表示流域的湿润程度，在我国常用的有前期流域蓄水量 W 或前期影响雨量 P_a。前者物理概念明确，精度较高，但计算比较复杂，多用于洪水预报；后者，精度稍差，但计算方便，多用于规划设计。

1) 前期流域蓄水量 W 的计算　　流域蓄水量一词，这里主要指流域中降雨能够影响的土层内土壤含蓄的吸着水、薄膜水和悬着毛管水量，不包括重力水，是土壤能够保持而不在重力作用下流走的水分。它将在雨后由于流域蒸散发而消耗和流域降雨得以补充。对于流域中某一地点，影响土层的蓄水量 W' 将有两种极限情况：一是长期无雨，土壤十分干燥，蓄水量降至最小值。这时的含水量本不为零，但为了计算方便，类似假定高程基准面那样，规定这种情况的蓄水量为零。再是充分湿润时，蓄水量（不包括重力水）达最大值，按照上面规定的零点，其值将等于田间持水量与最小蓄水量之差，是该点土壤蓄水的上限，称作该点的蓄水容量 W'_m。该点的实际蓄水量 W' 将变化在 $0 \sim W'_m$ 之间。

流域上各点的蓄水容量 W'_m 是不同的，可从零变化到点最大蓄水容量 W'_{mm}，其平均值以 W_m 表示，称流域蓄水容量，为流域蓄水量的上限。我国大部分地区的经验表明，W_m 一般为 $80 \sim 120$mm。例如，广东省取 $95 \sim 100$mm，湖北省取 $70 \sim 110$mm，陕西省取 $55 \sim 100$mm，黑龙江省取 140mm 等。流域实际蓄水量 W 将变化在 $0 \sim W_m$ 之间，可以根据流域影响土层的水量平衡方程推求：

$$W_{t+1} = W_t + P_t - R_{pt} - E_t \tag{4-7a}$$

$$E_t = \frac{W_t}{W_m} K_{w,t} E_{w,t} \tag{4-7b}$$

式中　W_t、W_{t+1}——第 t 天和第 $t+1$ 天开始时的流域蓄水量，mm；

P_t——第 t 天的流域平均降水量，mm；

R_{pt}——P_t 产生的径流深，mm；

E_t——第 t 天的流域蒸散发量，mm；

$E_{w,t}$——第 t 天的水面蒸发器观测的水面蒸发量，mm；

$K_{w,t}$——$E_{w,t}$折算为流域蒸发能力的系数。

根据实测降雨径流资料可优选出流域的 W_m 和 $K_{w,t}$，于是由式（4-7）逐日递推，即可求得任何一日开始时的前期流域蓄水量 W。

2）前期影响雨量 P_a 的计算

P_a 的计算公式有多种，这里介绍的是目前我国比较常用的一种，其算式为

$$P_{a,t+1} = K_a(P_{a,t} + P_t) \tag{4-8a}$$

且控制 $\qquad\qquad\qquad P_{a,t+1} \leqslant W_m \tag{4-8b}$

式中　$P_{a,t}$，$P_{a,t+1}$——分别为第 t 天和第 $t+1$ 天开始时的前期影响雨量（mm）；

$\qquad\qquad P_t$——第 t 天的流域降雨量（mm）；

$\qquad\qquad K_a$——流域蓄水的日消退系数。

K_a 各月可近似取一个平均值，等于 $1 - E_m/W_m$，其中 E_m 为流域月平均日蒸散发能力，近似等于水面蒸发 E_w。

用上式计算 P_a 是很容易的，取连续大暴雨后的 P_a 等于 W_m，由此向后逐日推算，便可求得逐日的 P_a。现举一例，如表4-8。该流域经分析求得 $W_m = 100$mm，5 月份多年平均的流域日蒸散发能力为 5.0mm，6 月份为 6.2mm，由此算得：

5 月份 $\qquad\qquad K_{a,5月} = 1 - \dfrac{E_m}{W_m} = 1 - \dfrac{5}{100} = 0.950$

6 月份 $\qquad\qquad K_{a,6月} = 1 - \dfrac{6.2}{100} = 0.938$

5 月 18～19 日这两天雨量很大，并从流量资料看出产生了洪水，可以认为 P_a 已达到 W_m，故取 20 日开始时的 P_a 为 100mm，其后逐日的 P_a 按式（4-8）计算。例如 5 月 21 日 $P_a = 0.950$（100+10.1）>100mm，故取 $P_a = 100$mm；5 月 22 日 $P_a = 0.950$（100+1.4）= 96.3mm，以后依此类推，结果列于表4-8第（4）栏。

（2）建立暴雨径流相关图

由于各流域的条件不同，相关图中选取的相关变量有所不同。例如湿润多雨地区，相关变量一般取 P、P_a（或 W）、R_s（地面径流深），就可获得满意的效果；而在干旱、半干旱地区，则要进一步考虑降雨强度、降雨历时等的影响，建立 4 个、甚至 5 个变量的相关图。对于某个流域，到底应该选择哪些相关变量，将是一个不断试作和改进的过程。一般说，在保证精度的前提下，选取的变量应尽可能少一些，自变量之间具有比较强的独立性，参照本地区以往的经验进行筛选。例如图 4-7 是某流域的 $P \sim P_a \sim R_s$ 相关图。该图的绘制方法是：由流域实测的各次降雨径流资料，计算每次洪水的 P、P_a、R_s；然后以次降雨量 P 为纵坐标，以相应的地面径流深 R_s 为横坐标，有一次洪水，便可按对应的 P、R_s 在图上绘一个点据（图中 P_a 值的小数点），并把它的 P_a 值注在点旁，如图中各点所注的数字，然后按点群分布的总趋势，遵循下列规律，照顾大多数点子，绘出以 P_a 为参数的等值

线，这就是该域以 P_a 为参数的降雨地面径流相关图。从降雨径流成因分析，该图应符合下列规律：P 相同时、P_a 越大，损失愈小，R_s 愈大，故 P_a 等值线的数值是自左至右逐渐增大的；P_a 相同时，P 愈大，损失相对于 P 愈小，dR_s/dP 愈大，$P \sim R_s$ 线的坡度随 P 的增大而变缓，但也不应小于 $45°$，这是因为降雨总有下渗等损失，dR_s 总要小于 dP 之故。相关图作好后，应从总体上进行评定，看它的精度是否达到了设计的要求。如果达到了，则该图即可用于以后的净雨计算；否则，应检查原因，采取措施，使之达到要求的精度。

P_a 计算示例　　　　　　　　　　　　　　　　　　　　表 4-8

月.日	P_i (mm)	K_a	P_a (mm)	月.日	P_i (mm)	K_a	P_a (mm)	备 注
(1)	(2)	(3)	(4)	(1)	(2)	(3)	(4)	(5)
5.18	78.2	0.950		5.28			70.7	$W_m=100$mm,
5.19	35.6			5.29	11.3		67.1	P_a 为一日开始
5.20	10.1		100	5.30	0.5		74.5	时刻的前期影
5.21	1.4		100	5.31			71.2	响雨量（mm）
5.22			96.3	6.1		0.938	67.6	
5.23			91.5	6.2	7.6		63.4	
5.24			87.0	6.3	32.6		66.5	
5.25			82.6	6.4	16.0		93.0	
5.26			78.5	6.5			100	
5.27			74.5	⋮			⋮	

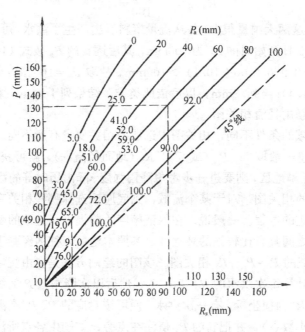

图 4-7　某流域 $P \sim P_a \sim R_s$ 降雨径流相关图

绘制 $P \sim P_a \sim R_s$ 相关图时，有时会遇到降雨径流资料不多，相关点较少，按上法定线发生困难，此时可绘制简化的降雨径流相关图 $P+P_a \sim R_s$，如图4-8所示。因只绘一条曲线，就不觉得点子少了。该图将 P 和 P_a 同等看待，概念上不尽合理，尤其对中小洪水，运用时应予以注意。

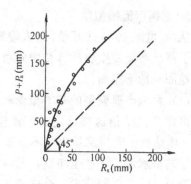

图4-8　$P+P_a \sim R_s$ 降雨径流相关图

（3）推求设计净雨过程

用降雨径流相关图由设计暴雨推求设计净雨，显然，还需要知道发生设计暴雨时流域的湿润情况 P_a 值 $P_{a,p}$，才能进一步应用相关图计算设计净雨。

1）确定设计暴雨的前期影响雨量 $P_{a,p}$　$P_{a,p}$ 的拟定，常用的有 W_m 折算法，同频率法等。W_m 折算法是一种经验的方法，一般取 $P_{a,p}=\gamma W_m$，$\gamma=0.5 \sim 0.8$，洪水标准低时 γ 取较小值；反之，取较大值；对于千年一遇以上的设计暴雨，为安全计，还可取 $\gamma=1.0$。同频率法按下式推求 $P_{a,p}$：

$$P_{a,p} = (P+P_a)_p - P_p \qquad (4\text{-}9)$$

式中　P_p——设计频率为 p 的设计暴雨量，mm；

$P_{a,p}$——设计暴雨发生时的前期影响雨量，mm；

$(P+P_a)_p$——与设计暴雨同频率的 $(P+P_a)$ 值，mm。

其中 $(P+P_a)_p$ 的计算方法是：对于某统计历时，在从实测暴雨资料摘录年最大暴雨量 P 时，还同时计算 P 的前期影响雨量 P_a，并求出 $(P+P_a)$，于是有 P 和 $(P+P_a)$ 两个系列，通过频率计算，由前者求得设计暴雨量 P_p，由后者求得同频率的 $(P+P_a)_p$。按式（4-9）计算 $P_{a,p}$ 概念比较明确，方法也比较简便。例如已求得某流域的 $W_m=120$mm，百年一遇的 3d 设计暴雨量 $P_{1\%}=400$mm，百年一遇的 $(P+P_a)_{1\%}=480$mm，则设计的 $P_{a,1\%}=480-400=80$mm。若计算的 $P_{a,p}$ 大于 W_m 时，则取等于 W_m。

2）计算设计净雨　现以图4-7为例说明其计算方法。假设在图4-7的流域上，已求得 $p=2\%$ 的 6h 设计暴雨 $p_{2\%}=130.0$mm，其过程分配为：第一时段（$\Delta t=3.0$h）49.0mm，第二时段 81.0mm，降雨开始时的前期影响雨量 $P_{a,p}=60.0$mm。于是，可在 $P_a=60.0$mm 的线上查得 $P=49.0$mm 产生的地面净雨深 $R_{s,1}=20.0$mm，$P=(49.0+81.0)$mm 的 P_a 仍为 60.0mm，故仍在该线上查（49.0+81.0）mm 产生的 R_s，其值为 92.0mm，这是 2 个时段降雨一起产生的净雨，从中减去第一时段的，即得第二时段的净雨 $R_{s,2}=92.0-20.0=72.0$mm。如为更多时段的降雨，各时段净雨的计算方法可依此来推。若降雨开始的 P_a 不在某一等值线上，则用内插法查算。

3. 蓄满产流模型法

从 20 世纪 60 年代开始,赵人俊等经过长期对湿润地区暴雨径流关系的研究,提出了蓄满产流模型法计算总净雨过程,以及确定稳渗率 f_c,进一步将总净雨划分为地面、地下净面。

(1) 蓄满产流模型的基本概念和计算原理

蓄满产流是指这样特定的产流模式,降雨使含气层(地表至潜水面间的土层)土壤达到田间持水量之前不产流,这时称"未蓄满",此前的降雨全部用以补充土层的缺水量,不产生净雨;蓄满(土层水分达田间持水量)后开始产流,以后的降雨(除去雨期蒸发)全部变为净雨,其中下渗至潜水层的部分成为地下径流,超渗的部分成为地面径流。而且,因只有蓄满的地方才产流,故产流期的下渗为稳渗率 f_c。按这种模式产流的现象称蓄满产流。在逻辑上与之对应的是不蓄满产流,即土层未达田间持水量之前,因降雨强度超过入渗强度而产流,它不以蓄满与否作为产流的控制条件,称这种产流方式为超渗产流,将在稍后学习。

蓄满产流以满足含气层缺水量为产流的控制条件。就流域中某点而言,蓄满前的降雨不产流,净雨量为零;蓄满后才产流,产流量(总净雨量)可以很简单地用下面的水量平衡方程计算:

$$R' = (P - E) - (W'_m - W') \qquad (4\text{-}10)$$

式中　P,E——某点的降雨量和雨期蒸散发量,mm;

　　　　R'——该点有效降雨 ($P-E$) 产生的总净雨深,mm;

　　　　W'_m——该点的蓄水容量,mm;

　　　　W'——该点降雨开始时的实际蓄水量,mm。

上式是针对流域某一点的净雨计算方程。对于整个流域,因各点蓄满有早有晚,产流也有先有后,故作流域产流计算时,还要考虑降雨开始时的流域蓄水分布情况。对此,可近似用流域蓄水容量分布曲线和降雨开始时的前期流域蓄水量 W 推求。流域蓄水容量分布曲线如图 4-9 的 $W'_m \sim F_R/F$ 线,其中 F_R 表示小于、等于某一点蓄水容量 W'_m 的面积,F 为流域面积,W'_{mm} 为流域中最大的点蓄水容量。多数地区的经验表明,蓄水容量分布曲线一般用 b 次抛物线表示,即:

$$\frac{F_R}{F} = 1 - \left(1 - \frac{W'_m}{W'_{mm}}\right)^b \qquad (4\text{-}11)$$

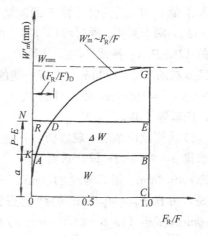

图 4-9　某流域蓄水容量分布曲线
与产流示意图

流域平均蓄水容量 W_m,简称流域蓄水容量,即流域各点蓄水容量 W'_m 的平均

值，于是可由上式导得 $W_m = W'_m/(1+b)$，亦

$$W'_m = (1+b)W_m \tag{4-12a}$$

假设降雨开始时流域蓄水量为 W，反映在流域蓄水容量分布曲线上就是图中的面积 $OABCO$，相应的流域各点的蓄水分布状况即 OAB 线，其最大纵标 a 可以证明为

$$a = W'_{mm}\left[1 - \left(1 - \frac{W}{W_m}\right)^{1/(1+b)}\right] \tag{4-12b}$$

显见，图中 A 点左边是蓄满的面积，各点蓄水量 W 正好等于蓄水容量 W_m；右边是未蓄满的面积，各点还缺 $(W'_m - W')$ 的水量未蓄满。此时，若全流域上降一有效雨深 $(P-E)$，图中矩形面积 $KNEB$ 即为其总水量的体积。因为在这里用1.0表示流域总面积，故此体积亦等于 $(P-E)$。其中在曲线 AD 段的右边为仍未蓄满的部分，面积 $ADEB$ 代表这次降雨使流域增加的蓄水量 ΔW，即这次降雨的下渗等损失。AD 线的左边为降雨过程中蓄满的部分，由于超蓄形成了净雨深 R，即图上的面积 $KNDA$，等于点蓄满产流方程（4-10）沿产流面积 $(F_R/F)_D$ 的积分，即

$$R = \int_0^{(F_R/F)} [P - E - (W'_m - W')]d\left(\frac{F_R}{F}\right) \tag{4-13}$$

将式（4-11）代入并积分，可求得下述蓄满产流模型法计算总净雨的公式：

当 $P-E+a \leqslant W'_{mm}$ 时，

$$R = P - E - W_m + W + W_m\left(1 - \frac{P-E+a}{W'_{mm}}\right)^{1+b} \tag{4-14a}$$

当 $P-E+a \geqslant W'_{mm}$ 时，

$$R = P - E - (W_m - W) \tag{4-14b}$$

可见，参数 W_m，b 确定后，即可由上式求得 W、$P-E$ 相应的总净雨深 R。

W_m，b 和影响 W 计算的流域蒸散发能力折算系数 $K_{w,t}$，可通过实测降雨径流资料优选，即使选定的参数，用来由实测降雨、蒸发资料按式（4-14）预报的净雨深与相应的实测径流深相比，合格（误差小于允许误差）的次数最多。

（2）推求设计总净雨过程

设计暴雨发生时的前期流域蓄水量 W，可采用前面讲的推求 $P_{a,p}$ 相似的方法计算。有了设计暴雨的 W 和各时段的设计雨量 P_1-E_1、$P_2-E_2\cdots\cdots P_m-E_m$，即可按式（4-12）计算 W'_m、a 和用式（4-14）算出累积降雨 (P_1-E_1)、$\sum_1^2(P_i-E_i)$、$\cdots\cdots\sum_1^n(P_i-E_i)$ 产生的累积总净雨过程 R_1、$\sum_1^2 R_i$、$\cdots\cdots\sum_1^n R_i$，时段末的累积净雨减时段初的，即得设计净雨过程 R_1、$R_2\cdots\cdots R_n$。

（3）稳定下渗率 f_c 的计算及地面、地下净雨划分

地面、地下径流的汇流特性不同，汇流计算要求把总净雨分为地面净雨过程

和地下净雨过程。根据蓄满产流的概念，只需求得稳渗率 f_c，便可将总净雨量划分为地面、地下两部分。

1）稳渗率 f_c 的计算 按照蓄满产流的概念，仅在蓄满的面积上才产生净雨，其中超渗的部分形成地面径流 R_s，稳渗的部分形成地下径流 R_g，这些都能由实测径流过程线分割求得。因此，可根据水量平衡原理，导得由实测的 P、R_s、R_g 反求 f_c 的计算方程：

$$f_c = \frac{\sum_1^m R_i - R_s}{\sum_1^m \frac{R_i}{P_i - E_i} \Delta t_i} \tag{4-15}$$

$R_i/(P_i - E_i)$ 表示第 i 时段产流面积占流域面积的比例；m 为降雨强度大于稳渗率 f_c 的时段数，称超渗雨时段数。式中，仅 f_c 和 m 为未知数，因此可结合降雨过程通过试算确定。方法是：参照降雨过程试设超渗雨时段数 m，计算这些时段的 $\sum_1^m R_i$ 和 $\sum_1^m [R_i \Delta t_i / (P_i - E_i)]$，代入式（4-15），便可算出一个 f_c。依此检查超渗雨时段和非超渗雨时段，若与假设相符，f_c 即为所求；否则重新试算。对推求的多次降雨洪水的 f_c 综合分析，即可确定流域的 f_c 值。

2）地面、地下净雨的划分 f_c 确定之后，可按下述方法划分地面、地下净雨：

A. 计算各时段的 $\Delta t_i f_c$，与时段有效降雨（$P_i - E_i$）对照，判定哪些属超渗雨时段，哪些属非超渗雨时段。显见，$\Delta t_i f_c < P_i - E_i$ 的为超渗雨时段；否则，为非超渗雨时段。

B. 对于非超渗雨时段，时段总净雨全为地下净雨，故

$$\begin{cases} \text{地下净雨} \quad R_{g,i} = R_i \\ \text{地面净雨} \quad R_{s,i} = 0 \end{cases} \tag{4-16}$$

C. 对于超渗雨时段，产流面积上的下渗按 f_c 进行，故

$$\begin{cases} \text{地下净雨} \quad R_{g,i} = \frac{R_i}{P_i - E_i} \Delta t_i f_c \\ \text{地面净雨} \quad R_{s,i} = R_i - R_{g,i} \end{cases} \tag{4-17}$$

上面讲的蓄满产流模型后来又发展为三水源产流模型，即将总净雨划分为地面径流，壤中流和地下径流三个部分，具体计算可参阅文献 [8]。

4. 初损后损法

（1）基本原理

对于干旱、半干旱地区，土壤缺水量常常很大，且降雨强度往往也比较大，土层来不及"蓄满"就开始超渗产流。其洪水过程线表现为陡涨陡落，降雨停止，洪水也很快随之结束。在这里降雨形成净雨以超渗产流为主，应按超渗产流原理计算净雨，本节介绍的初损后损法就是其中常用的方法之一。

如图 4-10 所示，图中 $i\sim t$ 为降雨过程线，$f\sim t$ 为下渗曲线。可见降雨时，不管土层是否蓄满，只要 $i>f$ 就产流。但产流量在这里只是超渗雨量（i 大过 f 的部分），所以是地面径流。至于地下产流，还应另行处理。这里的 $f\sim t$ 中还包括一些其他损失，如植物截留、填洼等，但数量不大，故一起并入 f 中考虑。

初损后损法将下渗损失过程简化为初损、后损两个阶段，如图 4-10。降雨开始到出现超渗产流，这一段称作初损阶段，历时记为 t_0。该阶段的降雨全部损失，用 I_0 表示，称初损。产流以后的降雨期为后损阶段，损失能力比初损阶段有所下降，并趋向稳定，该阶段的损失用超渗历时 t_s 内的平均下渗能力 $\bar{f}$（图中 t_s 间的水平虚线）来计算。后损阶段内 $i>\bar{f}$ 时，按 $\bar{f}$ 入渗，净雨量为 $P_i-\bar{f}\Delta t_i$；反之，$i\leqslant\bar{f}$ 时，按 i 入渗，如图中的 P'，全损失了，净雨等于零。依水量平衡原理，一场降雨所形成的净雨深可用下式计算：

$$R_s = P - I_0 - \bar{f}t_s - P' \qquad (4\text{-}18)$$

式中　P——次降雨深，mm；

　　　R_s——P 形成的地面净雨深，mm，等于地面径流深；

　　　I_0——初损，mm，包括初期下渗，植物截留、填洼等；

　　　t_s——后损阶段的超渗历时，h；

　　　$\bar{f}$——t_s 内的平均下渗能力，mm/h，称平均后损率；

　　　P'——后损阶段非超渗历时 t' 内的雨量，mm。

各场暴雨的 I_0 及 $\bar{f}$ 并不相同，应通过实测暴雨洪水资料分析它们的变化规律，然后再依设计暴雨的具体情况，结合分析的这些规律，确定相应的 I_0 及 $\bar{f}$，进一步由设计暴雨过程推算设计净雨过程。读者注意，该法所说的净雨，都指地面净雨。

（2）初损 I_0 的确定

1）由实测资料分析各场洪水的初损 I_0　流域较小时，降雨各处基本一致，出口断面洪水过程线的起涨点大体反映了产流开始的时刻。因此，如图 4-11 所示，在累积降雨过程线 $\Sigma P\sim t$ 上，起涨点 a 前的累积雨量就是初损 I_0。对于较大的流

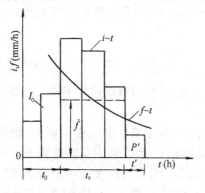

图 4-10　初损、后损示意图

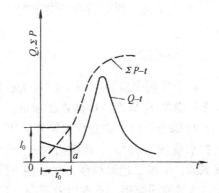

图 4-11　确定初损示意图

域，可在其中找小流域水文站，按上述方法确定 I_0。

2）综合分析 I_0 的变化规律及应用   初损 I_0 主要受以下因素影响：首先是前期流域蓄水量 W（或前期影响雨量 P_a），雨前 W 大，流域湿润，I_0 小；反之，流域干燥，I_0 大。再是降雨初期的平均雨强 i_0，i_0 大容易超渗，I_0 小；反之，I_0 大。还有季节变化的影响，月份 M 不同，土地利用情况和植被情况不同，都会引起 I_0 的不同。因此，要根据流域的具体情况，选择适当的因素，建立它们与 I_0 的关系。图 4-12 是青海省湟水部分流域 $W \sim i_0 \sim I_0$ 关系曲线，对于一次具体的暴雨，W 是已知的，i_0 因为与初损 I_0 的历时有关，需要结合降雨情况试算确定。试算方法是：首先假定一个初损 I_0，从实测的降雨过程求出初损历时 t_0，算出初损阶段平均雨强 i_0，然后由此 i_0 与已知的 W 查 $W \sim i_0 \sim I_0$ 关系曲线，若查得的 I_0 与假定的 I_0 一致，则 I_0 为要求的初损值，否则重新试算。

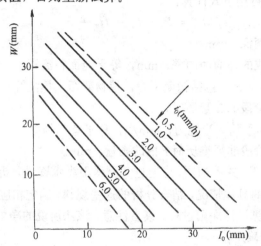

图 4-12   湟水部分流域初损关系曲线

（3）平均后损率 $\overline{f}$ 的确定

1）由实测资料分析各场洪水的 $\overline{f}$ 由式（4-18）可导出平均后损率的计算式为

$$\overline{f} = \frac{P - R_s - I_0 - P'}{t_s} \tag{4-19}$$

对于实测暴雨洪水，P, R_s, I_0 为已知，$P', t_s, \overline{f}$ 均与降雨过程有关，可类似上节求稳渗率 f_c 那样，按试算法求定。

2）综合分析 $\overline{f}$ 的变化规律及应用   影响平均后损率 $\overline{f}$ 的因素主要有：前期流域蓄水量 W（或 P_a）、超渗历时 t_s、超渗期的雨量 P_{ts} 等。W 大反映降雨开始时流域湿润，下渗已接近稳渗，故后期下渗能力较小；反之，则大。后期降雨历时愈长，入渗水量增多，下渗能力下降，$\overline{f}$ 降低；反之，t_s 短，$\overline{f}$ 会比较高。超渗期雨量 P_{ts} 大，对于一定的 t_s，则反映雨强大，地面积水多，从而导致 $\overline{f}$ 增大；反之，$\overline{f}$

减小。因此可在分析每场洪水的 $\bar{f}$，W，t_s，P_{ts} 等因素的基础上，建立反映 $\bar{f}$ 变化规律的关系图或公式，例如图 4-13 就是湟水部分流域 $\bar{f}\sim P_{ts}\sim t_s$ 关系曲线。

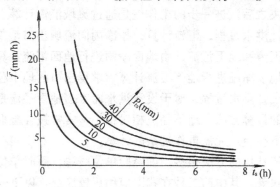

图 4-13　湟水部分流域 $\bar{f}\sim P_{ts}\sim t_s$ 关系图

对一次具体的设计暴雨求 $\bar{f}$ 时，W、I_0 和降雨过程为已知，通过试算即可确定 $\bar{f}$。例如使用 $\bar{f}\sim P_{ts}\sim t_s$ 关系确定 $\bar{f}$，可按下面的步骤：①按上面介绍的方法确定该场暴雨的 I_0；②对 I_0 后的降雨，如图 3-10，设一 $\bar{f}$，可在降雨过程线上求得 t_s 及 P_{ts}，由 t_s，P_{ts} 再在 $\bar{f}\sim P_{ts}\sim t_s$ 图上查得一个 $\bar{f}$，若与假设的相等，所设的 $\bar{f}$ 即为所求。否则，重新试算。

（4）净雨过程计算

有了初损 I_0 和平均后损率 $\bar{f}$ 的关系图之后，便可对计算的设计暴雨过程采用初损后损法推求地面净雨过程，如表 4-9 所示。由降雨开始时的 W 及降雨过程，结合 $W\sim i_0\sim I_0$ 关系图试算得 $I_0=14.8$mm，由所得的 I_0 再结合 $\bar{f}\sim P_{ts}\sim t_s$ 关系图试算，得 $\bar{f}=3.5$mm/h，从降雨开始累计至 10 时，降雨 14.8mm 为初损，列于第（3）栏。以后，如降雨强度 i 大于 3.5mm/h，则按该值计算损失；否则，$i\leqslant 3.5$mm/h，按降雨多少损失多少计算，结果列于第（4）栏。将第（2）栏降雨减（3），（4）栏损失值，得第（5）栏所示的地面净雨过程。

初损后损法推求设计净雨过程计算表 （单位：mm）　**表 4-9**

日. 时	P_i	I_0	$\bar{f}\Delta t$	$R_{s,i}$	备　注
（1）	（2）	（3）	（4）	（5）	（6）
1.07	0.0	0.0			
1.08	3.6	3.6			
1.09	4.7	4.7			$W=7.3$mm；
1.10	6.5	6.5			$i_0=4.9$mm/h；
1.11	10.3		3.5	6.8	$I_0=14.8$mm；
1.12	7.1		3.5	3.6	$P_{t,s}=29.0$mm
1.13	4.2		3.5	0.7	
1.14	3.8		3.5	0.3	
1.15	3.6		3.5	0.1	
1.16	1.9		1.9	0	
合　计	45.7	14.8	19.4	11.5	

4.3.3　设计洪水计算

设计净雨解决之后，进一步的工作就是通过流域汇流计算，将设计净雨转化为流域出口的设计洪水过程。汇流计算，按净雨向流域出口汇集的路径和特性不同，常分为地面汇流和地下汇流。由地面净雨进行地面汇流计算，求得出口的地面径流过程；由地下净雨进行地下汇流计算，求得出口的地下径流过程。二者叠加，即得推求的设计洪水过程。对于设计洪水而言，地面径流是主体，因此，主要论述地面汇流的计算方法，地下径流相对很小，常常按经验取大洪水的基流作为设计洪水的地下径流，无需再作复杂的计算。

目前流域汇流计算的方法很多，如经验单位线法，瞬时单位线法，等流时线法、地貌单位线法等，其中前二种在我国应用比较广泛，以下分别论述其计算原理和方法。

1. 经验单位线法

单位线法有很多种，这里所说的经验单位线，实际上是指 L.K. 谢尔曼最早提出的单位线法。为与用数学方程表达的瞬时单位线法相区别，常称这种单位线法为经验单位线法，或时段单位线法。该法简明易用，效果较好，在具有一定实测流量资料的流域，无论做水文预报还是求设计洪水，都得到了广泛的应用。

(1) 单位线的定义与基本假定

一个流域上，单位时段 Δt 内均匀降落单位深度（一般取10mm）的地面净雨，在流域出口断面形成的地面径流过程线，定义为单位线 $q \sim t$，如图4-14所示。

单位线时段取多长，将依流域洪水特性而定。流域大，洪水涨落比较缓慢，Δt 取得长一些；反之，Δt 要取得短一些。Δt 一般取为单位线涨洪历时 t_r 的 $1/2 \sim 1/3$，即 $\Delta t = (1/2 \sim 1/3) t_r$，以保证涨洪段有 $3 \sim 4$ 个点子控制过程线的形状。在

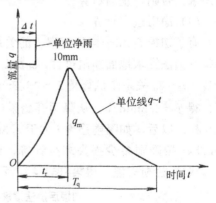

图4-14　单位线示意图

满足以上要求下，并常按1h、3h、6h、12h 选取 Δt。

由于实际净雨几乎都不正好是一个时段和一个单位深度，因此无论是由实测资料求单位线，或是用单位线求洪水过程，都必须寻求暴雨洪水与单位线间的联系，以及相互转化的原理和方法。根据大量的资料分析，近似地把这种关系概括为下面的两项基本原理，并称之为单位线的两项基本假定，即：

1) 倍比假定　如果一个流域上有两次降雨，它们的净雨历时 T_s 相同，例如都是一个单位时段 Δt，但地面净雨深不同，分别为 $R_{s,1}$，$R_{s,2}$，则它们各自在流域出口形成的地面径流过程线 $(Q \sim t)_1$、$(Q \sim t)_2$（图4-15）的洪水历时相等。即

$$T_a = T_b = T \tag{4-20}$$

并且相应流量成比例，皆等于 $R_{s,1}/R_{s,2}$，即流量与净雨呈线性关系：

$$\frac{Q_{1-1}}{Q_{2-1}} = \frac{Q_{1-2}}{Q_{2-2}} = \cdots = \frac{R_{s,1}}{R_{s,2}} \tag{4-21}$$

根据这个假定，显然，当流域实测资料中有单位时段净雨的地面径流过程时，假若就是图 4-15 中的 $(Q \sim t)_2$，那么会很容易地求得 Δt 内净雨 10mm 的单位线。即将该过程线的纵坐标值统统乘以净雨深之比 $10/R_{s,2}$，这就是所要推求的单位线；反之，若要推求单位时段 Δt 内净雨深 R_s 的地面径流过程线，那么将单位的纵坐标值统统乘以 $R_s/10$ 便可得到。

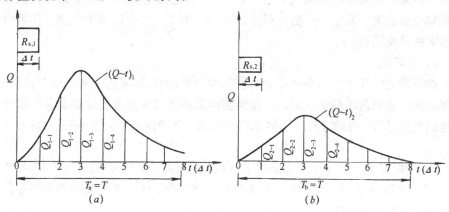

图 4-15 净雨历时相同，净雨深不同的地面径流过程线

(a) 净雨历时 Δt，净雨深 $R_{s,1}$；(b) 净雨历时 Δt，净雨深 $R_{s,2}$

2）叠加假定 若流域上有一次降雨，净雨历时不止一个单位时段，例如有两个时段，各时段的净雨深为 $R_{s,1}$，$R_{s,2}$，则该次降雨在出口形成的地面径流过程线 $Q \sim t$，如图 4-16 所示，应等于 $R_{s,1}$，$R_{s,2}$ 各自在出口形成的地面径流过程线 $(Q \sim t)_1$，$(Q \sim t)_2$ 按时程叠加，即

$$\begin{cases} Q_0 = 0 \\ Q_1 = Q_{1-1} \\ Q_2 = Q_{1-2} + Q_{2-1} \quad (4\text{-}22) \\ Q_3 = Q_{1-3} + Q_{2-2} \\ \cdots\cdots\cdots \end{cases}$$

式中，Q_0，Q_1，Q_2，…分别代表流域出口断面第 0，1，2，…时段末总的地面径流流量，Q_{1-1}，Q_{1-2}，…分别代表第一时段净 $R_{s,1}$ 产生的地面径流过程 $(Q \sim t)_1$ 在从

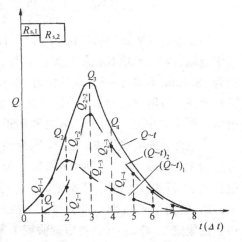

图 4-16 地面径流过程线叠加示意图

该净雨时段开始起算的第 1，2，…时段末的流量，即前一个脚标代表净雨发生时段序号，后一个脚标代表流量发生的相对时间序号，其他依此类推。例如，Q_{2-3} 是指第 2 时段净雨在从它开始起算的第 3 个时段末产生的流量。

(2) 单位线的推求

推求单位线是根据实测的流域降雨和相应的出口断面流量过程，运用单位线的两项基本假定来反求。一般用缩放法、分解法和试错优选法等。

1) 缩放法　如果流域上恰有一个单位时间段且分布均匀的净雨 R_s 所形成的一个孤立洪峰。那么，只要从这次洪水的流量过程线上割去地下径流，即可得到这一时段降雨所对应的地面径流过程线 $Q\sim t$ 和地面净雨 R_s（等于地面径流深）。利用单位线的第一假定——倍比假定，对 $Q\sim t$ 按倍比 $10/R_s$ 进行缩放，便可得到所推求的单位线 $Q\sim t$。

2) 分解法

如流域上的某次洪水系由几个时段的净雨所形成，则需用分解法求单位线。此法是利用前述的两项基本假定，先把实测的总的地面径流过程分解为各时段净雨的地面径流过程，再像缩放法那样求得单位线。下面以表 4-10 为例说明其方法步骤。

表 4-10 第（6）栏为某水文站以上流域（流域面积 $F=5253\text{km}^2$）1965 年 7 月 21 日的一次降雨过程，第（3）栏是实测的流量过程。现从这次实测的资料中分析 6h10mm 净雨的单位线。

第一步，分割地下径流，求地面径流过程及地面径流深。用该流域的地下径流标准退水曲线求得该次洪水的地面径流终止点在 24 日 06 时，按斜线分割法求得地下径流过程，列于表中第（4）栏。第（3）栏减去第（4）栏，得第（5）栏的地面径流过程 $Q\sim t$，于是可求得总的地面径流深 R_s 为

$$R_s = \frac{\Delta t \Sigma Q_i}{F} = \frac{6 \times 3600 \times 4452}{5253 \times 1000^2} \times 1000 = 18.3\text{mm}$$

第二步，求地面净雨过程。7 月 21 日的流域前期影响雨量 P_a 为 59.2mm，应用该流域的降雨地面径流相关图，由第（6）栏的降雨查得各时段的地面净雨深分别为 12.7mm 和 6.1mm，其总和为 18.8mm，比实测的 18.3mm 略有偏大，故应进行修正。即用 18.3/18.8 的比值乘以 12.7mm 和 6.1mm，得修正后的地面净雨过程，列于表中第（7）栏，其总和和正好等于实测的地面径流深。

第三步，推求单位线。首先，联合使用假定 1 和假定 2，将总的地面径流过程分解为 12.4mm（$R_{s,1}$）产生的和 5.9mm（$R_{s,2}$）产生的地面径流。总的地面径流过程从 21 日 06 时开始，依次记为 Q_0，Q_1，Q_2，…；$R_{s,1}$ 的记为 Q_{1-0}，Q_{1-1}，Q_{1-2}，…；$R_{s,2}$ 的则是从 21 日 12 时开始（错后一个时段），依次记为 Q_{2-0}，Q_{2-1}，Q_{2-2}，…。由假定 2，$Q_{1-0}=0$，再根据假定 1 判知 $Q_{2-0}=(R_{s,2}/R_{s,1})Q_{1-0}=0$。重复使用假定 2，$Q_1=29=Q_{1-1}+Q_{2-0}=Q_{1-1}+0$，即得 $Q_{1-1}=29\text{m}^3/\text{s}$；再由假定 1，$Q_{2-1}$

$= (R_{s,2}/R_{s,1}) \times Q_{1-1} = (5.9/12.4) \times 29 = 14\,\text{m}^3/\text{s}$。如此反复使用单位线的两项基本假定，便可求得第(8)、(9)栏所列的12.4mm及5.9mm净雨分别产生的地面径流过程。然后，运用假定1，对第(8)栏乘以10/12.4便可计算出单位线$q_{计}$，列于第(10)栏。该栏数值也可由第(9)栏乘10/5.9而得。

某河某站 1965 年 7 月一次洪水的单位线计算　　　　表 4-10

时　　间		实测流量	地下径流	地面径流	流域降雨	地面净雨 R_s	各时段净雨的地面径流 (m³/s)		计算的单位线 $q_{计}$	修正后的单位线 q	用单位线还原的地面径流 $Q_{还原}$
月.日.时	时段 (Δt)	(m³/s)	(m³/s)	(m³/s)	(mm)	(mm)	12.4mm	5.9mm	(m³/s)	(m³/s)	(m³/s)
(1)	(2)	(3)	(4)	(5)	(6)	(7)	(8)	(9)	(10)	(11)	(12)
7.21.06	0	80	80	0			0		0	0	0
12	1	110	81	29	32.2	12.4	29	0	23	23	29
18	2	1860	82	1778	15.7	5.9	1764	14	1423	1423	1779
22.0	3	1120	83	1037			198	839	160	338	1259
06	4	682	84	598			504	94	407	215	466
12	5	464	85	379			139	240	112	157	322
18	6	335	86	249			183	66	148	110	229
23.0	7	258	87	171			84	87	68	78	162
06	8	194	88	106			66	40	53	50	100
12	9	148	89	59			28	31	23	25	61
18	10	122	90	32			19	13	15	13	37
24.0	11	105	91	14			5	9	4	0	8
06	12	92	92	0				2			0
合　　计				4452 (合18.3mm)	47.9	18.3			2436 (合10.0mm)	2431 (合10.0mm)	4460 (合18.3mm)

第四步，对上步计算的单位线$q_{计}$检查和修正。由于单位线的两项假定并不完全符合实际等原因，上步计算的单位线有时出现不合理的现象，例如计算的单位线径流深不正好等于10mm，或单位线的纵坐标出现上下跳动(表4-10第(10)栏便是如此)，或单位线历时T_q不能满足下式的要求：

$$T_q = T - T_s + 1 \qquad (4\text{-}23)$$

式中　T_q——单位线历时(时段数)；

　　　T——洪水的地面径流历时(时段数)；

　　　T_s——地面净雨历时(时段数)。

若出现上述不合理情况，则需修正，使最后确定的单位线径流深正好等于10mm，底宽等于$(T-T_s+1)$，形状为光滑的铃形曲线，并且使用这样的单位线作还原计算，即用该单位线由地面净雨推算地面径流过程(如表4-10中第(12)栏)，与实测的地面径流过程相比, 误差最小。根据这些要求对第(10)栏计算的单位线进行检验和修正, 得第（11）栏最后确定的单位线 $q \sim t$。它的地面径流深正好等于 10mm, 底宽等于 11 个时段, 其形状如图 4-17 所示, 为光滑的铃形曲线。

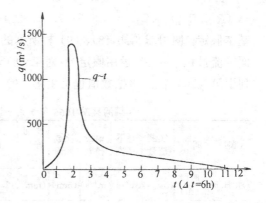

图 4-17　某水文站 1965 年 7 月一次
暴雨洪水的单位线

3）试错优选法　当地面净雨有 3 个或 3 个以上时段时, 用分解法推求单位线常因计算过程中误差累积太快, 使解算工作难以进行到底, 这种情况下比较有效的办法是改用试错优选法。

试错优选法就是先假定一条单位线, 按假定 1 计算各时段净雨的地面径流过程, 然后再按假定 2 将各时段净雨的地面径流过程按时程叠加, 得到计算的总地面径流过程, 若能与实测的地面径流过程较好地吻合, 则所设单位线即为所求。否则, 对原假设单位线予以调整, 重新试算, 直到吻合最好为止。该法应用电子计算机进行颇为方便, 正在得到更广泛的运用。

（3）单位线的时段转换

分析单位线时使用的时段, 有时不一定符合实用要求。例如降雨记录只有四段制的, 即每 6h 观测一次, 由此可分析得 6h 单位线, 但实用上则需 3h 的单位线, 这就是单位线的时段转换问题, 视情况不同而采用不同的方法, 其中最常用的是 S 曲线法。

所谓 S 曲线法, 就是流域上保持一个强度恒为 $10\text{mm}/\Delta t$ 的地面净雨, 在流域出口形成的地面径流过程线 $S(t)$, 如图 4-18 所示, 其形状很像英文字母 S, 故称 S 曲线。

由单位线原理不难证明, $S(t)$ 曲线就是单位线纵标沿时程的累积曲线, 即

$$S(t) = \sum_{j=0}^{m} q_j(\Delta t, t) \tag{4-24}$$

式中, $S(t)$ 为第 j 个时段末（$t = j\Delta t$）的纵标值。显然, 将 $S(t)$ 线向右平移时段 ΔT, 即得图 4-18 中另一 S 曲线 $S(t - \Delta T)$, 它代表错后 ΔT 开始的持续强度为 $10\text{mm}/\Delta t$ 的净雨在出口形成的地面径流过程线。由此自然会想到: $q'(t) = [S(t) - S(t - \Delta T)]$ 必为时段 ΔT 内净雨（$10\text{mm}/\Delta t$）ΔT 所形成的地面径流过程, 因此, 由单位线假定 1：

$$\frac{q(\Delta T, t)}{q'(t)} = \frac{q(\Delta T, t)}{S(t) - S(t - \Delta T)} = \frac{10}{(10/\Delta t)\Delta T}$$

便可得到时段为 ΔT 的单位线 $q(\Delta T, t)$ 的计算式：

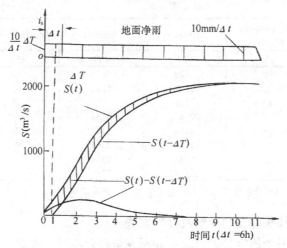

图 4-18 单位线时段转换

$$q(\Delta T, t) = \frac{\Delta t}{\Delta T}[S(t) - S(t - \Delta T)] \tag{4-25}$$

依此，即可将时段为 Δt 的单位线转换为时段为 ΔT 的单位线了。现以表 4-11 为例，进一步说明于下：表中（1）、（2）栏为 $\Delta t = 6h$ 的单位线 $q(\Delta t, t)$；第（3）栏为原单位的 $S(t)$ 曲线（图 4-18）上读取的数值；为推求 $\Delta T = 3h$ 的单位线 $q(\Delta T, t)$，现将 $S(t)$ 曲线向后平移 $3h$，得第（4）栏的 $S(t-3)$；$S(t) - S(t-3)$ 得第（5）栏，显见它是 $3h$ 净雨 $5mm$ 形成的地面径流过程；故乘以 $\Delta t / \Delta T = 2$，即得第（6）栏要推求的 $3h$ $10mm$ 单位线。

不同时段单位线转换计算表（$\Delta t = 6h$，$\Delta T = 3h$）（单位：m^3/s）　表 4-11

时　段 （$\Delta t = 6h$）	原 $6h$ 单位线 $q(\Delta t, t)$	$S(t)$	$S(t-3)$	$S(t) - S(t-3)$	$3h$ 单位线 $q(\Delta t, t)$
(1)	(2)	(3)	(4)	(5)	(6)
0	0	0		0	0
		(185)	0	185	370
1	430	430	185	245	490
		(765)	430	335	670
2	630	1060	765	295	590
		(1280)	1060	220	440
3	400	1460	1280	180	360
		(1600)	1460	140	280
4	270	1730	1600	130	260
		(1830)	1730	100	200
5	180	1910	1830	80	160
		(1980)	1910	70	140
6	118	2028	1980	48	96
		(2070)	2028	42	84

续表

时 段 ($\Delta t = 6h$)	原 $6h$ 单位线 $q(\Delta t, t)$	$S(t)$	$S(t-3)$	$S(t)-S(t-3)$	$3h$ 单位线 $q(\Delta t, t)$
(1)	(2)	(3)	(4)	(5)	(6)
7	70	2098	2070	28	56
		(2120)	2098	22	44
8	40	2138	2120	18	36
		(2147)	2138	9	18
9	16	2154	2147	7	14
		(2154)	2154	0	0
10	0	2154	2154		
		(2154)	2154		

注：第 (3) 栏括号中的数字为 $S(t)$ 曲线按 $\Delta t = 3h$ 插值求得。

（4）单位线法存在的问题及处理方法

单位线的两个假定是近似的，并不完全符合实际。因此，一个流域上各次洪水分析的单位线常常有些不同，有时差别还比较大。那么，在洪水预报或推求设计洪水时，到底该选哪条单位线呢？为解决这一问题，必须分析单位线存在差别的原因并采取妥善的处理办法。

1）净雨强度对单位线的影响及处理方法　理论和实践表明，其他条件相同时，净雨强度越大，流域汇流速度越快，用这样的洪水分析出来的单位线的洪峰比较高，峰现时间也提前；反之，由净雨强度小的中小洪水分析单位线，洪峰低，峰现时间也要滞后，如图 4-19（a）所示。针对这一问题，目前的处理方法是：分析出不同净雨强度的单位线，并研究单位线与净雨强度的关系。进行预报或推求设计洪水时，可根据具体的净雨强度选用相应的单位线。

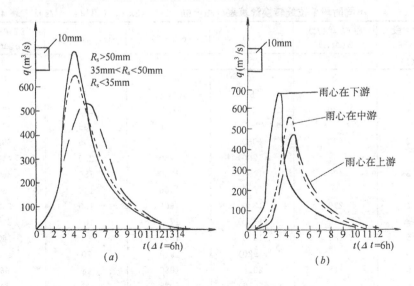

图 4-19　单位线受地面净雨强度及暴雨中心位置影响
（a）受地面净雨强度影响；（b）受暴雨中心位置影响

2）净雨地区分布不均匀的影响及处理方法　同一流域，净雨在流域上的平均强度相同，但当暴雨中心靠近下游时，汇流途径短，河网对洪水的调蓄作用减少，从而使单位线的峰偏高，出现时间提前；相反，暴雨中心在上游时，大多数的雨水要经过各级河道的调蓄才流到出口，这样使单位线的峰较低，出现时间推迟，如图 4-19（b）所示。针对这种情况，应当分析出不同暴雨中心位置的单位线，以便洪水预报和推求设计洪水时，根据暴雨中心的位置选用相应的单位线。

当一个流域的净雨强度和暴雨中心位置对单位线都有明显影响时，则要对每一暴雨中心位置分析出不同净雨强度的单位线，以便将来使用时能同时考虑这两方面的影响。

以上是单位线法的两个主要问题及处理方法。除此之外，也可能还会遇到其他问题，例如暴雨移动路线的影响，则应分析其影响程度和原因，采取相应的对策。

（5）应用单位线推求设计洪水过程

应用单位线推求设计洪水过程的原理，仍然是单位线的基本概念和两项基本假定，现结合表 4-12 的示例，说明其计算步骤如下：①根据第（2）栏流域的设计暴雨（$P=2\%$）用初损后损法推算设计地面净雨过程，列于该表第（3）栏。②根据设计暴雨和净雨的情况选择相应的单位线，列于表中第（4）栏。③按照假定1，用单位线求各时段净雨的地面径流过程，结果列于表中第（5）、（6）栏。④按假定2将第（5）、（6）栏的同时刻流量叠加，得总的地面径流过程，列于第（7）栏。⑤该站的地下径流比较稳定，且量不大，近似取较大洪水的基流流量70m³/s作为设计洪水期间的地下径流，列于表中第（8）栏。⑥将（7）、（8）栏的地面、地下径流过程叠加，得第（9）栏要推求的设计洪水过程。

某河某站用单位线法由设计暴雨推求设计洪水过程（$P=2\%$）　　表 4-12

时段 $\Delta t=6h$	设计暴雨 P (mm)	设计地面净雨 $R_{s,t}$(mm)	选用单位线 q(m³/s)	各时段净雨的地面径流过程(m³/s)		总的地面径流过程 Q_s(m³/s)	地下径流过程 Q_g(m³/s)	设计洪水过程 Q(m³/s)
				37.0mm 的	10.3mm 的			
(1)	(2)	(3)	(4)	(5)	(6)	(7)	(8)	(9)
0	43.6	37.0	0	0		0	70	70
1	13.3	10.3	23	85	0	85	70	155
2	2.8	0	1423	5265	24	5289	70	5359
3			338	1251	1466	2717	70	2787
4			215	796	348	1144	70	1214
5			157	581	221	802	70	872
6			110	407	162	569	70	639
7			78	289	113	402	70	472
8			50	185	80	265	70	335
9			25	93	52	145	70	215
10			13	48	26	74	70	144
11					13	13	70	83
12					0	0	70	70
合计	59.7	47.3	2432	9000	2505	11505	910	12415

2. 瞬时单位线法

1945 年 C.O. 克拉克提出瞬时单位线的概念之后，1957 年及 1960 年 J.E. 纳希进一步推导出瞬时单位线的数学方程，用矩法确定其中的参数，并提出时段转换等一整套方法，从而发展了 L.K. 谢尔曼所提出的单位线法。目前纳希瞬时单位线法在我国已得到比较广泛的应用，下面介绍的就是这种瞬时单位线法。

所谓瞬时单位线，就是在瞬时（无限小）的时段内，流域上降一个单位的地面净雨（水量）在出口断面形成的地面径流过程线，通常以 $u(0,t)$ 或 $u(t)$ 表示。由于瞬时单位线是时段单位线的时段 Δt 趋近于零的单位线，故前面讲的单位线的基本假定也都适用。

将瞬时单位线转换为任一时段的单位线，是借助 S 曲线来实现的。有了时段单位线，便可用与上面相同的方法由净雨推求洪水。故这里要进一步介绍的内容主要是：瞬时单位线的基本概念、瞬时单位线如何转换为时段单位线、以及如何由实测资料确定瞬时单位线参数 n、K 等。

（1）瞬时单位线的基本概念

J.E. 纳希设想流域的汇流作用可由串联的 n 个相同的线性水库的调蓄作用来代替，那么，流域出口断面的流量过程便是流域净雨经过这些水库调蓄后的出流过程。根据这个设想，导出瞬时单位线的数学方程为

$$u(0,t) = \frac{1}{K\,\Gamma\,(n)} \left(\frac{t}{K} \right)^{n-1} e^{-\frac{t}{K}} \tag{4-26}$$

式中　n——线性水库的个数；

$\quad\Gamma\,(n)$——n 的嘎玛函数；

$\qquad K$——线性水库的调蓄系数，具有时间因次；

$\qquad e$——自然对数的底。

式 (4-26) 中仅有两个参数 n、K，当 n、K 一定时，便可由该式绘出瞬时单位线 u $(0,t)$，如图 4-20 所示。它表示流域上在瞬时（$\Delta t \to 0$）降 1 个水量的净雨于出口断面形成的流量过程线。其横坐标代表时间 t，具有时间的因次，例如 h；纵坐标代表流量，具有抽象的单位 $1/dt$。u $(0,t)$ 下的面积，按水量平衡原理自然应等于 1 个水量。

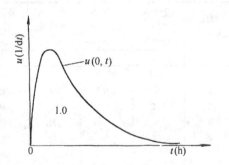

图 4-20　瞬时单位线示意图

分析方程 (4-26) 可以看出，纳希瞬时单位线两个参数 n 和 K 对 u $(0,t)$ 形状的影响是很相似的，它们减小时，u $(0,t)$ 的洪峰增高，峰现时间提前；反之，它们增大时，u $(0,t)$ 的峰减低，峰现时间推后，掌握这一规律，对推求和使用瞬时单位线都是很有意义的。n、K 一经确定之后，就会很容易地求得 u $(0,t)$ 及

其相应的时段单位线。由于 $u(0, t)$ 仅有两个参数即 n 和 K，便于进行单站和地区综合，故在缺乏资料的小流域设计洪水计算中应用较为普遍。

(2) 瞬时单位线转换为时段单位线

汇流计算和由实测暴雨洪水资料优选 n、K，都要求把瞬时单位线转换为时段单位线。实现这种转换，一般采用 S 曲线法。

类似时段单位线求 S 曲线，将瞬时单位线积分即得如图 4-21 (a) 中的 $S(t)$ 线，即

$$S(t) = \int_s^t u(0, t)\mathrm{d}t = \frac{1}{\Gamma(n)} \int_0^{t/K} \left(\frac{t}{K}\right)^{n-1} e^{-\frac{t}{K}} d\left(\frac{t}{K}\right) \tag{4-27}$$

$S(t)$ 的最大值 $S(t)_{\max}$ 为

$$S(t)_{\max} = \int_0^\infty u(0, t)d = 1 \tag{4-28}$$

当 n、K 已知时，瞬时单位线的 S 曲线可用积分的方法求出。但为实用上的方便，已根据式 (4-27) 制成了以 n、t/K 为参数的 S 曲线查用表 (附表 2)，根据 n、K 便能由该表迅速绘制出 S 曲线。

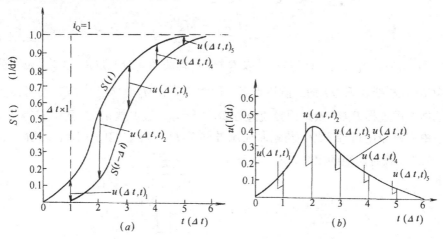

图 4-21 瞬时单位线的 S 曲线及时段单元过程线

(a) S 曲线；(b) 时段单元过程线 $u(\Delta t, t)$

如图 (4-21) (a)，如果把以 $t = 0$ 为始点的 S 曲线 $S(t)$ 错后一个时段 Δt 向右平移，就可得到始点为 $t = 1\Delta t$ 的另一条 S 曲线 $S(t - \Delta t)$，这两条 S 曲线间纵坐标的差值为

$$u(\Delta t, t) = S(t) - S(t - \Delta t) \tag{4-29}$$

它代表 Δt 内流域上以净雨强度 $i_Q = 1$ 落下的水量 ($\Delta t i_Q = \Delta t \times 1$) 在出口形成的流量过程线，称时段单元过程线。于是很容易根据单位线的倍比假定由此求得时

段单位线。我们要推求的时段单位线，是 Δt 内流域上降净雨 10mm 的水量（$10 \times F$）在出口形成的地面径流过程线 $q(\Delta t, t)$，如图 4-14，于是由倍比假定：

$$\frac{q(\Delta t, t)}{u(\Delta t, t)} = \frac{10F}{\Delta t \times 1}$$

可得由瞬时单位线推求时段单位线的公式为：

$$q(\Delta t, t) = \frac{10F}{\Delta t} u(\Delta t, t) \tag{4-30}$$

当单位线的流量 $q(\Delta t, t)$ 以 m^3/s 计，净雨时段 Δt 以 h 计，流域面积 F 以 km^2 计时，上式变为

$$q(\Delta t, t) = \frac{10F}{3.6\Delta t} u(\Delta t, t) = \frac{10F}{3.6\Delta t} [S(t) - S(t - \Delta t)] \tag{4-31}$$

（3）由实测雨洪资料确定参数 n、K

纳希利用统计数学中矩法概念，推导出由实测的地面净雨过程 $R_s(t)$ 和出口断面地面径流过程 $Q(t)$ 确定 n、K 的公式：

$$K = \frac{M_Q^{(2)} - M_{R_s}^{(2)}}{M_Q^{(1)} - M_{R_s}^{(1)}} - \left(M_Q^{(1)} + M_{R_s}^{(1)} \right) \tag{4-32}$$

$$n = \frac{M_Q^{(1)} - M_{R_s}^{(1)}}{K} \tag{4-33}$$

式中 $M_Q^{(1)}$、$M_{R_s}^{(1)}$ 分别为 $Q(t)$ 过程线及 $R_s(t)$ 过程线的一阶原点矩；$M_Q^{(2)}$、$M_{R_s}^{(2)}$ 分别为 $Q(t)$ 过程线及 $R_s(t)$ 的二阶原点矩，因为 $M_{R_s}^{(1)}$、$M_{R_s}^{(2)}$、$M_Q^{(1)}$、$M_Q^{(2)}$ 均可由实测的地面净雨过程 $R_s(t)$ 及地面径流过程 $Q(t)$ 计算，故参数 n、K 可以求得。

由实测净雨过程 $R_s(t)$ 及地面径流过程 $Q(t)$ 计算它们的一阶和二阶原点矩（图 4-22），按各阶矩的定义，其计算公式如下：

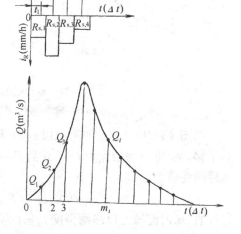

$$M_{R_s}^{(1)} = \frac{\Sigma R_{s,i} t_i}{\Sigma R_{s,i}} \tag{4-34a}$$

$$M_{R_s}^{(2)} = \frac{\Sigma R_{s,i} t_i^2}{\Sigma R_{s,i}} \tag{4-34b}$$

$$M_Q^{(1)} = \frac{\Sigma Q_i m_i}{\Sigma Q_i} \Delta t \tag{4-34c}$$

$$M_Q^{(2)} = \frac{\Sigma Q_i m_i^2}{\Sigma Q_i} (\Delta t)^2 \tag{4-34d}$$

式中 t_i 为自起点至 m_i 个时段 Δt 中点的时间；m_i 为时段序号，$m_i = 1$，2，……，直到地面径流终止；$R_{s,i}$ 为第 m_i 个时段的地面净雨深；Q_i 为第 m_i 时段末的流量。

图 4-22　矩值计算示意图

上面计算的 n、K 并非最后成果,还需用他们推求时段单位线和进行洪水还原计算,逐步调整 n、K,直至还原洪水与实测洪水吻合,峰和峰现时间的误差小于允许的误差,此时的 n、K 才是最后的成果。

(4) 瞬时单位线参数的非线性问题

许多地区的经验表明,一个流域的 n 值比较稳定,可取为常数。瞬时单位线的一阶原点矩 $m_1(=nK)$ 则与平均净雨强度 $\bar{i}_s$ 有比较好的非线性关系,即

$$m_1 = a(\bar{i}_s)^{-\lambda} \tag{4-35}$$

式中　m_1——瞬时单位线 $u(0,t)$ 的一阶原点矩,h;

　　　$\bar{i}_s$——平均地面净雨强度,mm/h;

a、λ——反映流域特征的系数和非线性指数,对于固定的流域均可取为常数,通过 m_1 与 $\bar{i}_s$ 的相关分析求得。

对于一个流域,有了上述关系之后,便可根据设计净雨强度 $\bar{i}_s$,按上式求得 m_1,进而由下式

$$K = \frac{m_1}{n} \tag{4-36}$$

求得 K 值。但必须注意,当 $\bar{i}_s$ 超过某一临界值后,m_1 即趋于稳定,不再随 $\bar{i}_s$ 的增加而增加。

§4.4　小流域设计洪水计算

小流域通常指集水面积不超过数百平方公里的小河小溪,但并无明确限制。小流域设计洪水计算,与大中流域的相比,有许多特点,并且广泛应用于铁路、公路的小桥涵、中小型水利工程、农田、城市及厂矿排水等工程的规划设计中,因此水文学上常常作为一个专门的问题进行研究。小流域设计洪水计算的主要特点是:

(1) 绝大多数小流域都没有水文站,即缺乏实测径流资料,甚至降雨资料也没有。因此,本节所讨论的方法基本上是针对无水文资料的情况。

(2) 小流域面积小,自然地理条件趋于单一,拟定计算方法时,允许作适当的简化,即允许作出一些概化的假定。例如假定短历时的设计暴雨时空分布均匀。

(3) 小流域分布广、数量多。因此,所拟定的计算方法,在基本保持精度的前提下,将力求简便,一般借助水文手册即可完成。

建国后,随着城镇、交通、中小型水利工程的蓬勃发展,在吸收国外先进经验的基础上,对小流域设计洪水计算方法进行了广泛的研究和实践,积累了丰富的经验,逐步形成了具有我国特色的一整套方法。这些方法概括起来有 4 种:推理公式法、地区经验公式法、历史洪水调查分析法和综合单位线法。其中应用最广泛的是推理公式法和综合瞬时单位线法,将重点介绍。他们的思路都是以暴雨

形成洪水过程的理论为基础，并按设计暴雨→设计净雨→设计洪水的顺序进行计算。

4.4.1　小流域设计暴雨的计算

针对小流域水文资料缺乏的特点，设计暴雨推求常采用以下步骤：①按省（自治区、直辖市和铁路、公路设计院等）水文手册（包括有关的水文图集，如《暴雨径流查算图表》）中绘制的暴雨参数等值线图，查算出统计历时的流域设计雨量，如24h设计暴雨量等；②将统计历时的设计雨量通过暴雨公式转化为任一历时的设计雨量；③按分区概化雨型或移用的暴雨典型同频率控制放大，得设计暴雨过程。

1. 统计历时的设计暴雨计算

为适应小流域洪水计算的要求，我国各省区的水利部门通过对各雨量站资料的大量统计分析，求出各站各种统计历时暴雨的统计参数，并考虑地形、气候等因素的影响，经过区域上的综合平衡和合理性分析，对每种统计历时绘出点雨量均值和C_v的等值线图，并定出分区的C_s/C_v值。例如湖北省1986年印发的《暴雨径流查算图表》中，就提供了7d、3d、24h、6h、1h及10min的暴雨参数等值线图，C_s/C_v值全省统一用3.5。据此，便可由设计流域中心点位置查出那里的某统计历时暴雨的均值、C_v及C_s/C_v，进而求得该统计历时的设计频率的雨量。

2. 用暴雨公式计算任一历时的设计雨量

上面推求的是一些固定历时的设计雨量，而设计洪水计算，如推理公式法，还要求给出任一历时的设计雨量。为解决这一问题，则需根据自记雨量计记录研究暴雨强度（或雨量）随历时的变化规律。大量资料的统计成果表明：这种规律一般可用指数方程来表达，它反映一定频率情况下所取历时的平均降雨强度$\bar{i}_T$与T的关系，称为短历时暴雨公式。暴雨公式最常见的形式为

$$\bar{i}_{TP} = \frac{S_p}{T^n} \tag{4-37}$$

式中　　T——暴雨历时，h；

$\bar{i}_{TP}$——历时为T、频率为P的最大平均降雨强度，mm/h，如图4-23所示；

S_p——$T=1.0h$的最大平均降雨强度，与设计频率p有关；称雨力，mm/h；

n——暴雨衰减指数。

暴雨衰减指数n与历时长短有关，随地区而变化。根据自记雨量资料分析，大多数地区n在$T=1h$的前后发生变化，$T<1h$为n_0，$1\sim24h$为n_2。n_0、n_2各地不同，各省（自治区、直辖市）已根据每个站所分析的n_0、n_2绘成了等值线图或分区查算图，也载于水文手册中，供无资料流域查用。

雨力S_p与设计频率p有关，可由该站的设计24h雨量P_{24}推求。因为任一历时T的设计雨量P_{TP}为

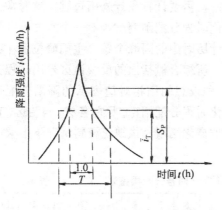 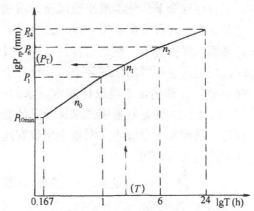

图 4-23 某站设计暴雨过程线示意图　图 4-24 湖北省图解法求任一历时雨量 P_{Tp}

$$P_{Tp} = \bar{i}_{Tp}T = S_pT^{1-n} \tag{4-38}$$

当 $T=24\text{h}$ 时，$P_{Tp}=P_{24p}$，$n=n_2$，代入上式，得

$$S_p = P_{24p} \times 24^{n_2-1} \tag{4-39}$$

有了 S_p 和 n（n_0 或 n_2），显然会很容易地按式（4-37）及式（4-38）求得设计所需的任一历时的最大平均降雨强度 $\bar{i}_{TP}$ 和雨量 P_{TP}。

有很多省区将该省许多自记雨量记录，以 $\lg P_{TP}$ 为纵坐标，$\lg T$ 为横坐标点图，发现除在 1.0h 的地方有明显转折外，在 6h 附近也有明显转折，因此，采取逐段控制的方法求任一历时的设计暴雨，如图 4-24 所示。即对设计地点，按第一步所讲的方法求统计历时为 10min、1h、6h、24h 的设计雨量 $P_{10\text{min}}$、P_1、P_6、P_{24}，对应地点绘在双对数纸上（图4-24），连成一条连续的折线，从而查取任一历时 T 的设计雨量 P_{Tp}。也可采用计算法推求。

暴雨公式除式（4-37）的形式之外，常见的还有

$$\bar{i}_{Tp} = \frac{S_{dp}}{(T+d)^{n_d}} \tag{4-40}$$

式中　S_{dp}——为 $T+d=1\text{h}$ 时的最大平均降雨强度，mm/h，随频率 p 变化；

　　　n_d——暴雨衰减指数；

　　　d——经验常数，h。

上式的优点是，不会因 $T\to0$ 时使 $\bar{i}_{TP}\to\infty$；再是 n_d 在 0～24h 间为一常数，不随历时变化。

3. 设计面雨量计算

按上述方法所求得的设计流域中心点的各种历时的点暴雨量，需要转换成流域平均暴雨量，即面暴雨量。各省（自治区、直辖市）的水文手册中，刊有不同历时暴雨的点面关系图或点面关系表，可供查用。

4. 设计暴雨的时程分配

在用综合单位线推求小流域设计洪水中，需要计算设计暴雨过程。这时常采用分区概化时程分配雨型来推求。分区概化时程分配雨型就是对一个水文分区的许多实测暴雨过程，按暴雨特性，例如设计历时中的雨峰个数、主雨峰位置、各时段雨量占总雨量的比例等进行统计分析，所综合概括出的反映该区暴雨时程分配主要特征和满足工程设计基本要求的一种设想的用相对值表示的降雨分配过程。如表 4-13 便是某省第二水文分区的概化时程分配雨型。目前各省（自治区、直辖市）的水文手册或水文图集中均载有此类概化雨型，供缺乏资料情况下推求设计暴雨过程时使用。

某省第二水文分区 24h 暴雨概化时程分配雨型表　　　　　　表 4-13

时段（$\Delta t=1h$）		1	2	3	4	5	6	7	8	9	10	11	12	13
各种历时位置及时段分配（%）	P_1									100				
	P_3-P_1								38		62			
	P_6-P_3											52	33	15
	$P_{24}-P_6$	0	0	0	4	5	5	7						

时段（$\Delta t=1h$）		14	15	16	17	18	19	20	21	22	23	24	合　计
各种历时位置及时段分配（%）	P_1												100
	P_3-P_1												100
	P_6-P_3												100
	$P_{24}-P_6$	12	17	9	12	5	5	5	5	5	0	0	100

【例 4-4】　鱼龙溪流域位于某省第二水文分区，拟在此建一桥涵，需利用综合瞬时单位线法推求 $p=1\%$ 的设计洪水。为此，应先推求 $p=1\%$ 的设计暴雨过程。

1. 计算 1、6、24h 流域设计雨量

根据该流域中心点位置查该省水文手册得各种历时暴雨的统计参数 $\overline{P}_T$、C_v、C_s/C_v，列于表 4-14 中。由 C_v、C_s/C_v 及 p 查皮尔逊Ⅲ型曲线 Φ 值表，得各种历时暴雨的 Φ_p，代入式 $P_{Tp}=（1+\Phi_p C_v）\overline{P}_T$，算得 1、6、24h 的设计点雨量分别为 95.6、176.8、291.0mm。

鱼龙溪流域中心点各种历时暴雨的统计参数　　　　　　表 4-14

历　时 T（h）	雨量均值 $\overline{P}_T$（mm）	C_v	C_s/C_v
1	40	0.42	3.5
6	68	0.47	3.5
24	100	0.54	3.5

该流域的面积为 451.4km²，查水文手册得各种历时的点面折减系数为 $a_1=0.684$，$a_6=0.754$，$a_{24}=0.814$。折算后各种历时的设计暴雨量（面雨量）为

1h 设计雨量　$P_{1p}=0.684\times95.6=65.4$mm

6h 设计雨量　$P_{6p}=0.754\times176.8=133.3$mm

24h 设计雨量　$P_{24p}=0.814\times291=236.9$mm

（2）计算 3h 设计面雨量

由 1h 和 6h 设计雨量内插，求得设计 3h 雨量 $P_{3p}=101.2$mm。

（3）计算设计暴雨过程

将上面所得各种历时的设计暴雨量 P_{1p}、P_{3p}、P_{6p}、P_{24p} 分别按表 4-13 中的概化雨型进行分配，得表 4-15 所示的设计暴雨过程。

鱼龙溪 $p=1\%$ 的设计面暴雨过程　　表 4-15

时　间（h）	1	2	3	4	5	6	7	8	9	10	11	12	13
设计雨量（mm）	0	0	0	4.1	5.2	5.2	7.3	13.6	65.4	22.2	16.7	10.6	4.8

时　间（h）	14	15	16	17	18	19	20	21	22	23	24	合　计
设计雨量（mm）	12.4	17.6	9.3	12.4	5.2	5.2	9.3	5.2	5.2	0	0	236.9

4.4.2　推理公式法计算设计洪峰流量

推理公式法是基于暴雨形成洪水的基本原理推求设计洪水的一种方法。该法已有一百多年的历史，至今仍在国内外广泛应用。由于各国各部门建立推理公式时，采用的暴雨公式、扣损方法、汇流公式和解算方法等有所不同，使各家公式有所差异。在我国，最典型的是水利水电部门的，铁道部四个勘测设计院的方法基本上也属此类，但还不统一。以下首先讲述前者，然后再就铁道部第三勘测设计院的方法扼要介绍，供读者分析比较。

1. 推理公式法的基本原理

图 4-25 表示一个小流域，L 代表流域汇流的最大流程长度，为自出口断面 B 沿主河道至分水岭最远点 A 的长度。净雨沿 L 从 A 流到 B 的时间为流域汇流时间 τ。由于小流域面积小，流域汇流时间短，因此近似假定：τ 历时内的净雨时空分布均匀，净雨强度可由平均净雨强度 $\bar{i}_{s,\tau}$（$=R_{s,\tau}/\tau$）来代表。据此，可由等流时线的概念导出推理公式的基本形式。流域上各点净雨流到出口的时间称各点的汇流时间，汇流时间相等的点的连线称等流时线，如图 4-25 上的 τ_i 线和 τ_i+T_B 线，前者的汇流时间为 τ_i，后者的汇流

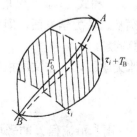

图 4-25　小流域及部分汇流造峰的最大等流时面积示意图

时间为 $\tau_i + T_B$，二者的汇流时间相差 T_B。从图上可以看出，汇流时间相差 T_B 的二条等流时线包围的最大面积为 F_0，称最大等流时面积。等流时面积与净雨相结合，便可分别按全面汇流造峰和部分汇流造峰写出洪峰流量的计算公式。

当净雨历时 $T_B \geqslant \tau$ 时，τ 时段内持续不断的时空分布均匀的净雨，从初始时由 A 流向 B 的过程中，将不断汇集整个流域上的净雨，在 τ 时段末时形成最大洪峰流量，称全面汇流造峰，其计算式为

$$Q_m = 0.278 \frac{R_{s,\tau}}{\tau} F \tag{4-41}$$

式中　Q_m——流域出口断面的洪峰流量，m^3/s；

　　　τ——流域汇流时间，h；

　　　$R_{s,\tau}$——τ 历时内地面净雨深，mm；

　　0.278——单位换算系数。

当 $T_B < \tau$ 时，由图 4-25 知，将是 T_B 时间内的净雨 R_B 在相应的最大等流时面积 F_0 上汇集形成洪峰流量，称部分汇流造峰，其计算式为

$$Q_m = 0.278 \frac{R_B}{T_B} F_0 \tag{4-42}$$

式中　R_B——净雨历时 T_B 内的地面净雨深，mm；

　　R_B/T_B——T_B 时间内的平均净雨强度，mm/h；

　　　F_0——T_B 间的最大等流时面积，km^2，即图 4-25 中所示的阴影部分。

F_0 的大小，与流域形状、汇流速度、T_B 等因素有关，作者（1965）和中科院地理所（1978）曾提出用等流时线的概念计算 F_0[10][11]，但详细计算比较复杂。水利水电科学研究院水文研究所为简化计算，近似假定流域最大等流时面积 F_0 的关系可概化为线性关系，即

$$F_0 = \frac{F}{\tau} T_B \tag{4-43}$$

代入式（4-42），可得在部分汇流情况下计算洪峰流量的简化公式为

$$Q_m = 0.278 \frac{R_B}{\tau} F \tag{4-44}$$

式（4-41）和式（4-44）仅是从水量平衡的观点研究洪峰流量的形成。除此之外，还必须从水动力学方面，即水流速的快慢上考虑，以解决式中的流域汇流时间 τ 的计算问题。

根据水力学原理，水文所推荐山丘区流域沿程的平均汇流速度可近似用下式计算：

$$V = mJ^{1/3}Q_m^{1/4} \tag{4-45}$$

式中　V——雨水沿流程 L 的平均汇流速度，m/s；

　　　Q_m——出口断面的洪峰流量，m^3/s；

　　　J——沿 L 的平均坡降，按式（2-1）计算，以小数计；

m——汇流参数，与流域和河道情况等条件有关。

于是可以得到流域汇流时间 τ 的计算式为

$$\tau = 0.278 \frac{L}{V} = \frac{0.278L}{mJ^{1/3}Q_m^{1/4}} \qquad (4\text{-}46)$$

式中 τ、L 的单位分别为 h 及 km，其他符号意义及单位同前。

式（4-41）、式（4-44）和式（4-46）中，F、L、J 在流域地形图上量取，对于设计情况，T_B、R_B、$R_{s,\tau}$ 按下面要讲的方法由设计暴雨和损失计算。因此，当 m 确定之后，联解这组方程

$$Q_m = \begin{cases} 0.278 \dfrac{R_{s,\tau}}{\tau}F, & T_B \geqslant \tau \qquad (4\text{-}41) \\[3mm] 0.278 \dfrac{R_B}{\tau}F, & T_B < \tau \qquad (4\text{-}44) \end{cases}$$

$$\tau = \frac{0.278L}{mJ^{1/3}Q_m^{1/4}} \qquad (4\text{-}46)$$

便可求得设计洪峰流量 Q_p，即 Q_m，及相应的流域汇流时间 τ。

2. 某历时设计地面净雨深及平均净雨强度的计算

目前我国采用推理公式法计算设计洪峰流量时，多采用损失参数 μ 推求地面净雨。这里所说的损失参数 μ，如图 4-26 是指超渗期 T_B（降雨强度 i 大于损失率 μ 的历时）内的平均损失强度，其概念与 §4.3 所讲的后期平均损失率 $\bar{f}$ 基本上是一致的，只是这里不再另外考虑初损而已。图中 $i \sim t$ 代表瞬时降雨强度过程线，μ 代表超渗期的损失过程。在 $i \leqslant$

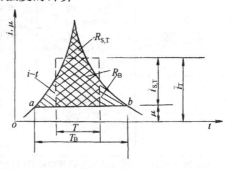

图 4-26 损失参数法求地面净雨

μ 的时期内，降雨全耗于损失，不产生地面净雨；在 $i > \mu$ 的时期（T_B）内，损失按 μ 进行，$(i-\mu)$ 超渗的雨量（图中阴影部分）形成地面净雨。$i \geqslant \mu$ 的持续时间称净雨历时 T_B，其间的净雨量为本次降雨产生的总的地面净雨深 R_B，当所取 $T < T_B$ 时，地面净雨深 $R_{s,T}$ 随历时 T 增加而增加；反之，当 $T \geqslant T_B$ 以后，$R_{s,T} \equiv R_B$，不随历时增加而增加。以上分析可知：当设计暴雨和 μ 确定之后，将不难求得任一历时的地面净雨深 $R_{s,T}$，及平均净雨强度 $\bar{i}_{s,T}$。

（1）损失参数 μ 的确定

μ 主要反映 T_B 时间内的下渗能力，其大小与土壤透水性、地区的植被情况、前期影响雨量、本次降雨的大小及分配情况等有关。因此，不同地区其数值不同，且变化较大。各省区和铁路公路等部门的水文机构为解决这一问题，分析了大量的暴雨洪水资料，提出了各自的方法。例如江西、福建、安徽等省的水利部门，都是先

建立单站 μ 与前期影响雨量 P_a 的关系，由设计的 P_a 值查取 μ 值。但为了安全，假定设计暴雨时 P_a 达最大值 W_m，依此取各站的 μ 值作地区综合，得全省各地区在设计条件应当采用的 μ 值。福建省在做综合时，由于全省各地的 μ 相差不大，因此建议设计条件下全省采用 $\mu = 3.5\text{mm/h}$。江西省在进行综合时，把全省分为 4 个区，设计条件下每区取一个相同的 μ，全省 μ 值的范围为 $1.0 \sim 2.0\text{mm/h}$。水利水电科学研究院水文所则主张由暴雨径流相关图查取的 $R_{S,T}$，再反求 μ，其计算式为

$$\mu = (1 - n_2)n_2^{\frac{n_2}{1-n_2}}\left(\frac{Sp}{R_{S,T}^{n_2}}\right)^{\frac{1}{1-n_2}} \tag{4-47}$$

当设计流域或地区没有暴雨径流相关图时，他们建议应用综合分析的 24h 暴雨径流系数 α 值表（表 4-16），根据地类和土壤类别查取 α，乘以设计 24h 暴雨 $P_{24,P}$，得 $R_{S,T}$，代入式（4-47）求得损失参数 μ。

降雨历时等于 24h 的径流系数 α 值 表 4-16

地　　类	P_{24} (mm)	土　　壤		
		粘土壤	壤土类	沙壤土类
山　区	$100 \sim 200$	$0.65 \sim 0.8$	$0.55 \sim 0.7$	$0.4 \sim 0.6$
	$200 \sim 300$	$0.8 \sim 0.85$	$0.7 \sim 0.75$	$0.6 \sim 0.7$
	$300 \sim 400$	$0.85 \sim 0.9$	$0.75 \sim 0.8$	$0.7 \sim 0.75$
	$400 \sim 500$	$0.9 \sim 0.95$	$0.8 \sim 0.85$	$0.75 \sim 0.8$
	500 以上	0.95 以上	0.85 以上	0.8 以上
丘陵区	$100 \sim 200$	$0.6 \sim 0.75$	$0.3 \sim 0.55$	$0.15 \sim 0.35$
	$200 \sim 300$	$0.75 \sim 0.8$	$0.55 \sim 0.65$	$0.35 \sim 0.5$
	$300 \sim 400$	$0.8 \sim 0.85$	$0.65 \sim 0.7$	$0.5 \sim 0.6$
	$400 \sim 500$	$0.85 \sim 0.9$	$0.7 \sim 0.75$	$0.6 \sim 0.7$
	500 以上	0.9 以上	0.75 以上	0.7 以上

注：壤土相当于工程地质勘察规范中的粉质粘土；沙壤土相当于亚砂土。

(2) 计算某历时的地面净雨

当设计暴雨用暴雨公式 $i_{Tp} = S_p/T^n$ 表达时，可以把设计暴雨瞬时强度 i 随时间 t 的变化过程近似设想为图 4-26 的形状。那么，从图中容易看出：瞬时降雨强度 i 等于 μ 是产生地面净雨和不产生地面净雨的分界点（a 和 b）。于是，可解得净雨历时 T_B、总的地面净雨深 R_B 及任一历时 T 的地面净雨深 $R_{S,T}$。

1) 地面净雨历时 T_B 的计算　由式（4-38）可得历时等于 T 时暴雨过程线上的瞬时降雨强度为

$$i = \frac{d}{dT}P_{Tp} = \frac{d}{dT}(S_pT^{1-n}) = (1 - n)S_pT^{1-n}$$

当 $i = \mu$ 时，上式中 $T = T_B$，由此导得

$$T_B = \left[(1 - n)\frac{S_p}{\mu}\right]^{1/n} \tag{4-48}$$

2）总地面净雨深 R_B 的计算　从图 4-26 还可以看出总地面净雨深为

$$R_B = (\bar{i}_{T_B} - \mu)T_B = S_p T_B^{1-n} - \mu T_B \tag{4-49}$$

3）历时 T 的地面净雨深 $R_{S,T}$ 及平均净雨强度 $\bar{i}_{S,T}$ 的计算　由图 4-26 知，$T < T_B$ 时，$R_{S,T}$ 随 T 增大而增大，到 $T \geqslant T_B$ 后，则不随 T 变化，故应分两种情况考虑：

当 $T \leqslant T_B$ 时

$$R_{S,T} = (\bar{i}_{T_p} - \mu)T = S_p T^{1-n} - \mu T \tag{4-50a}$$

$$\bar{i}_{S,T} = \frac{R_{S,T}}{T} = \frac{S_p}{T^n} - \mu \tag{4-50b}$$

当 $T \geqslant T_B$ 时

$$R_{S,T} \equiv R_B \tag{4-51a}$$

$$\bar{i}_{S,T} = \frac{R_B}{T} \tag{4-51b}$$

以上计算都是以暴雨公式 $\bar{i}_{rp} = S_p/T^n$ 为依据的，当暴雨公式不是这种形式或 n 分段取值时，则不能采用上面的公式计算 T_B、R_B、$R_{S,T}$ 和 $\bar{i}_{S,T}$，此时宜采用图解法推求。其具体作法是：①先由选用的暴雨公式算出不同历时 T 的设计雨量 P_{Tp}，绘成图 4-27 所示的暴雨历时曲线 P_{Tp}-T。②作以 μ 为损失率的累积损失（μT）线 OB，即 OB 线的斜率为 μ。③平行 OB 作直线 AB' 与 P_{Tp}-T 线相切于 C 点，该点左边的瞬时降雨强度 i（$= dP_{TP}/dT$）均大于 μ，右边的 i 均小于 μ。因此，C 点的横坐标读数即为净雨历时 T_B，线段 CD 即为总地面净雨深 R_B，显然它等于 A 点的纵坐标读数。C 点左边 P_{Tp}-T 线与 OB 线之间所夹的线段（$P_{Tp} - \mu T$）即为各个历时 T 相应的地面净雨深 $R_{S,T}$。

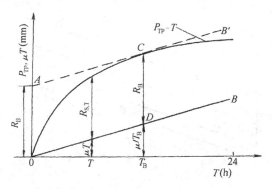

图 4-27　图解法求地面净雨示意图

3. 汇流参数 m 的确定

汇流参数 m，从物理概念上说，它是流域汇流中反映水力因素的一个指标，与流域坡面及河道糙率、河道断面形状、坡面汇流占流域汇流的比重等有关。但由于公式结构的局限性，而使 m 在相当大的程度上具有多种因素影响的综合性质。

因此，实际计算中所用的 m 系由实测暴雨洪水资料反算，然后做地区综合，建立它与流域特征等因素间的关系，以解决无资料流域确定 m 的问题。例如表 4-17 就是制作《湖北省暴雨径流查算图表》时所综合的 m 计算式。原水利电力部则汇总分析了全国 50 年一遇以上大洪水的汇流参数 m 与流域特征 θ 建立综合关系，如图 4-28 所示。图中 I 区代表干旱、半干旱土石山区、黄土地区，植被覆盖度很低，如西北广大地区；Ⅱ 区代表植被较差，杂草不茂盛，有稀疏树林，如豫西山丘区及南方水土保持条件较差的地区；Ⅲ 区代表植被覆盖良好，有疏林灌木丛，草地覆盖较厚，或是有水稻田，或有一定岩溶，如南方湿润地区；$Ⅳ_1$ 区代表森林面积较大的小流域，如海南岛、湖南部分山区；$Ⅳ_2$ 代表强岩溶地区，暗河面积超过了 50%，如广西部分地区。

湖北省各水文分区汇流参数 m 值公式   表 4-17

$(\theta = L/J^{1/3}$，L 以 km 计，J 以小数计$)$

设 计 条 件	鄂北及江汉平原以西 （六、七、八、九、十、十一分区）	鄂东、鄂南 （一、二、四分区）
可能最大暴雨或 $P_{24}>700mm$	$m=0.36\theta^{0.24}$	$m=0.40\theta^{0.24}$
$P=0.01\%\sim2\%$ 或 $P_{24}=200\sim600mm$	$m=0.45\theta^{0.21}$	$m=0.50\theta^{0.21}$
$P>2\%$ 或 $P_{24}<200mm$	$m=0.50\theta^{0.21}$	$m=0.56\theta^{0.21}$
湘鄂边界、森林覆盖面积占 50% 以上，且植被良好的小流域	$m=0.28\theta^{0.215}$	$m=0.28\theta^{0.215}$

注：三、五分区为平原湖区，这些地区的小流域设计洪水计算采用另外的方法。

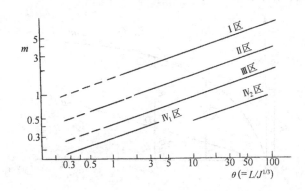

图 4-28   推理公式汇流参数 $m\sim\theta$ 关系（$F\leqslant500km^2$，50 年一遇以上洪水）

4. 解算设计洪峰流量

应用推理公式解算设计洪峰流量的方法很多，这里介绍两种最基本的适应性最广且比较简便的方法——试算法和图解交点法。

(1) 试算法

该法是以试算的方式联解式 (4-41) 式 (4-44) 和式 (4-46)，步骤如下：

1) 通过对设计流域调查了解，结合水文手册及流域地形图，确定流域的几何特征值 F、L、J，设计暴雨的统计参数（均值、C_V、C_s/C_V）及暴雨公式中的参数 n（或 n_0、n_1、n_2），损失参数 μ 及汇流参数 m。

2) 计算设计暴雨的 S_p、P_{Tp}，进而由损失参数 μ 计算设计净雨的 T_B、R_B。

3) 将 F、L、J、R_B、T_B、m 代入式（4-41）、式（4-44）和式（4-46），其中仅剩下 Q_m、τ、$R_{s,\tau}$ 未知，但 $R_{s,\tau}$ 与 τ 有关，故可求解。

4) 用试算法求解。先设一个 Q_m，代入式（4-46）得到一个相应的 τ，将它与 T_B 比较，判断属于何种汇流情况，再将该 τ 值代入式（4-41）或式（4-44），又求得一个 Q_m，若与假设的一致（误差不超过 1%），则该 Q_m 及 τ 即为所求；否则，另设 Q_m 仿以上步骤试算，直到两式都能共同满足为止。

（2）图解交点法

该法是对（4-41）、（4-44）、及式（4-46）分别作曲线 $Q_m \sim \tau$ 及 $\tau \sim Q_m$，点绘在一张图上，如图 4-29 所示。二线交点的读数显然同时满足式（4-41）或式（4-44）和式（4-46），因此交点读数 Q_m、τ 即为该方程组的解。

【例 4-5】 在某河流上拟修建一座小的铁路桥，从该桥所在地区的地形图上量得路桥断面处的流域面积 $F=8.4\text{km}^2$，流域最远点沿流程至出口断面的长度 $L=4.0\text{km}$，沿 L 的平均坡降 $J=0.01$。流域属山区，土质为粘土，河流为周期性水流。要求按推理公式法计算桥址处 $p=2\%$ 的洪峰流量。

（1）设计暴雨计算

1) 计算历时为 24h 的设计雨量

根据该省水文手册的暴雨参数图，查得桥址以上流域中心处的 24h 暴雨的均值 $\overline{P}_{24}=103\text{mm}$，$C_V=0.5$，$C_s/C_V=3.5$，$n\,(n_2)=0.7$。查皮尔逊Ⅲ型曲线 Φ 值表，得 $p=2\%$ 的 $\Phi_p=2.84$，由此得到 $p=2\%$ 的 24h 设计暴雨 $P_{24P}=(\Phi_p C_V+1)\overline{P}_{24}=249\text{mm}$。因该流域甚小，即以流域中心点的设计雨量代表面设计雨量。

2) 计算任一历时 T 的设计雨量

由式（4-39）得

$$S_p = P_{24p} \times 24^{n_2-1} = 249 \times 24^{0.7-1} = 96\text{mm/h}$$

代入式（4-38），得任一历时 T 的设计雨量计算式为

$$P_{Tp} = S_p T^{1-n_2} = 96T^{1-0.7} = 96T^{0.3}$$

（2）设计净雨计算

按该流域的自然地理条件（山区、粘土质等），设计选用损失参数 $\mu=2.3\text{mm/h}$，从式（4-48）算得净雨历时 T_B 为

$$T_B = \left[(1-n)\frac{S_p}{\mu}\right]^{1/n} = \left[(1-0.7)\frac{96}{2.3}\right]^{1/0.7} = 37.0\text{h}$$

按式（4-49）得设计总地面净雨深 R_B 为

$$R_B = S_p T_B^{1-n} - \mu T_B = 96 \times 37^{1-0.7} - 2.3 \times 37 = 198.5\text{mm}$$

为用推理公式法作汇流计算，须求流域汇流时间 τ 的设计地面净雨深 $R_{s,\tau}$ 及平均净雨强度 $\bar{i}_{s,\tau}$。于是由式（4-50）和式（4-51）算得

$\tau \leqslant T_B$ 时　$R_{s,\tau} = S_p\tau^{1-n} - \mu\tau = 96\tau^{0.3} - 2.3\tau$

$$\bar{i}_{s,\tau} = \frac{R_{s,\tau}}{\tau} = \frac{96}{\tau^{0.7}} - 2.3$$

$\tau > T_B$ 时　$R_{s,\tau} = R_B = 198.5\text{mm}$

$$\bar{i}_{s,\tau} = \frac{R_B}{\tau} = \frac{198.5}{\tau}$$

（3）计算设计洪峰流量

根据该流域的汇流条件为周期性水流和 $\theta = L/J^{1/3} = 18.6$，由该省水文手册确定本流域的汇流参数 m 为 1.0。

将 F、L、J、T_B、R_B、$R_{s,\tau}(= 96\tau^{0.3} - 2.3\tau)$、$m$ 代入式（4-41）式（4-44）和式（4-46），得

$$Q_m = \begin{cases} \dfrac{0.278(96\tau^{0.3} - 2.3\tau)}{\tau} \times 8.4 = \dfrac{224}{\tau^{0.7}} - 5.4, & \tau \leqslant 37.0\text{h} \\[3mm] \dfrac{0.278 \times 198.5}{\tau} \times 8.4 = \dfrac{463.5}{\tau}, & \tau > 37.0\text{h} \end{cases}$$

$$\tau = \frac{0.278 \times 4}{1.0 \times 0.01^{1/3}Q_m^{1/4}} = \frac{5.18}{Q_m^{1/4}}$$

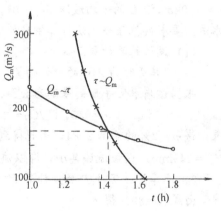

由以上二式列表（表4-18）计算 Q_m ~ τ 线及 τ ~ Q_m 线的坐标值。然后由表中第 1、2 栏绘制 Q_m ~ τ 线，由 3、4 栏绘制 τ ~ Q_m 线，如图 4-29 所示。交点的纵坐标读数即为 $p = 2\%$ 的设计洪峰流量，$Q_p = Q_m = 169\text{m}^3/\text{s}$；交点的横坐标读数即为相应的流域汇流时间，$\tau = 1.43\text{h}$。若用试算法，同样可以求得这些结果。

图 4-29　图解交点法求 Q_m、τ

Q_m ~ τ 线及 τ ~ Q_m 线计算表　　表 4-18

设 τ (h)	Q_m (m³/s)	设 Q_m (m³/s)	τ (h)
(1)	(2)	(3)	(4)
1.0	219	300	1.25
1.2	192	250	1.30
1.4	172	200	1.38
1.6	156	150	1.48
1.8	143	100	1.64

以上是目前我国水利水电部门采用的方法。公式推理概念明确，尽管推导过程中作了较大的概化，但其中的参数 μ、m 系由实测暴雨径流资料反算，这在一定程度上弥补了概化带来的缺陷。经各省区大量实测资料检验，表明方法是有效的，可以用于推求小流域设计洪峰流量。

小流域设计洪水计算，铁道部尚无统一的方法，4 个勘测设计院各自建立了自己的方法。作为一例，下面简要介绍第三勘测设计院计算公式。该院根据东北、华北地区特点，制定如下的小流域设计洪峰量计算公式。

1. 山丘区

(1) 当设计暴雨历时 T 间的平均雨强按 $\bar{i}_{TP} = S_p / T^m$ 计算时

$$Q_p = \frac{CF^a J^b}{L^b} \alpha_F^{\frac{1+r}{1-m_0 n}} \tag{4-52}$$

式中 Q_p——设计洪峰流量，m^3/s；

       S_P——设计频率为 p 的雨力，mm/min；

       α_F——暴雨点面关系系数；

       L——主河流长度，km；

       J——主河流坡降；

       n——暴雨衰减指数；

参数 a、b、C 按下式计算：

$$C = 16.7 \beta \frac{S_P^{\frac{1+r}{1-m_0 n}}}{A^{\frac{(1+r)n}{1-m_0 n}}} \tag{4-53}$$

$$b = \frac{N_0 n(1 + r)}{1 - m_0 h} \tag{4-54}$$

$$a = 1 + m_0 b \tag{4-55}$$

其中的 A、m_0、N_0、β、r 均为参数，由表 4-19 查取。

(2) 当设计暴雨的平均雨强按 $\bar{i} = S_{dp} / (T + d)^{n_d}$ 计算时

$$Q_p = 16.7 \beta \bar{i}_{\tau p}^{1+r} F \tag{4-56}$$

$\bar{i}_{\tau p}$ 为流域汇流时间 τ 内的设计暴雨强度，按下式计算：

$$\bar{i}_{\tau P} = \frac{\alpha_F S_{dp}}{(\tau + d)^{n_d}} \tag{4-57}$$

流域汇流时间 τ 计算式为

$$\tau = A \left(\frac{L}{JF^{m_0}} \right)^{N_0} \frac{1}{\bar{i}_{\tau p}^{m_0}} \tag{4-58}$$

联解式 (4-52)、式 (4-58)，即得 Q_p 和 τ。联解方程，可采用试算法或图解法。

对于具有山区和平地（或渗透性较强的冲积扇）的流域，可分别山地和平地计算他们的洪峰流量，然后叠加，得全流域的设计洪峰流量 Q_P。

参 数 值 表　　　　　　　　　　　表 4-19

土质类别	分类号	参数					流域概况
		A	m_0	N_0	β	r	
土质或土石区	1	7	0.25	0.30	1.04	0.45	冲沟多而深（可达数十米）且宽，遇水易松散的黄土，坡面草木稀疏，耕地大部为斜坡式，水土流失非常严重
	2	7	0.25	0.30	0.68	0.45	岩石露头，风化严重成粗粒状，占流域面积30%以上，沟壑较多（沟深在10～20m以内），坡面草木稀，耕地大部分为斜坡式，土质砂性大
	3	7	0.25	0.30	0.52	0.45	流域有下列情况之一，或下列综合情况，用本参数 ①流域内大部分为斜坡耕地，冲沟不深，地形为丘陵区 ②岩石露头，风化严重，占流域面积20%～30%以内，坡面草木稀疏，沟形为下切式的窄深状态 ③第一类流域，在较宽沟道内筑有多级坝式耕地
	4	10	0.25	0.37	0.52	0.45	流域有下列情况之一，或下列综合情况，用本参数 ①岩石露头，风化轻微，占流域面积20%～50%之间，耕地及树、草坡地均有 ②坡地上虽然草矮，但能盘根错节，保护地表，坡面上冲沟较少 ③黑土丘陵区，大部分为斜坡耕地的流域 ④植被差的石山区，其中有20%左右风化较严重
	5	12	0.40	0.37	0.32	0.30	流域有下列情况之一，或下列综合情况，用本参数 ①全流域基本为灌木草丛所被覆 ②较稀的乔木林与草地相间 ③较密的乔木林，与密草丛的流域，但其中有30%左右垦为斜坡耕地 ④冲沟少而较平坦的流域；或冲积扇上与等高线相平行的有埂台地
	6	12	0.40	0.37	0.27	0.30	乔木成林，或草丛高而密（在人高以上），地表有厚腐殖层
	7	17	0.40	0.37	0.22	0.30	腐殖层厚的森林区；或塔头草丛；或较好植被之下为松散易入渗之土质
石山区	8	12	0.40	0.37	0.48	0.23	岩石露头，风化轻微，占流域面积50%以上，植被较差，或表层土极薄，只能长稀草，下为岩石的石山区
	9	17	0.40	0.37	0.48	0.23	岩石露头，风化轻微，占流域面积50%以上，植被较好（夏季在非悬崖部分，大部分能为植物被覆）
梯地	10	7	0.25	0.30	0.48	0	山坡较陡，梯地块小，冲沟切入梯地较多（限用于10km² 以内）
	11	10	0.25	0.30	0.40	0	梯地虽然块小，但层层规整（限于10km² 以内）
	12	12	0.40	0.37	0.40	0	地势较缓、梯地块大，或带地埂的梯地（限于10km² 以内）

注：1. 本表使用范围：1～3类用于50km² 以内，4～9类用于30km² 以内，少雨地区使用范围小一些，多雨地区可大一些。

2. 关于草原与干旱地区，洪峰流量需乘折减系数0.3～0.6。愈近沙漠干旱区，洪峰流量折减系数愈小。

3. 流域概况介乎两类之间，可取两类之平均参数计算，或用两类计算结果的平均值。

4. 流量过程线，涨水历时采用 τ，退水历时：1～4类及8～11类用 3τ；5类及12类用 4.5τ；6类及7类用 5.5τ。

2. 平原区

流域的大部分面积均处在平原地区时，设计洪峰流量按下述办法计算（设计雨量的计算式为 $P_{Tp}=S_pT^{1-n}$）：

（1）河流治理的流域（$F>30\text{km}^2$）

当 $P_{Tp}=S_p93.6^{1-n}F^{0.3(1-n)}>90\text{mm}$ 时

$$Q_p = 0.189(a_FS_p60^{1-n})^{0.813}1.56^{0.813(1-n)}F^{0.244(1-n)+0.571} \tag{4-59}$$

当 $P_{Tp}<90\text{mm}$ 时

$$Q_p = 0.0118(a_FS_p60^{1-n})^{1.43}1.56^{1.43(1-n)}F^{0.429(1-n)+0.571} \tag{4-60}$$

（2）河流治理标准低的流域

当 $P_{TP}=S_P151.8^{1-n}F^{0.3(1-n)}>90\text{mm}$ 时

$$Q_p = 0.095(a_FS_p60^{1-n})^{0.813}2.53^{0.813(1-n)}F^{0.244(1-n)+0.571} \tag{4-61}$$

当 $P_{TP}\leqslant90\text{mm}$ 时

$$Q_p = 0.00589(a_FS_p60^{1-n})^{1.43}2.53^{1.43(1-n)}F^{0.429(1-n)+0.571} \tag{4-62}$$

【例 4-6】 华北地区某流域的流域面积 $F=9.8\text{km}^2$，主河流长度 $L=6.7\text{km}$，坡降 $J=0.034$，流域内有些山头是石山，部分为土质，阴坡灌木丛生，阳坡草木低矮，但盘根错节，能保护地表，冲沟少，坡面完整。斜坡上的耕地土壤为黑土，属丘陵地区。试求 $p=1\%$ 的洪峰流量 $Q_{1\%}$。

根据已知地貌、地质、植被情况，从表 4-19 知，该流域属土石区中的第 4 类，由该表查得各参数值为：$A=10$，$m_0=0.25$，$N_0=0.3$，$\beta=0.52$，$r=0.45$。另由水文手册查得该地区 $S_{1\%}=22.1\text{mm/min}$，$n=0.7$，$a_F=1.0$。由此按式（4-53）～式（4-55）计算各参数：

$$C = 16.7\beta\frac{S_{1\%}^{\frac{1+r}{1-m_0n}}}{A^{\frac{(1+r)n}{1-m_0n}}} = 16.7 \times 0.52\frac{22.1^{\frac{1+0.45}{1-0.25\times0.7}}}{10^{\frac{(1+0.45)\times0.7}{1-0.25\times0.7}}} = 117.2$$

$$b = \frac{N_0n(1+r)}{1-m_0n} = \frac{0.30 \times 0.7(1+0.45)}{1-0.25\times0.7} = 0.369$$

$$a = 1+m_0b = 1+0.25\times0.369 = 1.09$$

将上面的参数代入式（4-52），即得设计洪峰流量为

$$Q_{1\%} = \frac{CF^aJ^b}{L^b}a_F^{\frac{1+r}{1-m_0n}} = \frac{117.2\times9.8^{1.09}0.034^{0.369}}{6.7^{0.369}}\times1.0^{\frac{1+0.45}{1-0.25\times0.7}} = 200\text{m}^3/\text{s}$$

4.4.3 经验公式法计算设计洪峰流量

根据一个地区内有水文站的小流域实测和调查的暴雨洪水资料，直接建立主要影响因素与洪峰流量间的经验相关方程，此即洪峰流量地区经验公式。把它应用于该地区无资料流域推求设计洪峰流量，就是地区经验公式法。经验公式不着眼于产汇流原理，只进行该地区资料的统计归纳，故地区性很强。一般地说，由

哪个地区资料建立的公式，只适用于哪个地区。借用其他地区的经验公式，要格外小心，必须用本地区一定的资料进行检验。

地区经验公式法比较简单，应用方便，如果公式能考虑到影响洪峰的主要因素，且公式的研制采用了可靠的并具有一定代表性的资料，则计算成果可以有相当好的精度。许多省的水文手册中都载有自己的经验公式及使用方法。

1. 以流域面积为参数的地区经验公式

最简单的经验公式认为流域面积是影响洪峰流量的主要因素，而把其他因素用一些综合性的参数表达，其形式为

$$Q_p = C_p F^N \tag{4-63}$$

式中 Q_p——频率为 p 的设计洪峰流量（m^2/s）；

　　　　F——流域面积（km^2）；

　　N、C_p——经验指数和系数。

N、C_p 随地区和频率而变化，可在各省区的水文手册中查到。例如江西省把全省分为 8 个区，各区按不同的频率给出相应的 N 值和 C_p 值，表 4-20 为该省第 Ⅷ 区的情况。

江西省第 Ⅷ 区经验公式 $Q_p = C_p F^N$ 参数表   表 4-20

频率 p（%）		0.2	0.5	1	2	5	10	20	选用水文站流域面积范围（km^2）
Ⅷ（修水区）	C_p	27.5	23.3	19.4	15.7	11.6	8.6	5.2	6.72～5303
	N	0.75	0.75	0.76	0.76	0.78	0.79	0.83	

上述公式使用简单方便。制作这种公式要求的资料条件较高，因为只有分区比较小，才能照顾到分区内除 F 之外的其他影响因素都比较一致。但分区小，就难以保证区内会有比较多的长系列水文站资料。当资料不足时，应考虑多参数地区经验公式。

2. 包含降雨因素的多参数地区经验公式

有不少省（自治区、直辖市）由于资料条件的限制，主要是具有长系列的小流域测站少，不适合制作上述形式的单因素经验公式。在这种情况下，宜于制作包含降雨等影响因素的多参数经验公式。公式中降雨、流域特征、地形等主要因素都逐项作了考虑，故适用范围比较大，甚至可在全省，乃至全国应用，另外，由于公式中包含有对洪水起决定作用的暴雨因素，故在制作公式时可以撇开频率的影响，使短系列的小流域资料也能够用上，为制作公式提供了更为丰富的资料基础。使用公式时，采用一定频率的设计暴雨，就可得到相应频率的设计洪水。例如安徽省山丘区中小河流洪峰流量经验公式为

$$Q_p = C R_{24,p}^{1.21} F^{0.73} \tag{4-64}$$

式中 $R_{24,p}$——设计频率为 p 的 24h 净雨量，mm；

C——地区经验系数；

其他符号的意义和单位同前。

该省把山丘区分为 4 种类型，即深山区、浅山区、高丘区、低丘区，其 C 值分别为 0.0541、0.0285、0.0239、0.0194。24h 设计暴雨 $P_{24,p}$ 按等值线图查算，并通过点面关系折算而得。设计净雨按下式计算：

深山区　　　　　　$R_{24,p} = P_{24,p} - 30$

浅山区、丘陵区　　$R_{24,p} = P_{24,p} - 40$

又如我国的公路部门设计洪峰流量计算，一般都采用交通科学研究院制定的经验公式，即

$$Q_p = \varphi(h_p - Z)^{\frac{3}{2}} F^{\frac{4}{5}} \beta \gamma \delta \tag{4-65}$$

式中　Q_p——设计洪峰流量，m^3/s；

φ——地貌系数，根据流域面积、地形、主河道坡降查表确定；

h_p——设计径流深，mm，根据流域所在分区、土壤类型、汇流时间和设计频率查表确定；

Z——植物截留和填洼损失，mm，根据流域地形、植被、水土保持和土地利用情况查表确定；

F——流域面积，km^2；

β——洪峰传播中变形对洪峰流量影响的折减系数，根据流域形心至出口的距离、地形情况查表确定；

γ——流域降雨不均匀影响洪峰流量的折减系数，根据流域的汇流时间、流域长度或宽度、气候情况查表确定。

δ——湖泊、塘堰、小水库调节作用影响洪峰流量的折减系数，由湖泊等面积占流域面积的比例查表确定。

该法附有许多参数查算表，以反映气候自然地理分区、地貌、地形、土壤、植被、湖泊等影响，详细情况可参考文献 [12]。

4.4.4　综合瞬时单位线法推求设计洪水过程

对于多数的中、小流域而言，常常缺乏实测暴雨径流资料，故不能用分析法直接求出单位线。此时，可以根据一个地区内其他中、小流域实测暴雨径流资料分析的单位线，建立决定单位线形状的一些要素（例如瞬时单位线的 n、K 值）与流域特征和暴雨特征的综合关系——称综合单位线。在没有资料的中、小流域上，只要知道它的流域特征和设计暴雨，便可通过这种地区综合关系得到它的单位线要素，从而求得它的单位线。这样的方法称为综合单位线法。

综合单位线分为综合时段单位线和综合瞬时单位线两类。后者具有一定的数学模型，综合和使用比较方便，近年来我国大部分省（区、市）都在分析大量暴雨径流资料的基础上，建立了瞬时单位线参数的地区综合公式，载于水文手册中，

提供有关部门使用，因此，下面将以综合瞬时单位线法为对象论述其地区综合和应用。

1. 综合瞬时单位线法的基本概念

纳希瞬时单位线完全由参数 n、K 决定。因此，瞬时单位线的综合，实质上就是参数 n、K 的综合。不过，在实际工作中并不直接去综合 n、K，而是综合 n、K 有关的参数 m_1 和 m_2，或综合 m_1 和 n。由纳希瞬时单位线方程可导出 m_1 和 m_2 与 n、K 的关系为

$$m_1 = nK \tag{4-66}$$

$$m_2 = \frac{1}{n} \tag{4-67}$$

m_1 为瞬时单位线的一阶原点矩，习惯上称为单位线的滞时。

实际资料表明，一个地区的 m_1 和 m_2 值主要随两类因素变化：一是流域一定时，对于降雨分布比较均匀的中、小流域，它们主要受平均净雨强度 $\bar{i}_s$ 的影响；再是净雨强度一定时，例如各流域均取 $\bar{i}_s = 10\text{mm/h}$ 的单位线，它们则随流域特征而变化。因此，对瞬时单位线的综合，一般分两步进行：首先，考虑净雨强度影响，在对 m_1 和 m_2 做地区综合之前，都根据前面讲的瞬时单位线非线性变化规律，求得统一标准净雨强度的 m_1 和 m_2（或 n）值，称标准化参数。这个标准一般定为净雨强度 $\bar{i}_s = 10\text{mm/h}$，相应的 m_1 记为 $m_{1,10}$，称标准化的 m_1。同时还要对非线性影响指数 λ 做地区综合。其次，是对各流域统一标准的 m_1 和 m_2 进行地区综合，建立这些标准化的 m_1、m_2 与流域特征间的关系。当这些关系建立起来之后，便可用以推求无资料流域的单位线了。

2. m_1、m_2 的标准化与 λ 的地区综合

净雨强度对瞬时单位线的影响，一般如式（4-35）所示，故取 $\bar{i}_s = 10\text{mm/h}$ 时，$m_1 = m_{1,10}$，得

$$m_{1,10} = a10^{-\lambda}$$

代入式（4-35），得

$$m_1 = m_{1,10} \left(\frac{10}{\bar{i}_s} \right)^\lambda \tag{4-68}$$

该式一方面可用来使 m_1 标准化，即由 m_1、$\bar{i}_s$ 求 $m_{1,10}$；另一方面，当已知 $m_{1,10}$ 时，可由 $\bar{i}_s$ 计算相应的 m_1，以便进一步推求净雨 $\bar{i}_s$ 形成的洪水过程。

实际资料表明，指数 λ 与流域面积 F（km^2）、干流河道坡度 J（千分率）、干流河道长度 L（km）等流域特征有比较密切的关系，例如四川省第一水文区的关系式为

$$\lambda = 0.9813 - 0.2109\lg F \tag{4-69}$$

必须注意，净雨强度增加到一定程度后，由于河水漫滩等水力条件的限制，m_1 不会无限度地减小，因此，各省（市、区）都规定了使用式（4-68）的临界雨强 $\bar{i}_{s临}$，

即设计雨强超过 $\bar{i}_{s临}$ 以后，不再进一步做非线性改正，使滞时维持在

$$m_1 = a\,\bar{i}_{s临} = m_{1,10}\left(\frac{10}{\bar{i}_{s临}}\right)^{\lambda} \tag{4-70}$$

的水平。例如四川省规定的 $i_{s临}=50\text{mm/h}$。

雨强对 m_2（或 n）的影响甚微，一般都不需要做非线性改正，而把 m_2（或 n）直接作为标准化的情况。

3. $m_{1,10}$ 及 n（或 m_2）的地区综合

瞬时单位线的标准化参数 $m_{1,10}$ 和 n 与流域特征之间存在着一定的关系，可以通过回归分析建立经验公式以定量地表达这种关系。例如四川省第一水文分区的公式为

$$m_{1,10} = 1.3456F^{0.228}J^{-0.1071}(F/L^2)^{-0.041} \tag{4-71a}$$

$$n = 2.679(F/L^2)^{-0.1221}J^{-0.1134} \tag{4-71b}$$

以上诸式中 $m_{1,10}$、F、L、J 的单位分别为 h、km²、km、千分率。这类公式都刊于各省（区、市）的《暴雨洪水查算图表》等手册中，可供查用。

4. 综合瞬时单位线推求设计洪水过程

对于无实测资料的中、小流域，用综合瞬时单位线法推求设计洪水过程的步骤大体如下：

（1）根据产流计算方法，例如径流系数法、损失参数 μ 计算净雨法，由流域的设计暴雨推求设计净雨过程。

（2）将流域几何特征代入瞬时单位线参数地区综合公式求 $m_{1,10}$ 及 n（或 m_2）。

（3）按设计净雨由 $m_{1,10}$ 求出设计条件的 m_1，并由上一步的 n 求 K（$=m_1/n$）。

（4）选择时段单位线的净雨时段 Δt，按上节介绍的方法由 n、K 求时段单位线。Δt 应满足 $\Delta t=\left(\frac{1}{2}\sim\frac{1}{3}\right)t_p$ 的条件，t_p 为时段单位线的涨洪历时。初定 Δt 时可参考广东省建议的数据，见表4-21。

时段单位线适宜净雨时段与流域面积的关系 表4-21

流域面积 F（km²）	<5	5~15	15~100	100~350	350~1000
适宜净雨时段 Δt（h）	1/3	1/2	1	2	3

（5）由设计净雨过程及时段单位线求得设计地面径流过程。

（6）按各省（区、市）水文手册或有关设计单位建议的计算方法确定设计条件下的地下径流流量。

（7）地面、地下径流过程按相应时刻叠加，即得设计洪水过程。

【例4-7】某流域面积 $F=500\text{km}^2$，河道干流平均坡降 $J_L=65‰$，流域坡度 $J_F=57.3\text{cm/km}^2$，已求得 $p=1\%$ 的设计暴雨和按该流域的损失参数 $\mu=2.5\text{mm/h}$ 计算的设计净雨过程，见表4-22。

某流域设计暴雨及设计地面净雨过程 ($p=1\%$)　　　　　　表 4-22

时段序号 ($\Delta t=3h$)	1	2	3	4	5	6	7	8
雨量 P_i (mm)	5.0	9.0	22.5	162.5	31.0	16.5	15.9	6.5
净雨 $R_{s,i}$ (mm)	0	1.5	15.0	155.0	23.5	9.0	8.4	0

经分析，设计条件下的地下径流可取 $10m^3/s$。该流域所处水文分区的综合瞬时单位线参数计算公式为

$$m_{1,10} = 12F^{0.13}(J_L J_F)^{-0.2265} \tag{4-72a}$$

$$\lambda = 0.894 - 0.22\lg F \tag{4-72b}$$

$$n = 2.1 m_{1,10}^{0.516} J_L^{-0.232} \tag{4-72c}$$

式中 $m_{1,10}$ 的单位为 h，F、J_L、J_F 的意义和单位同上，试求百年一遇设计洪水过程。

(1) 计算瞬时单位线参数 n、K

将 F、J_L、J_F 代入式 (4-72) 得：$m_{1,10}=12\times500^{0.13}(65\times57.3)^{-0.2265}=4.18h$，$\lambda=0.894-0.22\lg(500)=0.3$，$n=2.1\times4.18^{0.516}\times65^{-0.232}=1.7$。

由表 4-22 地面净雨求得平均净雨强度为 $219.4/(6\times3)=11.8mm/h$，代入式 (4-68)，得 $m_1=4.18(10/11.8)^{0.3}=4.0h$，于是由式 (4-66) 计算得 $K=4.0/1.7=2.4h$。

(2) 计算时段单位线

该流域面积 $F=500km$，参考表 4-21，确定单位时段 $\Delta t=3h$。于是根据上步求得的 $n=1.7$、$K=2.4h$，可由附表 2 瞬时单位线 S 曲线查用表推求 3h10mm 单位线，具体计算见表 4-23。

某流域时段单位线计算表　　　　　　表 4-23

时间 t (h)	t/K	$S(t)$	$S(t-\Delta t)$	$u(\Delta t,t)$	3h10mm 净雨时段单位线 $q(t)$ (m^3/s)	备　注
0	0	0		0	0	$n=1.7$
3	1.25	0.454	0	0.454	210.0	$K=2.4h$
6	2.50	0.784	0.454	0.330	152.5	$\Delta t=3h$
9	3.75	0.923	0.784	0.139	64.4	
12	5.00	0.974	0.923	0.051	23.6	$q(t)=\dfrac{10F}{3.6}u(\Delta t,t)$
15	6.25	0.992	0.974	0.018	8.3	
18	7.50	0.997	0.992	0.005	2.3	$=463u(\Delta t,t)$
21	8.75	0.999	0.997	0.003	1.4	
24	10.00	1.000	0.999	0.001	0.5	
27	11.25	1.000	1.000	0	0	
合 计				1.0	463.0	

（3）推求百年一遇设计洪水

由表4-22的设计净雨与表4-23计算的时段单位线及设计条件下的地下径流流量10m³/s，按单位线二项基本假定，列表计算百年一遇设计洪水，见表4-24。

某流域百年一遇设计洪水计算表   表4-24

时间 ($\Delta t = 3h$)	地面净雨 $R_{s,i}$ (mm)	单位线 流量 $q(t)$ (m³/s)	时段净雨的地面径流过程（m³/s）						地下径流 Q_g (m³/s)	设计洪水 过程 Q (m³/s)
			1.5	15.0	155.0	23.5	9.0	8.4		
(1)	(2)	(3)	(4)	(5)	(6)	(7)	(8)	(9)	(10)	(11)
0		0	0						10	10
1	1.5	210.0	31.5	0					10	42
2	15.0	152.5	22.9	315.0	0				10	348
3	155.0	64.4	9.7	229.0	3255	0			10	3504
4	23.5	23.6	3.5	97.0	2363.8	493.5	0		10	2968
5	9.0	8.3	1.3	35.0	998.2	358.4	189.0	0	10	1592
6	8.4	2.3	0.3	13.0	365.8	151.3	137.3	176.4	10	854
7		1.4	0.2	3.0	128.7	55.5	58.0	128.1	10	384
8		0.5	0.1	2.0	35.7	19.5	21.2	54.1	10	143
9		0	0	1.0	21.7	5.4	7.5	19.8	10	66
10				7.8	3.3	2.1	7.0		10	30
11				0	1.2	1.3	1.9		10	14
12					0	0.5	1.2		10	12
13						0	0.4		10	10
14							0		10	10
合计	212.4	463.0							150	9987

§4.5 桥位断面设计洪峰流量及水位的推求

除小流域设计洪水外，§4.3与§4.4节讲述的设计洪水计算方法，一般都是基于离桥位断面较近的水文站进行的。因此，还需设法将水文站计算的设计洪水转换为桥位断面的设计洪水，并推算出那里的设计洪水位，为确定桥涵过水断面和桥梁、路堤高程等提供水文依据。

4.5.1 桥位断面设计洪峰流量

小流域设计洪水计算，基本上属于无资料情况下的设计洪水计算问题，因此桥位断面即选定的小流域出口断面，所以推求的小流域设计洪水一般就是桥位断面的设计洪水。当离桥位断面不远的地方有水文站，且二者之间（称区间）没有大的支流时，为提高洪水计算精度和成果的可靠性，总是先计算水文站断面的设计洪水，然后，以此为基础，作适当修正后，转换为桥位断面的设计洪水。转换方法，一般采用面积比法或面积-雨量（或净雨）比法。

1. 面积比法

当桥位断面控制流域和相近的水文站流域在一个水文分区，它们处的自然地理条件比较一致，影响二者设计流量不同的因素主要是流域面积，其关系如式（4-63）所示，由此很容易导出将水文站设计洪峰流量 $Q_{m,p}$ 转换为桥位断面设计洪峰流量 $Q_{mB,p}$ 的计算公式：

$$Q_{mB,p} = \left(\frac{F_B}{F}\right)^N Q_{m,p} \tag{4-73}$$

式中　$Q_{m,p}$、$Q_{mB,p}$——分别为水文站和桥位断面的设计洪峰流量，m^3/s；

　　　　　　F、F_B——分别为水文站和桥位断面的流域面积，km^2；

　　　　　　　　　N——经验指数，可由水文手册查得。

由于 F、F_B 相差不足 5% 时，按上式计算的设计洪峰流量与水文站的设计洪峰流量相差很小，与水文计算误差相当，所以 F、F_B 相差不足 5% 时，也可直接将推求的水文站设计洪峰流量作为桥位断面的设计洪峰流量，不必再作上述修正。

2. 面积-雨量（或净雨）比法

当水文站流域的雨量（或净雨）与区间面积上的有较大差别时，应同时考虑流域面积和雨量（或净雨）对设计洪峰流量的影响进行修正。例如对于安徽省的山丘区，可由式（4-64）导得流量转换公式：

$$Q_{mB,P} = \left(\frac{R_{24B,p}}{R_{24,p}}\right)^{N_1} \left(\frac{F_B}{F}\right)^{N_2} \tag{4-74}$$

式中　$R_{24,p}$、$R_{24B,p}$——分别是为水文站流域及桥位断面控制流域的设计 24h 净雨，mm；

　　　　　　N_1、N_2——分别为设计 24h 净雨比的指数和面积比的指数，对于安徽省山丘区分别为 $N_1=1.21$，$N_2=0.73$。

其他符号的意义与单位同式（4-73）。

4.5.2　桥位断面设计洪水位

桥位断面处河流的设计洪水位，视情况不同，选择不同的方法进行计算。

1. 水位频率计算法

当桥位断面就在水文站，且有长期水位观测资料时，可用年最大值法从资料中每年选取一个最高洪水位，并减去河底高程，组成一个以河底高程为基面的水位系列，然后按第 3 章讲的方法作频率计算，求得以河底高程为基面的设计水位，再加河底高程，即得要推求的桥位断面设计洪水位。这里之所以取河底高程为基面的水位进行频率计算，是因为对于一定的桥位断面，河底高程是固定的，变化的只是水深部分。这样作的优点是，既可避免用实际水位直接统计求得的 C_v 很小，尤其河底高程很高的水文站，又可使 C_s 不致出现负值。

对于水文资料很长的站，还可通过水位流量关系，将设计洪峰流量转换为设计洪水位。二者相互比较，选取合理、可靠的成果。

2. 水位相关法

当桥位断面距水文站不远、且区间没有大的支流汇入时，水文站的水位 Z 与桥位断面的相应水位 Z_B 之间会有比较密切的相关关系 $Z \sim Z_B$。为建立这种相关图或相关方程，可在桥位断面建立临时水位站，观测大约一年的水位资料，然后通过分析，建立二者之间的水位相关关系。于是由水文站的设计洪峰流量查水位流量关系曲线，得水文站设计频率的水位值 $Z_{m,p}$，以此进一步查水位相关图（或通过相关方程 $Z \sim Z_B$）即得桥位断面的设计洪水位 $Z_{mB,p}$。

3. 水面比降法

该法是利用桥位断面至水文站间河段的水面比降，将水文站计算的设计洪水位转换为桥位断面的设计洪水位。其具体作法是：①通过洪水调查或临时沿河段巡测，获得大、中洪水的水面线，依此计算相应的各洪水的平均水面比降 J，并分析它与水文站水位 Z 的关系 $Z \sim J$；②计算水文站设计频率的设计洪水位 $Z_{m,p}$；③由 $Z_{m,p}$ 在 $Z \sim J$ 关系线上查得相应的河段水面平均坡降 J，从而将 $Z_{m,p}$ 转换为桥位断面的设计洪水位 $Z_{mB,p}$。

4. 水位流量关系曲线法

该法是通过建立桥位断面 B 的水位 Z_B 与流量 Q_B 的关系曲线 $Z_B \sim Q_B$，由桥位断面处的设计洪峰流量 $Q_{mB,p}$ 查 $Z_B \sim Q_B$ 得设计洪水位 $Z_{mB,p}$。建立水位流量关系曲线 $Z_B \sim Q_B$，视实际情况，可由实测资料绘制，或水力学方法绘制。

（1）由实测水文资料绘制水位流量关系曲线

如果桥位断面就在水文站，即可根据水文站实测的水位、流量资料按第 2 章 §2.2 介绍的方法绘制水位流量关系曲线，并向高水外延。否则，若条件许可，可在桥位断面设立临时水文站，观测大约一年的水位、流量资料，其中包括高、中、低洪水，即可按上面的方法绘制桥址处的水位流量关系曲线，并应用上下游的调查洪水进行检验和核对。

（2）水力学法绘制水位流量关系曲线

1）稳定均匀流公式法　当桥位断面附近的河段，河底坡降均一、河道顺直、断面在较长河段内比较规整时，常能近似地形成稳定均匀流，即河流通过同一流量时，河底线、水面线和能面线三者基本平行，其流量按下式计算：

$$Q = \omega V = \frac{\omega}{n} R^{2/3} J^{1/2} \tag{4-75}$$

式中　Q——流量，m^3/s；

　　　　ω——过水断面积，m^2；

　　　　V——断面平均流速，m/s；

　　　　R——水力半径，m，断面宽深比很大时，可用平均水深代替；

　　　　J——水面比降，近似为河底比降；

n——河道糙率，根据河道情况，查糙率表确定；或参考附近类似河流水文

站推算的 n 值确定。

式中 n，J 确定之后，根据桥位断面测量的大断面图，即可假定不同的水位，

计算相应的 ω、R 和 Q，从而绘制水位流量关系曲线。

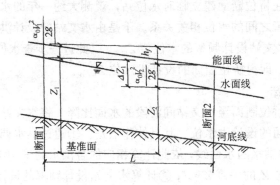

图 4-30   稳定非均匀流示意图

2）水面曲线法   当桥位断面附近的河段，河底坡降和断面变化较大时，同一

流量下，各断面水流流态和平均流速将不相同，从而使河底线、水面线和能面线

互不平行，如图 4-30 所示，称此为稳定非均匀流，计算时除考虑摩阻损失外，还

要考虑流速水头的变化和局部损失，水流运动按伯努利能量方程进行，即

$$Z_1 + \frac{V_1^2}{2g} = Z_2 + \frac{V_2^2}{2g} + h_f + h_e \tag{4-76}$$

式中 Z_1、Z_2——分别为断面1，断面2的水位，m；

V_1、V_2——分别为断面1，断面2的平均流速，m/s；

h_f——摩阻损失，m；

h_e——动能、势能相互转换的能量损耗，m；

g——重力加速度，m/s²。

$$h_f = \frac{1}{2}\left(\frac{Q^2}{K_1^2} + \frac{Q^2}{K_2^2}\right)L \tag{4-77}$$

$$h_e = \xi\left(\frac{V_1^2}{2g} - \frac{V_2^2}{2g}\right) \tag{4-78}$$

其中 Q 为河段流量，m³/s；L 为河段长，m；K_1、K_2 分别为断面1和断面2的

流量模数，m³/s，由过水断面积 ω、糙率 n、水力半径 R 计算，即 $K = \omega R^{2/3}/n$；系

数 ξ，对于收缩河段近似为零，逐渐扩散段为 0.3～0.5，突然扩散时为 0.5～1.0。

将式（4-77）、式（4-78）代入式（4-76），整理后，即得稳定非均匀流情况下

推求水面曲线的计算方程：

$$Z_1 = Z_2 + \frac{1}{2}\left(\frac{Q^2}{K_1^2} + \frac{Q^2}{K_2^2}\right)L - (1-\xi)\left(\frac{V_1^2}{2g} - \frac{V_2^2}{2g}\right) \tag{4-79}$$

按该式推求某一流量 Q 下从下游某控制断面至桥位断面间水面线和绘制桥位断面水位流量关系曲线的具体作法是，从下游某控制河段（即同时知道水位和相应流量的河段，如均匀河段）开始，假定某一流量 Q，求得相应的水位 Z，即式中的 Q 和 Z_2，设 Z_1 后，便可算出式中右端的值 Z'_1，若 $|Z'_1-Z_1|\leqslant\varepsilon$（允许误差），则 Z'_1 即要推求的 Z_1 值；否则，继续迭代计算，直至求得 Z_1。然后，将 Z_1 作为上一个河段的 Z_2，又可算出上一河段的 Z_1。依此类推，直到桥位断面，得到那里该流量 Q 下的水位 Z。假设一系列的 Q，求得桥位断面相应的一系列水位 Z，从而便可绘出桥位断面的水位流量关系曲线。

思 考 题

4.1　何谓设计洪水？推求设计洪水有哪些途径？

4.2　怎样选定桥涵的洪水设计标准？

4.3　试述由流量资料推求设计洪水的基本程序。

4.4　何谓特大洪水？经验频率计算和初估统计参数中如何对特大洪水进行处理？

4.5　推求设计洪水过程线的同倍比放大法和同频率放大法，二者的计算结果有什么异同？

4.6　何谓设计暴雨？它与设计洪水有何联系？

4.7　流域缺乏降雨资料时，如何推求设计暴雨？

4.8　何谓设计净雨？有哪些方法推求？

4.9　何谓经验单位线和瞬时单位线？如何将瞬时单位线转换为时段单位线？

4.10　单位线有哪两项基本假定？它们与实际情况有哪些方面常常并不完全相符合？实际计算中应如何处理？

4.11　由设计暴雨推求设计洪水过程线时，应如何选择单位线？

4.12　何谓蓄满产流和超渗产流？对于某一流域，如何从定性上判别？

4.13　降雨径流相关图是根据次降雨径流资料绘制的，为什么可以用来推求设计净雨过程？

4.14　某流域的流域面积为 $1000km^2$，其上发生一次暴雨洪水，过程见表4-25。试用该次暴雨洪水资料分析 6h10mm 净雨单位线（该次洪水的地面径流终止点在 7 日 24 时）。

某站 1984 年 8 月一次暴雨洪水记录　　　　　　　　表 4-25

日·时	实测流量（m³/s）	降雨（mm）	日·时	实测流量（m³/s）	降雨（mm）
6.06	130	12	7.12	250	
6.12	100		7.18	170	
6.18	230	30	7.24	130	
6.24	600		8.06	100	
7.06	400				

4.15 利用上题成果推求 3h10mm 单位线。

4.16 何谓推理公式法？其基本原理是什么？

4.17 何谓综合瞬时单位线？瞬时单位线参数在作地区综合之前，为什么要使之标准化？如何标准化？

4.18 试述综合瞬时单位线法推求设计洪水的步骤。

习　　题

4.1 某桥位附近有一水文站，其实测的历年最大洪峰流量见表 4-26，另外还调查到 2 次历史特大洪水，其中 1870 年的洪峰流量为 13000m³/s，是 1870 年到规划时 (1973) 间最大的；1935 年的流量 11600m³/s 是次大值，试推求 $p=1/50$ 的设计洪峰流量。

某水文站实测年最大洪峰流量　　　　　　　　　　　　　表 4-26

年　份	流量 Q（m³/s）	年　份	流量 Q（m³/s）	年　份	流量 Q（m³/s）
1950	4010	1958	6780	1966	8000
1951	2940	1959	7780	1967	5840
1952	4520	1960	2590	1968	4380
1953	5290	1961	5200	1969	5200
1954	3500	1962	5420	1970	3880
1955	5250	1963	6980	1971	4860
1956	3910	1964	4620	1972	6640
1957	3620	1965	3440	1973	5800

4.2 某水文站流域面积 $F=5600\text{km}^2$，已分析得 300 年一遇的 12h、1d、3d 设计面雨量 P_{12h}、P_{1d}、P_{3d} 依次为：130mm、176mm、240mm，设计条件下的 $(P_{3d}+P_a)_p=279.0\text{mm}$，和典型暴雨（表 4-27）；还从该站实测降雨径流资料中分析得各次暴雨洪水的流域平均雨量 P、相应的前期影响雨量 P_a、地面径流深 R_s，如表 4-28 所示。根据 1953 年 7 月 29 日～8 月 4 日实测暴雨洪水资料，已求出流域平均降雨过程、地下径流过程，见表 4-29。设计条下的地下径流，近似取 200m³/s，各时段不变。要求：(1) 按同频率放大法求设计暴雨过程和按同频率法求设计条件下的 P_a；(2) 建立该流域的暴雨径流相关图 $P \sim P_a \sim R_s$ 并推求设计净雨过程；(3) 分析 1953 年 7 月 29 日～8 月 4 日一次暴雨洪水的单位线；(4) 由设计净雨和上步分析的单位线，推求 $p=1/300$ 的设计洪水过程。

某流域典型暴雨时程分配表　　　　　　　　　　　　　表 4-27

时段（$\Delta t=12\text{h}$）	1	2	3	4	5	6	合计
雨量（mm）	0	5.8	16.2	20.7	84.0	2.2	128.9

某流域降雨径流资料分析的各次面雨量、地面径流深、前期影响雨量　　表 4-28

峰号	起始日期 (年.月.日)	面雨量 P(mm)	地面径流深 R_s(mm)	前期影响雨量 P_a(mm)	备注
1	1953.6.10	46.8	3.4	2.3	
2	1952.8.15	75.6	32.5	18.7	
3	1951.6.17	22.0	12.3	41.0	
4	1951.6.28	47.2	22.6	30.6	
5	1951.8.10	95.1	36.2	8.6	
6	1952.5.29	57.9	17.8	13.6	暴雨集中
7	1952.9.11	70.2	23.1	11.4	
8	1957.7.15	43.1	35.8	48.3	
9	1957.7.29	20.9	4.9	33.0	
10	1957.8.4	80.7	62.2	41.1	
11	1957.10.2	130.6	72.4	12.3	
12	1953.6.18	115.5	47.1	2.9	
13	1953.9.10	42.0	8.4	18.3	
14	1953.9.16	34.8	16.3	35.1	
15	1953.10.17	57.6	25.6	25.2	
16	1953.7.29	90.9	55.1	23.2	
17	1953.8.15	56.2	14.5	14.8	
18	1954.7.22	188.8	107.2	3.4	
19	1954.8.21	45.6	33.1	42.1	
20	1956.8.3	89.7	22.5	8.7	
21	1956.10.11	85.7	23.8	1.0	
22	1956.10.15	14.0	7.6	43.3	
23	1949.6.15	102.5	83.2	43.9	
24	1949.8.7	61.2	35.7	31.4	

1953 年 7 月 29 日～30 日降雨洪水过程　　表 4-29

时间 月.日.时	降雨 P(mm)	流量 (m³/s)	地下径流 Q_g(m³/s)	地面径流 Q(m³/s)	时间 月.日.时	降雨 P(mm)	流量 (m³/s)	地下径流 Q_g(m³/s)	地面径流 Q(m³/s)
7.28.6		200	200	0	8.1.6		802	241	561
18	36.9	168	168	0	18		540	257	283
29.6	54.0	145	145	0	2.6		414	273	141
18		325	161	164	18		355	289	66
30.6		952	177	775	3.6		305	305	0
18		2660	193	2467	18		271	271	0
31.6		1870	209	1661	4.6		239	239	0
18		1250	225	1025					

4.3　已知某小流域的下述资料，①流域特征：由该流域的地形图量得流域面积 $F=25.2\text{km}^2$，主河道长度 $L=6.53\text{km}$，沿 L 的平均坡降 $J=0.02$；通过实地调查，了解到该流域土壤为砂壤土，含砂量很高，植被一般。据此查该省水文手册中的 μ 值表，得损失参数 $\mu=16\text{mm/h}$；该流域的汇流参数按式 $m=0.29\left[L^{1/3}/F^{1/4}\right]^{0.43}$ 计算，式中各

符号的意义和单位同上。②流域暴雨参数：由水文手册查得该流域中心处年最大 24h 暴雨的均值 $\overline{P}_{24}=136$mm、$C_V=0.55$、$C_s/C_V=3.5$，暴雨衰减指数 $n=0.7$。试用推理公式法计算 $p=1/50$ 的设计洪峰流量。

4.4   某一小流域流域面积 $F=341$km^2，需根据下述资料推求出口断面处 50 年一遇的设计洪水过程。经分析，设计暴雨的最长统计历时采用一天，通过点暴雨频率计算，求得流域中心最大一天雨量的统计参数为：$\overline{P}_{24}=110$mm，$C_V=0.58$，$C_s/C_V=3.5$，线型为皮尔逊Ⅲ型；暴雨点面关系折算系数 $a=0.92$；设计暴雨时程分配百分比见表 4-30；产流计算方案用初损后损法，设计前期影响雨量 $P_{a,p}=100$mm，初损为零，后损率 $\overline{f}$ 等于 1.5mm/h；汇流方案采用综合纳希瞬时单位线法，其参数按该地区综合经验公式求得 $n=3.5$，$m_{1,10}=7.2$h，$\lambda=0.3$，取平均情况的基流 30m^3/s 作为设计的地下径流，各时段不变。

设计暴雨时程分配百分比   表 4-30

时段序号（$\Delta t=6$h）	1	2	3	4	合计
暴雨时段分配百分数	11	63	17	9	100

第5章 桥涵孔径设计

§5.1 桥 孔 长 度

5.1.1 桥渡分类及桥位选择

1. 桥渡分类

《公路工程技术标准》规定，桥梁按跨径大小划分为以下几类（见表 5-1）。

桥 涵 分 类

表 5-1

分 类	多孔跨径总长 L (m)	单孔跨径长 L_0 (m)	分 类	多孔跨径总长 L (m)	单孔跨径长 L_0 (m)
特大桥	$L \geqslant 500$	$L_0 \geqslant 100$	小桥	$8 \leqslant L \leqslant 30$	$5 \leqslant L_0 \leqslant 20$
大桥	$100 \leqslant L < 500$	$40 \leqslant L_0 < 100$	涵洞	$L < 8$	$L_0 < 5$
中桥	$30 < L < 100$	$20 \leqslant L_0 < 40$			

注：1. 多孔跨径指标准跨径而言。

　　2. 多孔跨径总长仅作一个分类指标，梁式、板式桥多为标准跨径总长，拱式桥为两岸桥台内起拱线间的距离；其他型式桥梁为桥面车道长度。

2. 桥位选择

桥位选择的目的是选一个技术、经济和社会效益各方面都比较合理的跨河地点。其一般要求为：

（1）服从路线走向，适应市政规划和景观建设，路桥综合考虑；

（2）满足经济发展和国防需要；协调好与航运、防洪、铁路等方面的关系；注意文物、环境和军事设施的保护；同时还要照顾群众利益，少占良田，少拆迁有价值的建筑物；

（3）桥轴线一般为直线或曲率小的曲线，纵坡较小；

（4）应对各个可比选方案进行详细调查和勘探，经全面分析论证，确定推荐方案。

除上述这些一般要求，桥位选择时还应满足水文泥沙、地形地貌、工程地质、航运等方面的要求。

（1）桥位选择在水文泥沙方面的要求：

1）桥位应选在河道顺直、河床稳定、滩地较高，且主泓摆动幅度小，河槽能通过大部分流量的河段上。

2）桥轴线应与中、高洪水主流方向正交。若必须斜交时，应采取工程措施，防止引道路基和河床冲刷，桥位下游河段应注意桥墩导流和环流作用引起的局部河势变化。

3）桥位选择应考虑河道的演变趋势。

（2）桥位选择在地形地貌方面的要求：

1）桥位应尽量选在两岸有山嘴或高地等河岸稳固的河段，平原河流的节点河段；

2）避免在桥位上、下游有山嘴、石梁、沙洲等干扰水流畅通的河段；

3）桥位河段便于施工场地布置、材料运输。

（3）桥位选择在工程地质方面的要求：

1）桥位应选在基岩和坚硬土层埋藏较浅、地基稳定处；

2）桥位不宜选在断层、滑坡、泥石流、溶洞、盐渍土等不良地段。

（4）桥位选择在航运方面的要求：

1）桥位应选在航道比较稳定，有足够通航水深，且桥位上下游能布置符合通航要求的直线航道的河段上；

2）桥位河段水流平顺，无险滩和急弯，便于船舶控制；

3）各级通航水位下流向基本一致，桥轴线与水流方向垂直，若斜交时，不宜大于5°，否则应增大通航桥孔的孔径；

4）桥位应选在码头、锚地和排筏集散场上游一定距离，其距离应满足船只调头和码头作业。

其他方面的要求，见《公路桥位勘测设计规范》（JTJ 062—91）。

5.1.2 桥位河段水流状况和桥孔布置原则

1. 桥位河段水流状况分析

建桥后，过水断面受到压缩，加上墩台的阻水影响，改变了水流和泥沙运动形式。无导流堤时，桥位缓流河段水流状态可简化为图5-1所示。

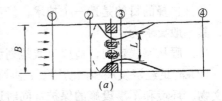

从桥位上游断面①到断面②为壅水段，水面坡降变缓，水深逐渐增加，断面②处壅水高 Δh_y 达到最大，流速则逐渐减小，该段可能出现淤积；断面②～③间水面降落，水流在宽度和深度方向均收缩，流速加大，挟沙力增加，河床可能冲刷，至断面③处水流呈现"颈口"形状；断面③～④为扩散段，沿流向该段冲刷逐渐

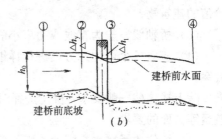

图5-1　桥位河段水流状况
(a) 平面图；(b) 剖面图

变小转为淤积，又从淤积逐渐恢复到天然输沙平衡状态。

2. 桥孔布置原则

桥位选定后，桥孔的位置和大小，应与天然断面的流量分配相适应，满足泄洪排沙要求，保证桥头路堤不致溃决。在滩槽稳定的河段上，若桥孔需延伸到河滩上时，其左右河滩桥孔长度之比应近似等于左右河滩流量之比；在滩槽不稳定的河段或桥址位于弯道段时，桥孔布设应考虑河床变形和流量不均匀分布的影响。

同一施工或养护区段内，桥孔孔径、类型，应力求简化；同一座桥上，除跨越通航或深谷的桥孔外，宜采用类型相同的等跨梁，以利施工和养护。

在通航和筏运的河段上，应将通航孔布设在稳定航道上，必要时可根据河床演变分析结果预留通航孔。桥长不宜过于压缩，以免增大桥下流速，造成船只通过困难。

在有流冰、流木的河段上，桥孔应适当放大，必要时，墩台应设置破冰体。

对各类河段，桥孔布设还应符合下列要求：

（1）山区河流　峡谷河段一般宜单孔跨越，桥台不得伸入河槽，墩台基础可置于不同高程的基岩上。开阔河段容许桥头路堤压缩河滩，但不能压缩河槽。

（2）平原河流　顺直微变和蜿蜒河段上，应预测河弯的发展和深泓线的摆动情况，在深泓摆动范围内应布设桥孔；分汊型河段上，应在各汊道上分别架桥，对滩槽不稳定的分汊河段，各汊桥孔应预估各汊分流比例的变化，各分汊过流能力之和应为上游分汊前的全河总流量的 1.2～1.8 倍，越不稳定的分汊河段，取值越大；游荡型河段上，桥孔不宜过多压缩河床，应结合当地治理规划，辅以必要的整治工程，在深泓线可能摆动的范围内均应布设桥孔。

（3）山前区河流　冲积漫流（山前扩散）河段上，桥位宜在河流上游狭窄段或下游收缩处跨越。若桥位通过河床宽阔、水流具有显著分支处时，可采用一河多桥方案，并在各桥间设置人字型封闭导流堤。桥下净空应考虑河床淤积影响。山前变迁河段上，允许压缩河滩，但需辅以适当的整治建筑物。河滩路堤内不宜设置小桥或涵洞。如采用一河多桥方案，则临近主河槽的支汊需堵截。

大中桥桥下河床，一般不采用铺砌加固的办法。原因是大中桥流量大，冲刷深。若修建河床防护工程，工程投资大，施工亦很困难。如将河床加固与相应的为加深墩台基础而增加的工程量进行比较，河床加固工程方案的投资往往大于后者。而且河床防护工程一旦被洪水冲毁，墩台基础就会失去保护，势必危及桥梁安全。

5.1.3　桥孔长度计算

桥孔长度是指相应于设计水位时两桥台前缘之间的水面宽度，常以 L 表示。如图 5-2 所示。扣除全部桥墩宽度后的长度，称为桥孔净长，以 L_j 表示。桥孔长度计算有两种方法，其一为冲刷系数法，另一为经验公式法，均可使用。

1. 冲刷系数法

桥下过水断面分为以下几个部分：

ω_g——冲刷前桥下毛过水面积，即设计水位下冲刷前两桥台间的总面积；

ω_d——冲刷前被桥墩所占的过水面积；

ω_k——冲刷前被墩台侧面涡流占去的过水面积；

ω_y——冲刷前桥下有效过水面积，$\omega_y=\omega_g-\omega_k-\omega_d$；

ω_j——冲刷前桥下净过水面积，$\omega_j=\omega_y+\omega_k=\omega_g-\omega_d$。

修桥后，桥孔压缩水流，引起桥下流速增大，河床冲刷。随着冲刷发展，桥下过水断面逐渐扩大，流速减小。当桥下流速恢复到河槽的天然流速 V_s 时，冲刷停止。桥下断面冲刷前后的变化如图 5-2 所示。记冲刷停止时桥下有效过水面积为冲刷前桥下有效过水面积 ω_y 乘以冲刷系数 P，即 $P\omega_y$（$P\geqslant1$）。

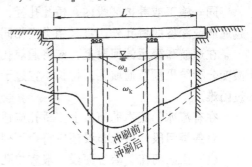

图 5-2　冲刷前后桥下断面的变化

参考第 3 章讲述的设计洪水计算方法，可拟定出桥位断面的设计洪峰流量 Q_p，设冲刷前后水位不变，根据水流连续性方程，可得

$$Q_p = P\omega_y V_s$$

因墩台侧面涡漩阻水，引入侧收缩系数 $\mu=\omega_y/\omega_j$，则有

$$\omega_j = \frac{Q_p}{\mu P V_s} \tag{5-1}$$

因桥墩本身的宽度，引入过水面积折减系数 $\lambda=\omega_d/\omega_g$，而 $\omega_j=\omega_g-\omega_d=(1-\lambda)\omega_g$，所以

$$\omega_g = \frac{Q_p}{\mu(1-\lambda)P V_s} \tag{5-2}$$

利用式（5-1）和式（5-2）即可求出桥下通过设计洪水时所需要的最小净过水面积 ω_j 和毛过水面积 ω_g。其中，冲刷系数 P 的取值见表 5-2。

各类河段的冲刷系数 P 值　　　　　　　　　　　表 5-2

河 流 类 型		冲刷系数	附　注
山区	峡 谷 段	1.0～1.2	无滩
	开 阔 段	1.1～1.4	有滩
山前区	半山区稳定段（包括丘陵区）	1.2～1.4	在断面平均水深≤1m 时，才能使用接近
	变迁性河段	1.2～1.8	1.8 的较大值
平 原 区		1.1～1.4	

注：1. 采用冲刷系数时，应注意使桥前壅水或桥下流速的增大不致危害上、下游堤防、农田、村庄和其他水工建筑物以及影响通航放筏等。

2. 河网地区河流及人工渠道上的桥孔应尽量减少对水流的干扰。

侧收缩系数计算式为:

$$\mu = 1 - 0.375 \frac{V_s}{l_j} \qquad (5\text{-}3)$$

式中　l_j——两桥墩间净间距，m;

　　　V_s——河槽的天然流速，m/s。

对不等跨距的桥孔，采用各孔 μ 值的加权平均值。

当桥位与水流斜交时，式（5-2）变为

$$\omega_g = \frac{Q_p}{\mu(1 - \lambda)PV_s\cos\alpha} \qquad (5\text{-}4)$$

式中　α——桥轴线的法线与水流方向的夹角。

求出 ω_j 或 ω_g 后，根据事先绘制好的桥址断面过水面积与桥长关系曲线，即可确定桥孔长度。

2. 经验公式法

《公路桥位勘测设计规范》（JTJ 062—91）规定，对峡谷河段，一般按地形布孔，不作桥长计算。其他类型河段，可用下述经验公式计算桥孔净长 L_j。

(1) 单宽流量公式

主要考虑桥下河床单宽流量的重新分布建立的公式。适用于稳定、次稳定和宽滩河段

$$L_j = \frac{Q_p}{\beta q_c} \qquad (5\text{-}5)$$

式中　L_j——桥孔净长，m;

　　　Q_p——设计流量，m³/s;

　　　q_c——河槽平均单宽流量，m³/(m·s);

　　　β——水流压缩系数。

系数 β 按河段情况进行计算。对稳定、次稳定河段

$$\beta = k_1\left(\frac{B_c}{\overline{h_c}}\right)^{0.06} \qquad (5\text{-}6)$$

对宽滩河段

$$\beta = 1.02\left(\frac{Q_c}{Q_t}\right)^{0.15}\left(\alpha\frac{V_0^2}{g\overline{h_0}}\right)^{-0.11} \qquad (5\text{-}7)$$

式中　$\overline{h_c}$——河槽平均水深，m;

　　　B_c——河槽宽度，m;

　　　k_1——系数，稳定河段取 1，次稳定河段取 0.92;

　　　Q_c——河槽流量，m³/s;

　　　Q_t——河滩流量，m³/s;

　　　V_0——设计洪水时，河床断面平均流速，m/s;

$\overline{h}_0$——设计洪水时河床断面平均水深，m；

α——断面流速不均匀修正系数。

(2) 输沙平衡公式

主要考虑断面总输沙平衡建立的公式。适用于滩、槽可分的变迁、游荡性河段：

$$L_j = k\left(\frac{Q_p}{Q_c}\right)^{1.3} \overline{h}_c^{0.2} B_c^{0.8} \qquad (5-8)$$

式中 k——系数，游荡性河段为 2.1～2.3，变迁性河段为 1.7～2.0；

其他符号，意义同前。

(3) 基本河宽公式

适用于不能划分出滩、槽的变迁、游荡性河段

$$L_j = kB_0 = kA\left(\frac{Q_p^{0.5}}{J^{0.25}}\right) \qquad (5-9)$$

式中 B_0——基本河槽宽度，m；

k——系数，$k=1.0～0.78$；

A——河段特性系数，一般为 1.0～1.5；无滩宽浅河床为 1.5～3.0；

J——水面比降。

上述公式的计算结果是通过设计洪水时，且与水流方向正交所需要的最小桥孔净长，斜交时应予换算。

3. 标准跨径的选择

对梁式桥、板式桥，标准跨径为桥墩中心线之间的距离；拱式桥（涵）、箱涵、圆管涵，以其净跨径作为标准跨径。

桥涵标准跨径类型有：0.75、1.0、1.25、1.5、2.0、2.5、3.0、4.0、5.0、6.0、8.0、10、13、16、20、25、30、35、40、45、50、60m。

设计中因可直接选用这些标准跨径的各类标准图,简化大量的设计计算工作。所以跨径在 60m 以下的桥孔，一般应选用标准跨径。

§5.2 桥 面 标 高

桥面中心线上最低点的标高，称为桥面标高。它的确定应满足桥下通过设计洪水、通航、流木、流冰的要求，并考虑壅水高、风浪高、河弯超高和河床淤积抬高等影响。

5.2.1、桥面标高计算

1. 非通航河段

$$Z_{\min} = Z_s + \Delta h_D + \Sigma\Delta h + \Delta h_j \qquad (5-10)$$

式中 $Z_{\min}$——桥面标高，如图 5-3 所示；

Z_s—— 设计洪水位；

Δh_D—— 桥梁上部结构高度，包括桥面铺装高度；

$\Sigma \Delta h$—— 各类水面升高值之和，计算方法详见后面各类水面升高值计算部
分；

Δh_j—— 桥下净空高度，见表 5-3。

不通航河流桥下净空高度　　　　　　表 5-3

桥梁部位	高出计算水位以上（m）	高出流冰面以上（m）
梁　底	0.50	0.75
支承垫石顶面	0.25	0.50
拱　脚	按注 1 要求办理	0.25

注：1. 无铰拱的拱脚，允许被设计洪水淹没，淹没高度一般不超过拱圈矢高的三分之二，拱顶至计算
水位的净高不小于 1m；有锚固的普通板式橡胶支座，其桥台端桥下净空亦可不受 0.25m 或
0.5m 的限制。

　　2. 计算水位为设计洪水位加上桥位处实际可能出现的各类水面升高值之和。表列最小净空与注 1
的净高，应同时根据河流的具体情况，斟情考虑壅水、浪高、河床淤高、漂浮物和流冰阻塞的
影响适当加高。

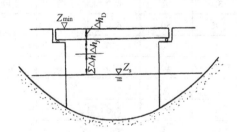

图 5-3　不通航河段桥面标高示意图

　　对有流冰、流木的河段，除满足上述桥下净空高度，桥孔的净跨径还需大于
表 5-4 的规定。

流冰、流木河段桥孔最小净跨径　　　　　表 5-4

类　　型		净　跨　径　（m）		备　　注
		主槽桥孔	边滩桥孔	
流冰	微弱	16	10	冰块小于 0.7m 厚×50m²
	中等	20	13	冰块大于 0.7m 厚×50m²
	强烈	40	30	冰块大于 1.0m 厚×110m²
流木	中等	流木长度加 1m		
	强烈	流木长度加 2m		

注：1. 本表应根据桥址附近调查资料校正。

　　2. 有冰塞或流木堵塞堆积的河流，桥跨要根据需要加大。

2. 通航河段

$$Z_{min} = Z_m + h_m + \Delta h_D \tag{5-11}$$

式中　Z_m——设计最高通航水位，一至四级航道采用 5% 频率的洪水位，五至六级航道采用 10% 频率的洪水位；

　　　h_m——通航净空高度，与航道等级、航道情况有关，见图5-4，可由表5-5查取。

其余符号意义同前。

通航河段需同时满足泄洪和通航要求，所以通航河段的桥面标高应取式(5-10)和式(5-11)计算结果的较大值。

水上过河建筑物通航净空尺度　　　　　　　　表 5-5

航道等级		天然及渠化河流（m）				限制性航道（m）			
		净高 h_m	净宽 B_m	上底宽 b	侧高 h	净高 h_m	净宽 B_m	上底宽 b	侧高 h
I	(1)	24	160	120	7.0				
	(2)		125	95	7.0				
	(3)	18	95	70	7.0				
	(4)		85	65	8.0	18	130	100	7.0
II	(1)	18	105	80	6.0				
	(2)		90	70	6.0				
	(3)	10	50	40	6.0	10	65	50	6.0
III	(1)								
	(2)		70	55	6.0				
	(3)	10	60	45	6.0	10	85	65	6.0
	(4)		40	30	6.0		50	40	6.0
IV	(1)		60	50	4.0				
	(2)	8	50	41	4.0		80	66	3.5
	(3)		35	29	5.0	8	45	37	4.0
V	(1)	8	46	38	4.0				
	(2)		38	31	4.5	8	75～77	62	3.5
	(3)	8.5	28～30	25	5.5、3.5	8.5	38	32	5.0、3.5
VI	(1)					4.5	18～22	14～17	3.4
	(2)	4.5	22	17	3.4				
	(3)	6	18	14	4.0	6	25～30	19	3.6
	(4)						28～30	21	3.4

航道等级		天然及渠化河流 （m）				限制性航道 （m）			
		净高 h_m	净宽 B_m	上底宽 b	侧高 h	净高 h_m	净宽 B_m	上底宽 b	侧高 h
Ⅶ	(1)					3.5	18	14	2.8
	(2)	3.5	14	11	2.8		18	14	2.8
	(3)	4.5	18	14	2.8	4.5	25～30	19	2.8

注：1. 在平原河网地区建桥遇特殊困难时可按具体条件研究确定。

2. 桥墩（柱）侧如有显著的紊流，则通航孔桥墩（柱）间的净宽值应为本表的通航净宽加两侧紊流区的宽度。

3. 建在航行条件较差或弯曲河段上的桥梁，其通航净宽应在表列数值基础上，根据船舶航行安全的需要适当放宽。

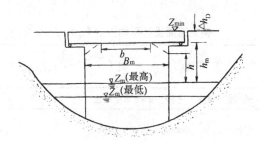

图 5-4　通航河段桥面标高示意图

5.2.2　各类水面升高值计算

1. 桥前壅水曲线与桥下壅水高 Δh_1

桥前壅水曲线可用水力学中恒定非均匀流水面线推求方法进行计算。桥梁设计中，对缓坡河流，桥前壅水曲线一般可近似看做为二次抛物线，计算公式为

$$L_m = \frac{2\Delta h_y}{J} \tag{5-12}$$

$$\Delta h_A = \left(1 - \frac{JL_A}{2\Delta h_y}\right)^2 \Delta h_y \tag{5-13}$$

式中　L_m——壅水曲线的全长；

Δh_A——任意断面 A 处的壅水高度；

Δh_y——桥前最大壅水高度（见图 5-1）；

J——河床比降；

L_A——桥前任意断面 A 至最大壅水断面的距离。

桥前最大壅水高度多采用下列近似公式计算

$$\Delta h_y = \eta(V_m^2 - V_q^2) \tag{5-14}$$

式中　η——壅高系数，见表 5-6；

V_m——通过设计流量时，桥下断面平均流速，m/s，按土壤和土质类别由表 5-7 计算；

V_q——桥前河流全断面的平均流速，m/s。

桥下壅水高 Δh_1（见图 5-1）一般采用桥前最大壅水高度 Δh_y 的一半。当河床坚实不易冲刷时，可采用桥前最大壅水高度值 Δh_y；当河床松软易于冲刷时，桥下壅水高度可以不计。

壅高系数 η 值表 　　　　　　　　　　　　表 5-6

河滩路堤阻断流量与设计流量的比值（%）	<10	11～30	31～50	>50
η	0.05	0.07	0.10	0.15

桥下断面设计平均流速 V_m（m/s） 　　　　　　表 5-7

土　质	土　壤　类　别	V_m（m/s）
松软土	淤泥、细沙、中沙、淤泥质亚粘土	$V_m = V_s$
中等土	粗沙、砾石、小卵石、亚粘土和粘土	$V_m = \dfrac{1}{2}\left(\dfrac{Q_p}{\omega_j} + V_s\right)$
密实土	大卵石、大漂石、粘土	$V_m = \dfrac{Q_p}{\omega_j}$

注：V_s 为天然情况下桥下断面平均流速；ω_j 为桥下净过水面积。

2. 桥墩冲高 Δh_2

缓流时，河道中的桥墩会对上游产生壅水。而急流时，则不会对上游产生壅水作用，但墩前水流会突然冲高，如图5-5中的 Δh_2，成为控制桥底高程的重要因素。这种水位壅高值称为桥墩冲高。

桥墩冲高 Δh_2 的经验计算式为

$$\Delta h_2 = \frac{6}{5} - \frac{9}{2}\left(\frac{\omega_d}{\omega_g}\right) + \frac{2}{3}\left(\frac{V_0^2}{2g}\right)$$

(5-15)

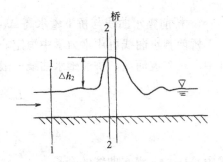

图 5-5　急流中桥墩冲击高度

式中　Δh_2——桥墩冲高值，m；

　　　ω_d——桥墩阻水面积，m²；

　　　ω_g——桥下毛过水面积，m²；

　　　V_0——建桥前桥址断面平均流速，m/s；

　　　g——重力加速度，m/s²。

3. 桥位处波浪高度 Δh_L

波浪高度一般可通过调查取得，也可按《公路桥位勘测设计规范》(JTJ 062—91)推荐的经验公式计算：

$$\Delta h_L = 0.299 \frac{V_\omega^2}{g} th\left[0.7\left(\frac{g\overline{h}}{V_\omega^2}\right)^{0.7}\right] th\left\{\frac{0.0018(gD/V_\omega^2)^{0.45}}{0.13th\left[0.7(g\overline{h}/V_\omega^2)^{0.7}\right]}\right\} \quad (5\text{-}16)$$

式中　Δh_L——连续观测 100 个波浪，其中波浪高度最大的一个，m；

　　　$\overline{h}$——沿浪程计算方向的平均水深，m；

　　　V_ω——风速，m/s，为水面上 10m 高度处多年测得的洪水期间自记 2 分钟平均最大风速的平均值；

　　　D——计算浪程，又称吹程，m，如图 5-6 所示，为桥位处沿主风向至洪水泛滥边界的最大距离。对水面狭窄的河流，当平均泛滥宽度 $\overline{B}$ 与计算浪程 D 之比小于 0.7 时，式 5-16 中的 D 应乘以修正系数 K_D，K_D 的取值见表 5-8。

计算桥面标高时，按上述计算值的三分之二计入。

修正系数 K_D 值　　　　　　　　　　　　　　　　表 5-8

$\overline{B}/D$	0.1	0.2	0.3	0.4	0.5	0.6	0.7
K_D	0.3	0.5	0.63	0.71	0.80	0.85	1.00

4. 路堤边坡处波浪爬高 Δh_e

确定河滩路堤或导流堤顶高程时，应计入这一高度，其计算式为

$$\Delta h_e = K_A K_V R_0 \Delta h_L \quad (5\text{-}17)$$

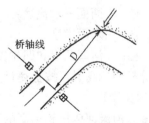

图 5-6　主风向吹程

式中　Δh_e——自静水位起计算的波浪爬高，m；

　　　K_A——边坡糙渗系数，与边坡护面情况有关，见表 5-9；

　　　K_V——与风速有关的系数，见表 5-10；

　　　R_0——相对波浪爬高，即当 $K_A = K_V = 1$，$\Delta h_L = 1m$ 时的波浪爬高，见表 5-11。

边坡糙渗系数 K_A　　　　　　　　　　　　　　　表 5-9

边坡护面类型	光滑不透水护面（沥青混凝土）	混凝土及浆砌片石护面与光滑土质边坡	干砌片石及植草皮	一两层抛石加固	抛石组成的建筑物
K_A	1.0	0.90	0.75~0.80	0.60	0.50~0.55

风速影响系数 K_V				表 5-10
风速 m/s	5~10	10~20	20~30	>30
K_V	1.0	1.2	1.4	1.6

相对波浪爬高 R_0							表 5-11
边坡系数 m	1.00	1.25	1.5	1.75	2.0	2.5	3.0
R_0	2.16	2.45	2.52	2.40	2.22	1.82	1.50

波浪斜向侵袭时，当边坡系数 $m>1$，浪程方向与路堤水边线夹角 $\beta \geqslant 30°$，波浪爬高按下式计算

$$\Delta h'_e = \frac{1 + 2\sin\beta}{3}\Delta h_e \tag{5-18}$$

式中 $\Delta h'_e$——修正后的波浪爬高。

5. 河弯超高 Δh_w

由于离心力作用，使弯道凹岸水位升高。凹岸水位与凸岸水位之差称河弯超高，可按下式估算：

$$\Delta h_w = \frac{V^2 B}{gR} \tag{5-19}$$

式中 Δh_w——河弯超高；

V——断面平均流速；

B——水面宽度；

R——河弯凸岸和凹岸曲率半径的平均值。

计算桥面标高时，按上述计算值的二分之一计入。

6. 河床淤积

大多数河流河床淤积抬高的速度极慢。但对一些堆积性明显的河段（如黄河下游和永定河下游），以及大中型水库的回水末端附近河段（如位于黄河三门峡水库回水末端的渭河下游等），确定桥下净空时，应对河床淤积问题给予充分考虑。

河床淤积抬高量的估计比较困难，一般需用河工模型试验或河床变形数学模型来预估。

【例 5-1】   已知某桥址断面及地质资料如图 5-7 所示。桥位河段属平原次稳定河段，设计流量 $Q_p=6150 m^3/s$，设计水位 $Z_p=107.00m$，河槽天然流速 $V_s=2.0m/s$，河滩天然平均流速 $V_t=0.95m/s$，水流与桥位正交，通航等级为五级航道，通航水位 105.00m。试计算（1）桥孔长度；（2）桥面标高。

（1）基本数据计算

由桥位断面图可知，桥下断面分为七个单元，他们分别为 0~40m，40~240m，……，各单元的面积为：

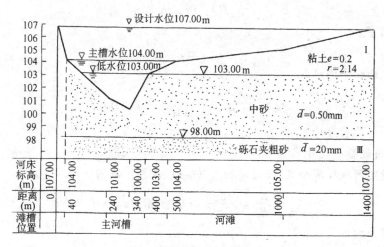

图 5-7　某桥址断面情况

① $\dfrac{1}{2} \times 40 \times 3 = 60\text{m}^2$

② $\dfrac{1}{2} \times 200 \times (3+6) = 900\text{m}^2$

③ $\dfrac{1}{2} \times 100 \times (6+7) = 650\text{m}^2$

④ $\dfrac{1}{2} \times 60 \times (7+4) = 330\text{m}^2$

⑤ $\dfrac{1}{2} \times 100 \times (4+3) = 350\text{m}^2$

⑥ $\dfrac{1}{2} \times 500 \times (3+2) = 1250\text{m}^2$

⑦ $\dfrac{1}{2} \times 400 \times 2 = 400\text{m}^2$

河槽过水面积

$$\omega_c = ① + ② + ③ + ④ + ⑤ = 2290\text{m}^2$$

河滩过水面积

$$\omega_t = ⑥ + ⑦ = 1650\text{m}^2$$

天然情况下河槽设计流量

$$Q_c = \omega_c \times V = 2290 \times 2 = 4580\text{m}^3/\text{s}$$

天然情况下河滩设计流量

$$Q_t = \omega_t \times V_t = 1650 \times 0.95 = 1570\text{m}^3/\text{s}$$

河床断面平均流速

$$V_0 = \frac{Q_p}{\omega_c + \omega_t} = \frac{6150}{2290 + 1650} = 1.56\text{m/s}$$

水面宽

$$B = 1400\text{m}$$

河槽宽

$$B_c = 500\text{m}$$

河床断面平均水深

$$\overline{h}_0 = \frac{\omega_c + \omega_t}{B} = \frac{3940}{1400} = 2.81\text{m}$$

（2）桥孔长度计算

1）用经验公式计算

次稳定河段可用公式（5-5）和式（5-6）计算，河槽平均单宽流量

$$q_c = \frac{Q_c}{B_c} = \frac{4580}{500} = 9.16\text{m}^3/(\text{s} \cdot \text{m})$$

河槽平均水深

$$\overline{h}_c = \frac{\omega_c}{B_c} = \frac{2290}{500} = 4.58\text{m}$$

则

$$\beta = k_1 \left(\frac{B_c}{\overline{h}_c}\right)^{0.06} = 0.92 \left(\frac{500}{4.58}\right)^{0.06} = 1.22$$

桥孔净长

$$L_j = \frac{Q_p}{\beta q_c} = \frac{6150}{1.22 \times 9.16} = 550\text{m}$$

2）用冲刷系数法计算　初步拟定，上部结构采用预应力钢筋混凝土简支梁，本河流为五级航道，要求桥下净跨不小于 38m，选用标准跨径 40m（桥墩中心间距），并假定墩宽 1m。从表 5-2 选用 $P=1.25$，侧收缩系数 $\mu = 1 - 0.375\frac{V_s}{l_j} = 1 - 0.375 \times \frac{2}{40-1} = 0.98$，$\lambda = \frac{b}{l} = \frac{1.0}{40} = 0.025$，采用公式（5-2）可计算出通过设计流量时所需要的桥下最小毛过水面积

$$\omega_g = \frac{Q_p}{\mu(1-\lambda)PV_s} = \frac{6150}{0.98 \times (1-0.025) \times 1.25 \times 2.0} = 2575\text{m}^2$$

在全部河槽中布置桥孔，在 500m 宽的河槽上可以得到毛过水面积 2290m²，另外需要河滩上布置过水面积为 2575－2290＝285m²。根据河滩几何形状，可算得相应的距离（桩号）为 600m。

参照桥位处的河流横断面和现场勘察的意见，确定将一岸桥台前缘置于距离（桩号）为 0 处，采用 15 孔跨径 40m 的桥孔，则另一桥台前缘位于距离（桩号）600m 处，即桥孔长度 600m。其桥孔净长 $L_j = 15 \times (40-1.0) = 585$m。与经验公式计算结果相比差别不大。

上述计算结果是桥下宣泄设计洪水所需要的最小孔径，实际中应综合考虑桥前壅水，桥下冲刷，河道主流摆动幅度，以及技术经济方面的要求。为减少对航运影响，还可加大航道所在桥孔的跨径。

（3）桥面标高确定

1）壅水高度

按式（5-10）计算。其中河滩路堤阻断的过水面积 $\omega_{zd}=\omega_t-285=1650-285=1365m^2$，则河滩路堤阻断流量 $Q_{zd}=\omega_{zd}V_t=1365\times0.95=1297m^3/s$。因为 $\dfrac{Q_{zd}}{Q_p}=\dfrac{1297}{6150}=21\%$，查表 5-6，选用 $\eta=0.07$。

从桥位断面图可知，河床表层组成为中沙和粘土，按表 5-7 可选 $V_m=V_s=2.0m/s$，所以

$$\Delta h_y=\eta(V_m^2-V_q^2)=0.07\times(2.0^2-1.56^2)=0.11m$$

桥下壅水高度取 $\Delta h_1=\dfrac{1}{2}\Delta h_y=0.06m$

2）波浪高度

桥位附近无波浪资料，采用式（5-16）计算。

假设收集到气象资料，通过对风向、风速观测资料分析整理，并结合河段水域地形，得到计算浪程 $D=1000m$，风速 $V_\omega=17m/s$，平均水深 $\bar{h}=6m$，可得

$$\frac{g\bar{h}}{V_\omega^2}=\frac{9.8\times6.0}{17^2}=0.203$$

$$0.7\left(\frac{g\bar{h}}{V_\omega^2}\right)^{0.7}=0.23$$

$$\frac{gD}{V_\omega^2}=\frac{9.8\times1000}{17^2}=33.91$$

$$0.0018\left(\frac{gD}{V_\omega^2}\right)^{0.45}=0.0088$$

$$\frac{V_\omega^2}{g}=29.49$$

$$\Delta h_L=8.82th(0.23)th\left\{\frac{0.0088}{0.13th(0.23)}\right\}=0.58m$$

根据调查，本河段其他引起水位升高的因素可忽略，这样

$$\Sigma\Delta h=\Delta h_1+\frac{2}{3}\Delta h_L=0.06+\frac{2}{3}\times0.58=0.45m$$

3）桥面标高

按式（5-10）计算时，采用桥下净空 $\Delta h_j=0.5m$（见表 5-3），桥梁上部结构高度 $\Delta h_D=1.8m$，则

$$Z_{min}=Z_S+\Delta h_D+\Delta h_j+\Sigma\Delta h$$
$$=107+1.8+0.5+0.45=109.8m$$

按式（5-11）计算时，五级航道的通航净空高度 $h_m=8m$（见表 5-5），

$$Z_{min}=Z_m+h_m+\Delta h_D=105+8+1.8=114.8m$$

桥面标高以两者的较大值来控制，故应采用 $Z_{min}=114.8m$。

§5.3　小桥涵断面设计

5.3.1　小桥孔径计算

与大中桥采用设计流量对应的主槽天然流速作为设计流速不同，小桥所处的河道小，可对河床进行人工加固以提高桥下容许不冲流速，减小桥孔尺寸和工程总投资。如河床不能加固，不容许桥下流速超过天然流速，则桥孔应取天然情况下通过设计流量时的水面宽，无需计算孔径，只要根据设计洪水推算出桥下水位，确定桥面标高即可。

1. 小桥水流状态图式

水流通过小桥的状态可分自由出流和淹没出流两种。如图5-8所示，h_t 为小桥下游天然水深，h_k 为桥下临界水深，h_c 为收缩断面水深，h 为桥下水深。根据水力学中堰流理论，当 $h_t \leqslant 1.3h_k$ 时，$h < h_k$，桥下水流为急流，下游水深对桥下过流能力的影响可忽略，为自由出流；当 $h_t > 1.3h_k$ 时，$h > h_k$，桥下水流为缓流，桥下过流能力受到下游水深的顶托影响，为淹没出流。

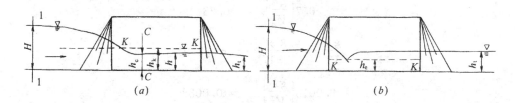

图 5-8　小桥水流状态图式

(a) 小桥自由出流；(b) 小桥淹没出流

小桥设计中，应尽量使桥下水深 h 接近临界水深 h_k，让设计流量以最佳的水流状态通过桥孔。其理由是，建桥后若桥孔对水流无压缩或压缩甚小，桥下水流与天然情况相差不多，仍保持缓流状态，则桥孔必然较高较大，不经济。当桥孔由大变小，桥下水流将由缓流状态变为临界流状态。若桥孔继续变小，桥下水流将变为急流状态，这时桥孔虽然变小，但由于水流比能较大，桥孔及下游河床将受到严重冲刷，桥上游则因壅水抬高形成大面积淹没区。因此，通过设计流量时，桥孔应按临界流状态设计，以得到上下游兼顾，经济合理的桥孔。

2. 孔径计算

小桥水力计算的内容是根据设计流量 Q_p，河床加固类型所对应的最大容许流速，确定满足过流能力和防冲条件的孔径以及相应的桥前壅水高度等。

(1) 桥下临界水深

非粘性土的容许（不冲刷）平均流速表

表 5-12a

编号 (1)	名称 (2)	特征 (3)	土的颗粒尺寸 (mm) (4)	水流平均深度 (m) 平均流速 (m/s)					
				0.4 (5)	1.0 (6)	2.0 (7)	3.0 (8)	5.0 (9)	10及以上 (10)
1	灰尘及淤泥	灰尘及淤泥带细砂、沃土	0.005~0.05	0.15~0.20	0.20~0.30	0.25~0.40	0.30~0.45	0.40~0.55	0.45~0.65
2	砂，小颗粒的	细砂带中等尺寸的砂粒	0.05~0.25	0.20~0.35	0.30~0.45	0.40~0.55	0.45~0.60	0.55~0.70	0.65~0.80
3	砂，中颗粒的	细砂带粘土、中等尺寸的砂带大的砂粒	0.25~1.00	0.35~0.50	0.45~0.60	0.55~0.70	0.60~0.75	0.70~0.85	0.80~0.95
4	砂，大颗粒的	大砂夹杂着砾、中等颗粒砂带粘土	1.00~2.50	0.50~0.65	0.60~0.75	0.70~0.80	0.75~0.90	0.85~1.00	0.95~1.20
5	砾，小颗粒的	细砾带着中等尺寸的砾石	2.50~5.00	0.65~0.80	0.75~0.85	0.80~1.00	0.90~1.10	1.00~1.20	1.20~1.50
6	砾，中颗粒的	大砾带砂带小砾	5.00~10.00	0.80~0.90	0.85~1.05	1.00~1.15	1.10~1.30	1.20~1.45	1.50~1.75
7	砾，大颗粒的	小卵石带砂带砾	10.00~15.0	0.90~1.10	1.05~1.20	1.15~1.35	1.30~1.50	1.45~1.65	1.75~2.00
8	卵石，小颗粒的	中等尺寸卵石带砂带砾	15.0~25.0	1.10~1.25	1.20~1.45	1.35~1.65	1.50~1.85	1.65~2.00	2.00~2.30
9	卵石，中颗粒的	大卵石夹杂着砾	25.0~40.0	1.25~1.50	1.45~1.85	1.65~2.10	1.85~2.30	2.00~2.45	2.30~2.70
10	卵石，大颗粒的	小鹅卵石带卵石带砾	40.0~75.0	1.50~2.00	1.85~2.40	2.10~2.75	2.30~3.10	2.45~3.30	2.70~3.60
11	鹅卵石，小个的	中等尺寸鹅卵石带卵石	75.0~100	2.00~2.45	2.40~2.80	2.75~3.20	3.10~3.50	3.30~3.80	3.60~4.20
12	鹅卵石，中等的	中等尺寸鹅卵石夹杂着大个的鹅卵石，大鹅卵石带着小的夹杂物	100~150	2.45~3.00	2.80~3.35	3.20~3.75	3.50~4.10	3.80~4.40	4.20~4.50
13	鹅卵石，大个的	大鹅卵石带小漂圆石带卵石	150~200	3.00~3.50	3.35~3.80	3.75~4.30	4.10~4.65	4.40~5.00	4.50~5.40
14	漂圆石，小个的	中等漂圆石带卵石	200~300	3.50~3.85	3.80~4.35	4.30~4.70	4.65~4.90	5.00~5.50	5.40~5.90
15	漂圆石，中等的	漂圆石夹杂着鹅卵石	300~400	—	4.35~4.75	4.70~4.95	4.90~5.30	5.50~5.60	5.90~6.00
16	漂圆石，特大的		400~500及以上	—	—	4.95~5.35	5.30~5.50	5.60~6.00	6.00~6.20

粘性土容许（不冲刷）平均流速表

表 5-12b

编号 (1)	土的名称 (2)	颗粒成分 (%) 小于 0.005 mm (3)	0.005~0.050 mm (4)	不太密实的土（孔隙系数在 0.9~1.2），土的重度在 12.0kN/m³ 以下				中等密实的土（孔隙系数 0.6~0.9），土的重度 12.0~16.6kN/m³				密实的土（孔隙系数 ~0.6），土的重度 16.6~20.4kN/m³				极密实的土（孔隙系数 0.3），土的重度 20.4~21.4kN/m³			
				\(5\)	\(6\)	\(7\)	\(8\)	\(9\)	\(10\)	\(11\)	\(12\)	\(13\)	\(14\)	\(15\)	\(16\)	\(17\)	\(18\)	\(19\)	\(20\)
				水流平均深度 (m)／平均流速 (m/s)															
				0.4	1.0	2.0	3.0	0.4	1.0	2.0	3.0	0.4	1.0	2.0	3.0	0.4	1.0	2.0	3.0
1	粘土	30~50	50~70	0.35	0.40	0.45	0.50	0.70	0.85	0.95	1.10	1.00	1.20	1.40	1.50	1.40	1.70	1.90	2.10
2	重砂质粘土	20~30	70~80	0.35	0.40	0.45	0.50	0.65	0.80	0.90	1.00	0.95	1.20	1.40	1.50	1.40	1.70	1.90	2.10
3	饶瘠的砂质粘土	10~20	80~90	—	—	—	—	0.60	0.70	0.80	0.85	0.80	0.95	1.20	1.30	1.10	1.40	1.70	1.90
4	新沉淀的黄土性土	—	—	—	—	—	—	—	—	—	—	—	—	—	—	1.10	1.30	1.50	1.70
5	砂质土	5~10	20~40	根据砂粒大小采用表 5-12a 的数值															

计算桥下临界水深时除满足明渠流中的临界水深条件外，还要满足河床防冲条件，即容许的不冲刷平均流速，如表 5-12a~d 所示。计算桥下临界水深的目的有二：一是用于判别桥下水流是自由出流还是淹没出流；二是使通过设计流量时，桥下水流接近临界水流状态。

按明渠水力学理论，桥下断面的临界水深 h_k 可从下式求得

$$\frac{\omega_k^3}{B_k} = \frac{\alpha Q_p^2}{g} \tag{5-20}$$

石质土的容许（不冲刷）平均流速表   表 5-12c

编号	土 的 名 称	水流平均深度（m）			
		0.4	1.0	2.0	3.0
		平均流速（m/s）			
(1)	(2)	(3)	(4)	(5)	(6)
1	砾岩、泥灰岩、页岩	2.0	2.5	3.0	3.5
2	多孔的石灰岩、紧密的砾岩、成层的石灰岩、石灰质砂岩、白云石质石灰岩	3.0	3.5	4.0	4.5
3	白云石质砂岩、紧密不分层的石灰岩、硅质石灰岩、大理石	4.0	5.0	6.0	6.5
4	花岗岩、辉绿岩、玄武岩、安山岩、石英岩、斑岩	15.0	18.0	20.0	22.0

注：1. 上列三表的流速数值不可内插，当水流深度在表列水深值之间时，则流速应采取与实际水流深度最接近时的数值。

　　2. 当水流深度大于 3.0m（在缺少特别观测与计算的情况下）时，容许流速采用表中水深为 3.0m 的数值。

式中　ω_k、B_k——相应于临界水深 h_k 时的过水面积和水面宽度；

　　　　α——流速分布系数，小桥取 $\alpha=1$。

对矩形断面，上式变为

$$h_k = \sqrt[3]{\frac{Q_p^2}{B_k^2 g}} \tag{5-21}$$

其他形状断面的临界水深计算方法可参看水力学。

防冲条件的引入，有两种方法。第一种认为，桥下临界水深处的断面平均流速 $V_k = \dfrac{Q_p}{\omega_k}$ 应不大于河床的容许不冲刷流速 V_{bc}（按表 5-12 确定）。对矩形断面，由式（5-21）可得满足防冲条件的桥下临界水深为

$$h_k = \frac{V_{bc}^2}{g} \tag{5-22}$$

人工加固工程的容许（不冲刷）平均流速表　　　**表 5-12d**

编号	加 固 工 程 种 类		水流平均深度（m）			
			0.4	1.0	2.0	3.0
			平均流速（m/s）			
1	平铺草皮（在坚实基底上）		0.9	1.2	1.3	1.4
	叠铺草皮		1.5	1.8	2.0	2.2
2	用大圆石或片石堆积，当石块平均尺寸为	20～30cm	3.3	3.6	4.0	4.3
		30～40cm	—	4.1	4.3	4.6
		40～50cm 及以上	—	—	4.6	4.9
3	在篱格内堆两层大石块当石块的平均尺寸为	20～30cm	4.0	4.5	4.9	5.3
		30～40cm	—	5.0	5.4	5.7
		40～50cm 及以上	—	—	5.7	5.9
4	青苔上单层铺砌（青苔层厚度不小于5cm）		2.0	2.5	3.0	3.5
	1）用15cm 大小的圆石（或片石）		2.5	3.0	3.5	4.0
	2）用20cm 大小的圆石（或片石）		3.0	3.5	4.0	4.5
	3）用25cm 大小的圆石（或片石）					
5	碎石（或砾石）上的单层铺砌（碎石厚度不小于10cm）		2.5	3.0	3.5	4.0
	1）用15cm 大小的片石（或圆石）		3.0	3.5	4.0	4.5
	2）用20cm 大小的片石（或圆石）		3.5	4.0	4.5	5.0
	3）用25cm 大小的片石（或圆石）					
6	单层细面粗凿石料铺砌在碎石（或砾石）上（碎石层厚度不小于10cm）		3.5	4.5	5.0	5.5
	1）用20cm 大小的石块		4.0	4.5	5.5	5.5
	2）用25cm 大小的石块		4.0	5.0	6.0	6.0
	3）用30cm 大小的石块					
7	铺在碎石（或砾石）上的双层片石（或圆石）：下层用15cm 石块，上层用20cm 石块（碎石层厚度不小于10cm）		3.5	4.5	5.0	5.5
8	铺在坚实基底上的枯枝铺面及枯枝铺褥（临时性加固工程用）： 1）铺面厚度 $\delta=20～25cm$		—	2.0	2.5	—
	2）铺面为其他厚度时		按上值乘以系数 $0.2\sqrt{\delta}$			
9	柴排： 1）厚度 $\delta=50cm$		2.5	3.0	3.5	—
	2）其他厚度时		按上值乘以系数 $0.2\sqrt{\delta}$			
10	石笼（尺寸不小于0.5m×0.5m×1.0m者）		4.0及以下	5.0及以下	5.5及以下	6.0及以下
11	在碎石层上5号水泥砂浆砌双层片石，其石块尺寸不小于20cm		5.0	6.0	7.5	

续表

编号	加 固 工 程 种 类	水流平均深度（m）			
		0.4	1.0	2.0	3.0
		平均流速（m/s）			
12	5 号水泥砂浆砌石灰岩片石的坞工（石料极限强度不小于 10MPa）	3.0	3.5	4.0	4.5
13	5 号水泥砂浆砌坚硬的粗凿片石坞工（石料极限强度不小于 30MPa）	6.5	8.0	10.0	12.0
14	20 号混凝土护面加固	6.5	8.0	9.0	10.0
	15 号混凝土护面加固	6.0	7.0	8.0	9.0
	10 号混凝土护面加固	5.0	6.0	7.0	7.5
15	混凝土水槽表面光滑者 1) 20 号混凝土	13.0	16.0	19.0	20.0
	2) 15 号混凝土	12.0	14.0	16.0	18.0
	3) 10 号混凝土	10.0	12.0	13.0	15.0
16	木料光面铺底，基层稳固及水流顺木纹者	8.0	10.0	12.0	14.0

注：表列流速不得用内插法，水流深度在表值之间时，流速数值采用接近于实际深度的流速。

另一种认为，如图 5-8（a）所示，水流进入桥孔时，在进口附近存在收缩断面，此处的流速 V_c 为最大。为满足河床防冲条件，应使 V_c 不大于 V_{bc}。收缩断面处水深 h_c 与 h_k 的经验关系为

$$h_c = \psi h_k \tag{5-23}$$

式中　ψ——进口形状系数。非平滑进口，$\psi = 0.75 \sim 0.80$；平滑进口，$\psi = 0.8 \sim 0.89$。通常可取 $\psi = 0.9$。

根据水流连续性方程，可得收缩继面后处于临界水深的断面平均流速满足 $V_k = \psi V_{bc}$，由式（5-21）可得满足防冲条件的桥下临界水深为

$$h_k = \frac{\psi^2 V_{bc}^2}{g} \tag{5-24}$$

对较宽浅的梯形断面，可近似看做矩形，其临界水深可近似看做与矩形断面的相等。对窄深的梯形断面，其临界水深可按与矩形过水面积相等的关系求得（如图 5-9）。即

$$B_k h_{k1} = (B_k - 2m h_k) h_k + m h_k^2$$

$$h_k = \frac{B_k - \sqrt{B_k^2 - 4m B_k h_{k1}}}{2m} \tag{5-25}$$

式中　h_k——梯形断面的临界水深；

　　　h_{k1}——与梯形的过水面积相等的矩形所对应的临界水深；

　　　m——梯形断面的边坡系数。

（2）小桥下游河槽天然水深

河槽天然水深 h_t，可按水力学中明渠非均匀流水面线推求方法确定。但常用的是按明渠均匀流的曼宁公式计算：

$$Q = \frac{1}{n}\omega R^{2/3}J^{1/2} \tag{5-26}$$

计算时，先假定一个水深 h_1，从河槽断面图上求得过水面积 ω_1 和水力半径 R_1，再根据河床纵比降 J，按上式计算相应流量 Q_1，将 Q_1 与设计流量 Q_p 比较，若 $Q_1 < Q_p$，再假定一个较大的水深试算，若 $Q_1 > Q_p$，则假定一个较小的水深试算，直至计算流量 Q 与设计流量 Q_p 两者之差小于 10%，则假定的水深即可认为与所求的水深 h_t 近似相等。也可将几次试算的水深 h 和流量 Q 画在图上，如图 5-10 所示，将各点用光滑曲线连接，最后在图上找出与设计流量 Q_p 对应的水深 h_t。

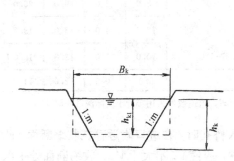

图 5-9   梯形断面临界水深计算图式   图 5-10   水深流量关系图

（3）孔径长度

1）自由出流时，当 $h_t \leqslant 1.3h_k$，为自由出流，桥下水深为临界水深 h_k。由式 (5-20)，可得临界水深对应的水面宽

$$B_k = \frac{\omega_k^3 g}{Q_p^2} = \frac{Q_p g}{V_k^3} \tag{5-27}$$

考虑墩台侧收缩影响和桥墩宽度，当防冲条件采用第一种方法时，需要的桥下水面宽度

$$B = \frac{Q_p g}{\mu V_{bc}^3} + Nd \tag{5-28}$$

当防冲条件采用第二种方法时，对应的桥下水面宽度变为

$$B = \frac{Q_p g}{\mu \psi^3 V_{bc}^3} + Nd \tag{5-29}$$

式中 μ——侧收缩系数，取值见表 5-13；

N——桥墩个数；

d——桥墩宽度；

其他符号意义同前。

侧收缩系数 μ 与流速系数 ϕ 值 表 5-13

桥 台 形 状	μ	ϕ
单孔桥锥坡填土	0.90	0.90
单孔桥有八字翼墙	0.85	0.90
多孔桥或无锥坡 或桥台伸出锥坡以外	0.80	0.85
拱脚淹没的拱桥	0.75	0.80

若桥孔为梯形，如图 5-11 所示，桥孔长度按下式计算

$$L = B + 2m\Delta h \tag{5-30}$$

式中 L——桥孔长度；

Δh——上部构造底面至水面的高度；

m——边坡系数，矩形时，$m=0$。

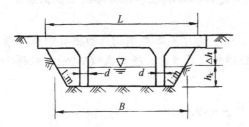 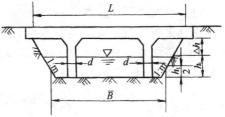

图 5-11 梯形梯孔断面（自由式出流）　　　图 5-12 梯形桥孔断面（淹没式出流）

2）淹没出流时　当 $h_t > 1.3h_k$，为淹没出流，桥下水深为桥下天然水深 h_t。这时桥下流速应满足

$$V = \frac{Q_p}{\mu\omega} = \frac{Q_p}{\varepsilon \overline{B} h_t} \leqslant V_{bc} \tag{5-31}$$

式中 $\overline{B}$——桥下过水断面的平均宽度，即相应于 $h_t/2$ 处的水面宽度。

若桥孔为梯形，如图 5-12 所示。由上式得平均宽度 $\overline{B}$，再考虑桥墩、边坡影响，可得到桥孔长度计算式为

$$L = \frac{Q_p}{\mu h_t V_{bc}} + Nd + 2m\left(\frac{1}{2}h_t + \Delta h\right) \tag{5-32}$$

求得计算桥长后，应选用标准跨径作实际桥孔长度。如两者之差超过 10%，应按选定的实际桥孔长度计算临界水深，校核与原来的水流状态图式是否相同。

（4）桥前水深

根据能量方程，即可写出桥前水深计算式为

$$H = h + \frac{V^2}{2g\,\phi^2} - \frac{V_H^2}{2g} \tag{5-33}$$

式中：H 为桥前水深；ϕ 为流速系数，见表 5-13；V_H 为桥前流速；当桥孔为自由出流时，h 和 V 为所采用的桥孔长度对应的临界水深 h_k 和临界流速 V_k；当为淹没出流时，h 取 h_t，V 为采用的桥孔长度对应的桥下流速。

（5）路堤和桥面标高

$$桥头路堤最低标高 = 河床标高 + H + \Delta \tag{5-34}$$
$$桥面最低标高 = 河床标高 + H + \Delta h_j + D \tag{5-35}$$

式中　H——桥前水深；

　　　Δ——安全高度，按《公路工程技术标准》确定，至少为 0.5m；

　　　Δh_j——桥下净空高度，与大中桥相同；

　　　D——桥梁上部结构高度。

【例 5-2】　某公路通过的一小沟上需设一座小桥。已知沟宽约 15m，选定的桥位与水流正交。通过水文计算得设计流量 $Q_p = 80\text{m}^3/\text{s}$，相应的桥下游水深 $h_t = 2.5\text{m}$。拟采用单孔小桥，锥体护坡。试决定该小桥孔径和桥头路堤最低高度。

（1）确定桥下临界水深 h_k

先确定桥下河床加固类型为用 25cm 大小的片石单层铺砌矩形桥孔断面，查表 5-12d 得容许流速 $V_{bc} = 4.5\text{m/s}$，以此作为临界流速，选用式（5-22），求得桥下临界水深 h_k 为

$$h_k = \frac{V_{bc}^2}{g} = \frac{4.5^2}{9.8} = 2.06\text{m}$$

（2）计算桥孔长度 B

因为 $1.3h_k = 2.68\text{m}$，$h_t < 1.3h_k$，所以桥下为自由出流。查表 5-13，得侧收缩系数 $\mu = 0.90$，由式（5-28）得

$$B = \frac{Q_p g}{\mu V_k^3} = \frac{9.8 \times 80}{0.9 \times 4.5^3} = 9.57\text{m}$$

参照标准图选用单孔 10m 的钢筋混凝土板式梁，净跨 8.98m。与计算的 B 相差未超过 10%，故不复核水流状态。

（3）计算桥前水深 H

采用单孔 10m 钢筋混凝土板式梁时，对应的临界流速和水深为

$$V_k = \sqrt[3]{\frac{Q_p g}{\mu B}} = \sqrt[3]{\frac{80 \times 9.8}{0.9 \times 8.98}} = 4.6\text{m/s}$$

$$h_k = \frac{V_k^2}{g} = \frac{4.6^2}{9.8} = 2.16\text{m}$$

忽略桥前行近流速水头，查表 5-13，流速系数 $\phi = 0.90$，由式（5-33）得

$$H = h_k + \frac{V_k^2}{2g\,\phi^2} = 2.16 + \frac{4.6^2}{2 \times 9.8 \times 0.90^2} = 3.49\text{m}$$

（4）桥头路堤最低高度 $H_{路}$

按式（5-34），桥头路堤高于河床的最小值

$$H_{路} = H + \Delta = 3.49 + 0.50 = 3.99\text{m}$$

【例 5-3】 某小河上需架一小桥。设计流量 $Q_p = 35\text{m}^3/\text{s}$，河床正常水深 $h_0 = 1.4\text{m}$，梯形过水断面，两边坡的边坡系数相等，均为 $m = 1.5$，河床经铺砌加固，其容许流速 V_{bc} 为 2.5m/s，水流与桥正交，桥孔的流速系数 $\phi = 0.85$，侧收缩系数 $\mu = 0.8$，试确定桥孔长度。

（1）确定桥下临界水深 h_k 及水流状态

因为过水断面为梯形，由式（5-22）和（5-27）可得等价矩形断面的临界水深和对应的水面宽

$$h_{k1} = \frac{V_{bc}^2}{g} = \frac{2.5^2}{9.8} = 0.64\text{m}$$

$$B_k = \frac{Q_p g}{V_k^3} = \frac{35 \times 9.8}{2.5^3} = 21.95\text{m}$$

由式（5-25）得桥下临界水深 h_k 为

$$h_k = \frac{B_k - \sqrt{B_k^2 - 4mB_k h_{k1}}}{2m}$$

$$= \frac{21.95 - \sqrt{21.95^2 - 4 \times 1.5 \times 21.95 \times 0.64}}{2 \times 1.5} = 0.67\text{m}$$

$1.3h_k = 0.88\text{m}$，$1.3h_k < h_0$，所以桥下水流状态为淹没出流。

（2）确定桥孔长度

忽略桥前行近流速水头，桥前水深 H 可由式（5-33）计算

$$H = h_0 + \frac{V_{bc}^2}{2g\,\phi^2} = 1.4 + \frac{2.5^2}{2 \times 9.8 \times 0.85^2} = 1.84\text{m}$$

取净空高度 $\Delta h_j = 0.50\text{m}$，梁底距水面距离

$$\Delta h = H + \Delta h_j - h_0 = 1.84 + 0.5 - 1.4 = 0.94\text{m}$$

设河中设置桥墩 2 个，墩宽均为 0.60m，由式（5-32）得桥孔长度

$$L = \frac{Q_p}{\mu h_0 V_{bc}} + Nd + 2m\left(\frac{1}{2}h_0 + \Delta h\right)$$

$$= \frac{35}{0.8 \times 1.4 \times 2.5} + 2 \times 0.6 + 2 \times 1.5\left(\frac{1}{2} \times 1.4 + 0.94\right)$$

$$= 18.64\text{m}$$

选 3 孔标准跨径 6.0m 的装配式钢筋混凝土板式梁，每孔净跨 5.4m。

5.3.2 涵洞孔径计算

1. 涵洞水流状态图式

当道路跨越的溪沟很小，没必要建小桥时，常使用涵洞。涵洞内的水流状态

按涵洞出口是否被下游淹没分自由出流和淹没出流两类；按涵洞进口型式与涵前水深，分为无压式、半压式和压力式三种。因有压涵洞水压力较大，涵节间及沉降缝处容易漏水，危害基础及路堤，所以一般情况下，多将涵洞设计成为无压式。

（1）无压式水流状态

如图5-13所示，对不同型式的涵洞进口，当涵前水深 H 与涵洞洞身净高 h_T 满足下面两个条件之一，即能保持无压式水流状态：①普通进口（端墙式、八字式、平头式），$H \leqslant 1.2 h_T$；②流线型进口（喇叭型、抬高式），$H \leqslant 1.4 h_T$。此时，水流流经涵洞全程均保持自由水面。无压力式出流均为自由出流。

（2）半压式水流状态

涵洞进口建筑为普通型式，当 $H > 1.2 h_T$（自由出流）时，涵洞进口断面充满水流，呈有压状。收缩断面以后在整个涵洞内为自由水面，呈无压状态，故称为半压式，如图5-14所示。

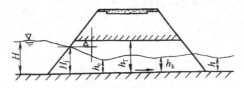

图5-13 无压力式涵洞水流图式   图5-14 半压力式涵洞水流图式

半压式涵洞底坡 J 应大于临界坡度 J_k，使涵洞内水流不产生水跃。反之，水面有可能与洞顶接触而出现真空，导致洞内水流不稳定。

（3）压力式水流状态

满足有压流的条件有两种：①淹没出流；②进口为流线型，涵前水深 $H > 1.4 h_T$，且涵洞底坡 J 小于摩阻坡降 J_ω 的自由出流，如图5-15所示。这两种情况，涵洞中的水流均将充满全断面，与短管出流相似。

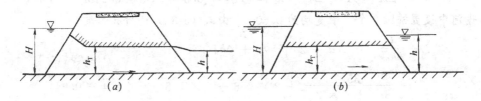

图5-15 压力式涵洞水流状态

（a）自由式出流；（b）淹没式出流

摩阻坡降 J_ω 由下式确定

$$J_\omega = \frac{Q^2}{\omega^2 C^2 R} \tag{5-36}$$

式中　Q——过涵流量，m^3/s；

　　　ω——涵洞断面积，m^2；

　　　C——谢才系数，$m^{1/2}/s$，$C = \dfrac{1}{n} R^{1/6}$；

　　　R——涵洞断面水力半径，m。

上式与明渠均匀流公式相似，反映的物理意义为水流势能的减少量恰好用于克服阻力损失时的坡度。

2. 涵洞孔径计算

（1）无压式涵洞孔径

因为可以经济、安全地宣泄洪水，现行涵洞标准设计图，多按涵洞底坡为临界坡 J_k 设计。小于 J_k 的涵洞，实际中很少采用。

无压涵洞孔径计算公式为

$$Q = \mu \phi \omega_k \sqrt{2g(H_0 - h_k)} \tag{5-37}$$

$$H_0 = H + \frac{V_0^2}{2g} = h_k + \frac{V_k^2}{2g \phi^2} \tag{5-38}$$

$$V_k = \sqrt[3]{\frac{Qg}{B_k}} \tag{5-39}$$

式中　　　Q——过涵流量；

　h_k、V_k、ω_k——分别为涵洞进口附近临界断面的水深、流速和过水面积；

　H_0、H、V_0——分别为涵前总水头、涵前水深和涵前行近流速；

　　　　　　ϕ——流速系数，箱涵、盖板涵，$\phi = 0.95$；拱涵、圆管涵，$\phi = 0.85$；

　　　　　　μ——侧收缩系数，可取 $\mu = 1.0$。

无压式涵洞水面线如图 5-13 所示。进水口处的水深为 H_j，它与涵前水深 H 的关系为

$$H_j = 0.87H \tag{5-40}$$

洞身净高 h_T 与 H_j 之差称净空高度 Δ，取值范围为 $0.1\sim0.25$m。

涵洞中最大流速出现在出口处或收缩断面处。收缩断面水深 $h_c = 0.9 h_k$。按临界流状态设计的小桥涵，当其底坡接近于临界坡度时，涵洞出口断面流速可采用 $V_{出} = \dfrac{V_k}{0.9}$ 计算。最大容许流速 V_{max} 规定为：净跨 $L_j = 0.5\sim1.5$m 的拱涵、盖板涵，$V_{max} = 4.5$m/s；$L_j = 2.0\sim4.0$m 的拱涵、盖板涵及所有圆管涵，$V_{max} = 6.0$m/s。

当已知设计流量和涵前限制水深，无压涵洞水力设计计算步骤为：①选定涵洞断面形式；②根据设计流量和涵前限制水深，由式（5-37）～（5-39）计算 h_k 和 ω_k，对非矩形断面要用试算法；③由曼宁公式计算临界坡 J_k；④由式（5-40）算出 H_j（设 $H = H_0$），定出涵洞洞身净高 h_T；⑤复核是否符合无压涵洞条件，以及收缩断面或出口断面处的流速是否超过最大容许流速。

【例5-4】 某公路经过的一小沟上设一无压钢筋混凝土盖板涵洞，已知设计流量8.5m³/s，根据当地地形及淹没调查，确定涵前限制水深为2.5m，试确定涵洞孔径。

先拟定涵洞断面为矩形，跨径为2.0m。

(1) 确定临界水深h_k

对盖板涵取流速系数$\phi=0.95$，侧收缩系数$\mu=1.0$，矩形断面的h_k由式(5-39)得：

$$V_k = \sqrt[3]{\frac{Qg}{\mu B}} = \sqrt[3]{\frac{8.5 \times 9.8}{1.0 \times 2.0}} = 3.47\text{m/s}$$

$$h_k = \frac{Q}{V_k B} = \frac{8.5}{3.47 \times 2.0} = 1.23\text{m}$$

(2) 确定涵前水深、涵洞洞身净高和临界底坡

忽略行近流速，由式(5-38)得涵前水深：

$$H = h_k + \frac{V_k^2}{2g\,\phi^2} = 1.23 + \frac{3.47^2}{2 \times 9.8 \times 0.95^2} = 1.91\text{m}$$

涵前水深小于2.5m，满足要求。

由式(5-40)得进水口处水深：

$$H_j = 0.87H = 1.66\text{m}$$

取净空高度为0.20m，则涵洞洞身净高$h_T \approx 1.66 + 0.20 = 1.86$m

取糙率$n=0.016$，由曼宁公式得临界底坡：

$$J_k = \left(\frac{nV_k}{R^{2/3}}\right)^2 = \left[\frac{0.016 \times 3.47}{\left(\frac{1.23 \times 2.0}{2 \times 1.23 + 2.0}\right)^{2/3}}\right]^2 = 0.007$$

(3) 收缩断面和出口断面流速

收缩断面水深$h_c = 0.9h_k = 0.9 \times 1.23 = 1.11$m

收缩断面流速V_c和涵洞出口断面流速$V_出$为

$$V_c = V_出 = \frac{V_k}{0.9} = 3.86\text{m/s}$$

小于盖板涵最大容许流速V_{max}，满足要求。

涵前水深$H < 1.2h_T = 1.2 \times 1.86 = 2.23$m，符合无压涵洞条件。

实际设计中，为简化设计计算手续，可直接采用标准图。兹摘录部分标准尺寸的水力计算资料作为示例，见表5-14。这样，设计中只要直接查表，就能确定涵洞的孔径。

当地形限制，涵洞底坡不能按临界底坡设计时，出水口水深$h_出$及流速$V_出$可按明渠均匀流公式进行计算。

$$Q = \frac{1}{n}\omega R^{2/3} J^{1/2} \tag{5-41}$$

涵洞水力计算查算表（标准图部分示例）

表 5-14

涵洞类型	直径 d 或跨径 L_j(m)	涵内水流状态	涵洞净高 h_T (m)	进水口净高 (m)	墩台高度	流量 (m³/s)	涵前水深 H	进水口水深 H_j	临界水深 h_k	收缩断面水深 h_c	临界流速 V_k	收缩断面流速 V_c	临界坡度 J_k	坡度 ‰ 出水口流速 $V_{max}=4.5$m/s 时的 J_{max}	出水口流速 $V_{max}=6.0$m/s 时的 J_{max}	说　明
石盖板涵 无升高管节	0.50		1.00			0.84	1.03		0.66	0.59	2.54	2.80	16	66		流速分布系数 α=1.0
	0.75		1.20			1.71	1.27		0.81	0.73	2.82	3.13	13	40		流速系数 φ=0.95
	1.00	无压	1.50			3.28	1.61		1.03	0.93	3.18	3.53	11	28		粗糙系数 n=0.016
	1.25		1.80			5.46	1.95		1.25	1.13	3.50	3.89	10	19		降落系数 β=0.87
	1.50		2.00			7.75	2.18		1.40	1.26	3.70	4.11	9	15		净空 Δ=0.10m
石盖板涵 有升高管节	0.75		1.20	1.60		2.70	1.72		1.10	0.99	3.28	3.65	15	32		
	1.00	无压	1.50	2.00		5.12	2.18		1.39	1.25	3.68	4.09	13	21		
	1.25		1.80	2.40		8.60	2.64		1.69	1.52	4.07	4.53	13	15		
	1.50		2.00	2.70		12.30	2.97		1.90	1.71	4.31	4.80	11	12		
钢筋混凝土盖板涵 无升高管节	1.5		1.60			5.3	1.72	1.50	1.08	0.97	3.25	3.61	8	19		流速分布系数 α=1.0
	2.0		1.80			8.5	1.95	1.70	1.23	1.11	3.47	3.86	7	13		流速系数：
	2.5	无压	2.00			11.2	2.02	1.75	1.27	1.14	3.52	3.92	6	11		无升高管节 φ=0.85
	3.0		2.20			15.7	2.24	1.95	1.41	1.27	3.70	4.13	5	9		有升高管节 φ=0.95
	4.0		2.40			24.0	2.48	2.15	1.56	1.40	3.90	4.33	5	7		进水口高度 h<2m 时，
钢筋混凝土盖板涵 有升高管节	1.5		1.60	2.00		7.1	2.01	1.75	1.32	1.19	3.60	4.01	9	15		净空 Δ=0.10m
	2.0		1.80	2.40		12.9	2.47	2.15	1.62	1.46	3.98	4.42	8	10		进水口高度 h≥2m 时，
	2.5	无压	2.00	2.70		19.7	2.82	2.45	1.85	1.67	4.27	4.71	7	8		净空 Δ=0.25m
	3.0		2.20	2.90		26.6	3.05	2.65	2.00	1.80	4.43	4.92	6	6		
	4.0		2.40	3.00		37.3	3.16	2.75	2.07	1.86	4.50	5.00	5	5		

续表

涵洞类型	直径d或跨径 L_j(m)	涵内水流状态	涵洞净高 h_T(m)	进水口净高(m)	墩台高度	流量(m³/s)	涵前水深 H	进水口水深 H_j	临界水深 h_k	收缩断面水深 h_c	临界流速 V_k	收缩断面流速 V_c	临界坡度 J_k	出水口流速 V_max=4.5m/s 时的 J_max	出水口流速 V_max=6.0m/s 时的 J_max	说明
钢筋混凝土圆管涵	0.75	无压				0.74	0.90		0.52	0.47	2.20	2.50	6		91	流速系数 $\phi=0.85$
	1.00					1.52	1.20		0.70	0.63	2.60	2.90	6		56	粗糙系数 $n=0.013$
	1.25					2.66	1.50		0.88	0.79	2.90	3.20	5		38	
	1.50					4.18	1.80		1.05	0.95	3.20	3.50	5		27	
	0.75	半压				1.64	2.99	0.74	0.74	0.45	3.80	6.00	21		48	半压力式时
	1.00					2.92	3.12		0.95	0.60	3.80	6.00	13		33	压缩系数 $\varepsilon=0.6$
	1.25					4.75	3.36		1.14	0.75	4.00	6.00	10		25	$h_c=\varepsilon d=0.6d$
	1.50					6.56	3.48		1.32	0.90	4.10	6.00	7		19	
石拱涵	1.0	无压	1.13		0.80	1.64	1.13	0.98	0.67	0.60	2.45	2.73	13	65		流速分布系数 $\alpha=1.1$
	1.5		1.70		1.20	4.84	1.78	1.55	1.05	0.95	3.06	3.38	11	30		流速系数 $\phi=0.85$
	2.0		2.17		1.50	8.96	2.21	1.92	1.31	1.18	3.42	3.80	10		21	粗糙系数 $n=0.020$
	2.5		2.83		2.00	17.43	2.97	2.58	1.76	1.58	3.96	4.41	10		13	涵洞净高 $h_T \leqslant 1.0m$ 时，净空 $\Delta=0.10m$
	3.0		3.50		2.50	29.43	3.74	3.25	2.21	1.99	4.44	4.93	9		20	涵洞净高 $h_T=1.0\sim2.0m$ 时，净空 $\Delta=0.15m$
	$\left(\dfrac{f_0}{L_j}=\dfrac{1}{3}\right)$ 4.0		4.33		3.00	55.07	4.69	4.08	2.77	2.49	4.97	5.53	8		13	涵洞净高 $h_T>2.0m$ 时，净空 $\Delta=0.25m$

设计流量 Q_p、涵洞底坡 J、糙率系数 n，涵洞净跨 B 均为已知数，而过水面积 ω 和水力半径 R 是水深 $h_{出}$ 的函数，因此可用式（5-41）以试算法确定 $h_{出}$，求得 $h_{出}$ 后即可计算出出口流速 $V_{出}$。

（2）半压式涵洞孔径

如图 5-14 所示，计算基本公式为

$$V_c = \phi\sqrt{2g(H - \varepsilon h_T)} \tag{5-42}$$

$$Q = \varepsilon\omega\phi\sqrt{2g(H - \varepsilon h_T)} \tag{5-43}$$

式中　V_c——收缩断面处流速，m/s；

ε——收缩系数，一般采用 0.60；

ϕ——流速系数，流线型洞口 0.95，八字形 0.85，端墙式 0.80；

ω——涵洞横断面全部面积，m^2；

H——涵前水深，m；

h_T——涵洞净高，m。

【例 5-5】　某一沟上因有公路通过，拟建一半压式钢筋混凝土圆管涵，已知设计流量 $Q_p=2.0 m^3/s$，涵前最大允许水深 $H=2.0 m$，底坡 $J=0.015$。试确定管径 d 和涵内收缩断面流速 V_c。

选用管径 $d=1.0 m$，采用八字式洞口，则 $\varepsilon=0.60$，$\phi=0.85$。

$$\omega = \frac{1}{4}\pi d^2 = \frac{1}{4} \times 3.14 \times 1^2 = 0.785 m^2$$

由式（5-43）得

$$
\begin{aligned}
H &= \left(\frac{Q}{\varepsilon\omega\phi}\right)^2 \frac{1}{2g} + \varepsilon h_T \\
&= \left(\frac{2.0}{0.6 \times 0.785 \times 0.85}\right)^2 \frac{1}{2 \times 9.8} + 0.6 \times 1 \\
&= 1.87 m
\end{aligned}
$$

涵前水深小于涵前最大允许水深，符合要求。

$$\frac{H}{h_T} = \frac{1.87}{1.0} = 1.87 > 1.2$$

根据水力学中有关圆管的临界水深计算方法，当圆管直径 $d=1.0 m$，流量 $Q=2.0 m^3/s$ 时，可求得其临界水深 $h_k=0.8 m$。对应的过水面积 $\omega_k=0.6735 m^2$，水力半径 $R_k=0.304 m$，谢才系数 $C_k=\frac{1}{n}R_k^{1/6}=\frac{1}{0.017}0.304^{1/6}=48.235$。

根据以上这些计算结果，得临界底坡

$$J_k = \frac{Q^2}{\omega_k^2 C_k^2 R_k} = \frac{2^2}{0.6735^2 \times 48.235^2 \times 0.304} = 0.012$$

因为 $H>1.2 h_T$，且实际底坡 $J>J_k$，故所设计涵洞为半压式，收缩断面以后整个涵洞为自由水面，不会形成水跃。

涵洞内收缩断面流速

$$V_c = \phi \sqrt{2g(H - \epsilon h_T)} = 0.85\sqrt{2 \times 9.8(1.87 - 0.6 \times 1.0)} = 4.24\text{m/s}$$

（3）压力式涵洞孔径

如图 5-15 所示，计算基本公式为

$$V = \phi \sqrt{2g[H - l(J_\omega - J) - h_T]} \tag{5-44}$$

$$Q = \omega\phi \sqrt{2g[H - l(J_\omega - J) - h_T]} \tag{5-45}$$

式中　V——涵洞内流速，m/s；

　　　l——涵洞长度，m；

　　　J_ω——涵洞的摩阻坡度，按式（5-45）计算；

　　　J——涵洞的实际底坡。

其他符号，意义同前。

（4）倒虹吸管孔径

当道路与渠道相交，而彼此高程相近，难于采用桥涵时，可采用倒虹吸管。

水流通过倒虹吸管将造成水头损失。水头损失大小与倒虹吸管断面尺寸、长度和流速有关。流速大的水头损失大，但管内不易造成泥沙淤积；但若过水面积大，流速过小，运用中容易造成泥沙淤积。因此合理的管内流速，在 1.5～2.5 m/s 之间为宜。

倒虹吸管主要由三部分组成，即进口、管身和出口。管身断面可为圆形，方形或拱形。结构布置形式有斜管式、缓坡式和直井式三种。

倒虹吸管水力计算式采用压力短管公式，即

$$Q = \mu_c \omega \sqrt{2g\Delta Z} \tag{5-46}$$

式中　ΔZ——上、下游水位差，即水头损失；

　　　μ_c——流量系数，用下式计算：

$$\mu_c = \frac{1}{\sqrt{\Sigma\xi + \dfrac{\lambda l}{B}}} \tag{5-47}$$

B 为矩形断面宽度，对圆管则为直径 d(m)。$\Sigma\xi$ 为局部水头损失系数的总和，依倒虹吸管结构形式不同而异，对斜管式：$\Sigma\xi = 1.8 \sim 2.1$；对缓坡式：$\Sigma\xi = 1.5$；对直井式：$\Sigma\xi = 2.5$。λ 为管道的阻力损失系数，对混凝土和钢筋混凝土管，$\lambda = 1/45$；对砌石盖板方形管，$\lambda = 1/26$；对木质方形管，$\lambda = 1/52$。

其余符号，意义同前。

【例 5-6】　某道路与一灌溉渠道相交。拟使用圆形钢筋混凝土倒虹吸管，管中流量 $Q = 1\text{m}^3/\text{s}$，管长 30m，进出口两端水位差 $\Delta Z = 1.0\text{m}$，试确定倒虹吸管的

直径 d。

采用斜管式结构形式，管道的阻力损失系数 $\lambda = 1/45$，局部水头损失总和 $\Sigma\xi = 2.0$。

将已知值代入式（5-46）得

$$Q = \mu_c \frac{\pi}{4} d^2 \sqrt{2g\Delta Z} = \mu_c \frac{\pi}{4} d^2 \times \sqrt{2 \times 9.8 \times 1.0} = 1.0$$

得

$$\mu_c d^2 = 0.29$$

又

$$\mu_c = \frac{1}{\sqrt{\Sigma\xi + \dfrac{\lambda l}{d}}} = \frac{1}{\sqrt{2.0 + \dfrac{1}{45} \times \dfrac{30}{d}}} = \frac{1}{\sqrt{2 + \dfrac{0.667}{d}}}$$

联解以上两式，用试算法可求得

$$d = 0.7\text{m}$$

思 考 题

5.1 大中桥桥位选择和桥孔布设时应满足哪些条件？

5.2 什么是桥孔长度和桥孔净长？有哪几种计算方法？

5.3 桥面标高的确定包括哪些因素？如何确定桥面最低标高？

5.4 小桥孔径计算与大中桥孔径计算的不同点是什么？

5.5 涵洞水流状态图式可分为几种？它们的水力计算公式有何不同？

习   题

5.1 某桥跨越次稳定性河段，设计流量 8470m³/s，河槽流量 8060m³/s，河床全宽 370m，河槽宽度 300m，设计水位下河槽平均水深 6.4m，河滩平均水深 3.5m，试计算桥孔净长。

5.2 某桥位原拟桥孔净长 680m，设计流量 5320m³/s，河床比降 0.00164，河床颗粒平均粒径 30mm。桥位河段属宽浅河段，原始断面的水面宽度 1300m，试验算所拟桥长是否合适。

5.3 某三级公路跨越平原区次稳定河段，拟建一座桥梁，桥位处横断面如图 5-16 所示，河床土质为粗沙、砾石。建筑河段为五级航道。根据桥位附近水文资料，得设计流量为 3500m³/s，设计水位 63.65m。设计水位对应的河槽流量 3190m³/s，河滩流量 310m³/s，河槽平均流速 3.1m/s，全断面平均流速 2.6m/s，总过水面积 1340m²，河槽过水面积 1030m²，河滩过水面积 310m²。设计最高通航水位为 62.35m，浪程 600m，风速 17m/s。试估算桥孔长度和桥面标高。

5.4 某小河设计流量 15.8m³/s，天然水深 1.2m。桥下拟单层铺砌 20cm 的片石，建一座桥台为锥坡填土的钢筋混凝土板桥。试确定桥梁孔径和桥头路堤填土高度。

5.5 已知设计流量 7.5m³/s，因路基设计标高的限制，涵前水深不能超过 2.8m。

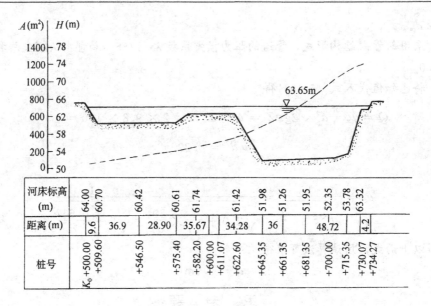

图 5-16 某桥位处横断面图

试设计一座满足此条件的无压石盖板涵。

5.6 某公路拟设置一个半压式钢筋混凝土圆管涵,已知设计流量 2.0m³/s,涵前最大允许水深 1.8m,底坡 0.01,试确定管径。

第6章 桥下河床冲刷计算

§6.1 桥下一般冲刷

桥下河床的冲刷计算，是确定墩台基础埋深的重要依据。桥渡附近河床变形分为三类：第一类为由河道自然演变所引起的；第二类为由桥渡（包括引堤及桥墩）束狭水流，增加单宽流量所引起的，称一般冲刷；第三类为由桥墩阻水使水流结构变化，在桥墩周围发生的，称局部冲刷。桥墩附近发生的最大河床冲刷深度，可认为是这三类变形的叠加。

河床自然演变引起的变形有四种类型：第一，河流发育过程中所产生的纵向变形，如河源段逐年下切，河口段逐年淤积；第二，河段深泓线摆动，边滩下移，弯道凹岸崩塌等引起的变形；第三，一个水文周期内，河槽随水位流量变化而发生的周期性变形；第四，河道上修建水工建筑物，如水库、整治工程等，引起的变形。第一种变形过程极为缓慢，桥梁使用期内不会有明显变化，一般可以不计。第二和第三种变形因桥位河段稳定程度不同而不同。第四种变形的发展较快，设计中应予考虑。

6.1.1 非粘性土河床的一般冲刷

建桥后，由于桥墩、桥台的影响，桥下过水断面减小，单宽流量增加，流速加大，水流挟沙力也相应增大，桥下产生冲刷。随着冲刷发展，桥下河床高程下切，过水面积加大，流速下降，当水流输沙能力达到新的平衡状态，或桥下流速低到河床的不冲刷流速时，冲刷随之停止。通常用冲刷停止时桥下的垂线水深表示该垂线处的一般冲刷深度。一般冲刷停止时桥下的垂线平均流速，称为冲止流速。

一般冲刷计算方法很多，下面仅介绍《公路桥位勘测设计规范》（JTJ 062—91）中推荐的64-1修正公式和64-2简化公式。该两公式的原型经1964年我国"桥渡冲刷计算学术会议"推荐后得到广泛应用，通称64-1公式和64-2公式。近年研究人员用更多的实测资料对原公式作了适当改进，改进后的计算式分别称为64-1修正公式和64-2简化公式。

1.64-1修正公式

一般冲刷停止时，根据水流连续性方程，可得

$$h_p = \frac{q_s}{V_s} \tag{6-1}$$

式中 q_s——一般冲刷停止时桥下断面最大单宽流量；

h_p——一般冲刷停止时桥下最大水深，出现在最大单宽流量 q_s 处；

V_s——冲止流速。

由上式可知，当 q_s 和 V_s 求出后，即可求得要求的 h_p。冲刷前，根据谢才公式

$$Q_p = \omega C \sqrt{hJ} = \mu L_j \bar{h} C \sqrt{hJ} = \frac{\mu L_j \sqrt{J}}{n} (\bar{h})^{5/3}$$

$$q = \frac{Q_p}{\mu L_j} = \frac{\sqrt{J}}{n} (\bar{h})^{5/3}$$

$$q_m = \frac{\sqrt{J}}{n} h_{max}^{5/3}$$

两式相比得

$$q_m = q \left(\frac{h_{max}}{\bar{h}} \right)^{5/3} = \frac{Q_p}{\mu L_j} \left(\frac{h_{max}}{\bar{h}} \right)^{5/3} \tag{6-2}$$

式中 q_m、q——分别为桥下冲刷前最大单宽流量与平均单宽流量，$m^3/(s \cdot m)$；

h_{max}、$\bar{h}$——分别为桥下冲刷前最大水深与断面平均水深，m；

Q_p——设计流量，m^3/s；

L_j——桥孔净长度，m；

μ——侧收缩系数。$\mu = 1 - 0.375 \dfrac{V_s}{l_j}$，$V_s$ 为通过设计流量 Q_p 时，河槽的天然流速，l_j 为单孔净跨径。对于不等跨的桥孔采用各孔跨 μ 值的加权平均值。

（1）河槽部分

冲刷进行时，各垂线的单宽流量重新分配，并且有向深水垂线集中趋势。冲刷停止后的最大单宽流量 q_s 与 q_m 的关系可写为

$$q_s = A q_m \tag{6-3}$$

式中：A——单宽流量集中系数，据分析

$$A = \left(\frac{\sqrt{B}}{H} \right)^{0.15} \tag{6-4}$$

B 和 H 分别为造床流量（平滩流量）下河段的平均宽度及平均水深，均以米计。对稳定河段，$A = 1.0 \sim 1.2$；对次稳定河段，$A = 1.3 \sim 1.4$；不稳定河段，$A = 1.5 \sim 1.7$，最大不超过 1.8（相当于 $\sqrt{B}/H = 50$）。

冲止流速是决定冲刷深度的重要因素。依床面冲刷停止时床面泥沙运动情况不同，冲止流速的性质也不同。若冲止时上游无来沙补给，冲止流速即为泥沙的不冲刷流速。但大多数天然河流总是有泥沙在运动，当断面上输沙达到平衡时，冲刷停止，床面不再下降，这时冲止流速是泥沙输送和交换达到平衡时的天然流速。这种状态下，冲止流速将大于河床泥沙的不冲刷流速，有时可较不冲刷流速大 3~

5倍。冲止流速可用下式来表示：

$$V_s = E(\overline{d})^{1/6} h_p^{2/3} \tag{6-5}$$

式中　$\overline{d}$——河槽泥沙平均粒径，mm；

　　　E——与历年汛期最大月平均含沙量平均值 S_{pj} 有关，当 $S_{pj} < 1.0\text{kg/m}^3$，

　　　　　$S_{pj} = 1 \sim 10\text{kg/m}^3$，$S_{pj} > 10\text{kg/m}^3$ 时，分别取 E 为 0.46，0.66 和 0.86。

将式 (6-3) ～ (6-5) 代入式 (6-1) 得非粘性河槽一般冲刷后的最大水深计算公式（称 64-1 修正式）：

$$h_p = \left[\frac{AQ_{cp}}{\mu L_c E \overline{d}^{1/6}} \left(\frac{h_{max}}{\overline{h}_c} \right)^{5/3} \right]^{3/5} \tag{6-6}$$

式中　L_c——桥下河槽部分桥孔过水净宽，m，当桥下河槽扩至全桥时，L_c 为全桥桥孔过水宽；

h_{max}、$\overline{h}_c$——分别为冲刷前桥下河槽的最大水深和平均水深，m；

　E、$\overline{d}$——意义和取值与前面相同；

　　　A——单宽流量集中系数，按式 (6-4) 确定；

　　Q_{cp}——桥下河槽部分通过的设计流量，m³/s，当桥下河槽能扩至全桥时，$Q_{cp} = Q_p$。当桥下河槽不能扩至全桥时，Q_{cp} 按下式计算

$$Q_{cp} = \frac{\omega_c C_c \sqrt{\overline{h}_c}}{\sum_{i=1}^{n} (\omega_i \cdot C_i \sqrt{\overline{h}_i})} Q_p \tag{6-7}$$

或

$$Q_{cp} = \frac{Q_c}{Q_c + Q_t} Q_p \tag{6-8}$$

式中　　Q_p——设计流量，m³/s；

ω_c、C_c、$\overline{h}_c$——桥下断面冲刷前河槽部分的过水面积，m²、谢才系数，m$^{1/2}$/s 和平均水深，m；

ω_i、C_i、$\overline{h}_i$——桥下断面冲刷前各部分的过水面积，m²、谢才系数，m$^{1/2}$/s 和平均水深，m；

Q_c、Q_t——天然状态下河槽流量和河滩流量，m³/s。

（2）河滩部分

与上面相似，分别将河滩部分的最大单宽流量和河滩非粘性土容许垂线平均流速代入式 (6-1)，可得桥下河滩部分的一般冲刷计算式（即 64-1 修正式）：

$$h_p = \left[\frac{Q_{tp}}{\mu L_t V_{H1}} \left(\frac{h_{mt}}{\overline{h}_t} \right)^{5/3} \right]^{5/6} \tag{6-9}$$

式中：h_{mt}、$\overline{h}_t$——冲刷前桥下河滩最大水深和河滩平均水深，m；

　　　V_{H1}——河滩水深 1m 时非粘性土不冲刷流速，m/s，与河床泥沙组成有关，见表 6-1；

　　　L_t——河滩部分桥孔净长，m；

Q_{tp}——桥下河滩部分通过的设计流量，m^3/s；

$$Q_{tp} = \frac{Q_t}{Q_t + Q_c} Q_p \tag{6-10}$$

其他符号意义同前。

水深 1m 时非粘性土不冲刷流速 V_{H1}　　　　　表 6-1

河床质类别		d（mm）	V_{H1}（m/s）
砂	细	0.05~0.25	0.35~0.32
	中	0.25~0.50	0.32~0.40
	粗	0.50~2.00	0.40~0.60
圆砾	小	2.00~5.00	0.60~0.90
	中	5.00~10.00	0.90~1.20
	大	10~20	1.20~1.50
卵石	小	20~40	1.50~2.00
	中	40~60	2.00~2.30
	大	60~200	2.30~3.60
漂石	小	200~400	3.60~4.70
	中	400~800	4.70~6.00
	大	>800	>6.00

2.64-2 简化公式

这是一个根据输沙平衡原理建立的公式。以桥下断面推移质输沙平衡为例进行公式结构推导。

设桥位上游河道的推移质输沙率为 Q_{b1}，河槽宽 B_1，平均水深 $\bar{h}_1$，因推移质单宽输沙率 q_b 与流速 V 的 4 次方成比例，则有

$$Q_{b1} = B_1 q_{b1} = \alpha_1 B_1 \left(\frac{Q_1}{B_1 \bar{h}_1} \right)^4$$

桥下河槽断面的输沙率为 Q_{b2}，河槽宽 B_2，有效输沙宽度 $\mu(1-\lambda)B_2$，水深 h_2，则

$$Q_{b2} = \mu(1-\lambda)B_2 q_{b2} = \alpha_2 \mu(1-\lambda)B_2 \left[\frac{Q_2}{\mu(1-\lambda)B_2 h_2} \right]^4$$

令 $Q_{b1} = Q_{b2}$，$h_2 = h_p$，整理后可得

$$h_p = \left(\frac{\alpha_2}{\alpha_1} \right)^{1/4} \left(\frac{Q_2}{Q_1} \right) \left[\frac{B_1}{\mu(1-\lambda)B_2} \right]^{3/4} \bar{h}_1$$

推导得到的公式结构中各物理量的指数和系数需根据实测资料确定。《公路桥位勘测设计规范》(JTJ062—91)推荐的用于河槽部分一般冲刷计算的 64-2 简化公式的最终结果为

$$h_p = 1.04 \left(A \frac{Q_{cp}}{Q_c} \right)^{0.90} \left(\frac{B_c}{(1-\lambda)\mu B_2} \right)^{0.66} h_{max} \tag{6-11}$$

式中　λ——设计水位下，河槽部分桥墩阻水面积与桥下过水面积的比值；

B_2——建桥后桥下断面河槽宽度，m；

B_c——天然状态下河槽的宽度，m。

其他符号，意义同前。

64-1 修正式和 64-2 简化式均是利用我国各桥梁实测资料建立的。公式的计算结果既包括一般冲刷，也包括河道自然演变产生的变形。

6.1.2　粘性土河床的桥下一般冲刷

建立粘性土河床桥下一般冲刷公式的思路与非粘性土的冲止流速方法相同，即也是从式（6-1）出发进行推导。

平均粒径小于 0.05mm 的泥沙，称为粘性土。粘性土颗粒表面的物理化学性质与粗颗粒有很大的不同。很细的颗粒在表面形成很薄且结合紧密的薄膜水，使颗粒之间产生一定的粘性力。土力学中反映粘土粘结力大小的指标为液性指数 I_L 和孔隙率 e。孔隙率是土体中孔隙的体积与颗粒的体积之比。液性指数表示为

$$I_L = \frac{W_o - W_p}{W_L - W_p} = \frac{W_o - W_p}{I_p} \qquad (6-12)$$

式中　　　I_L——粘性土的液性指数；

W_o、W_p、W_L——分别为粘性土的天然含水量、塑性含水量和流限含水量；

$I_p = W_L - W_p$——粘性土的塑性指数。

液性指数 I_L 和孔隙比 e 越小，粘土的粘结力越大，抗冲能力越强，冲止流速也就越大。工程上常用的粘性土的冲止流速 V_s 和液性指数 I_L 和孔隙率 e 的经验关系有两种，分别为：

$$V_s = 0.23\left(\frac{1}{I_L}\right)^{1.3} h_p^{2/3} \qquad (6-13)$$

或

$$V_s = 0.22\left(\frac{1}{I_L\sqrt{e}}\right)^{1.15} h_p^{2/3} \qquad (6-14)$$

将式（6-13）和式（6-14）代入式（6-1）得粘性土河床最大冲刷水深计算式：

$$h_p = \left[\frac{\dfrac{Q_p}{\mu L_j}\left(\dfrac{h_{max}}{\bar{h}}\right)^{5/3}}{0.23\left(\dfrac{1}{I_L}\right)^{1.3}}\right]^{3/5} \qquad (6-15)$$

$$h_p = \left[\frac{\dfrac{Q_p}{\mu L_j}\left(\dfrac{h_{max}}{\bar{h}}\right)^{5/8}}{0.22\left(\dfrac{1}{I_L\sqrt{e}}\right)^{1.15}}\right]^{3/5} \qquad (6-16)$$

式（6-13）～（6-16）为铁道部粘土桥渡冲刷研究小组于 1982 年提出的供生产试用的冲止流速公式和一般冲刷计算公式。其中式（6-13）和式（6-15）仅含有液性指数，式（6-14）和式（6-16）含有液性指数和孔隙比两个反映粘性土性质的物理量。

《公路桥位勘测设计规范》（JTJ062-91）推荐的粘性土河床桥下一般冲刷计算公式为：

1）河槽部分

$$h_{p} = \left[\frac{A\dfrac{Q_{cp}}{\mu L_{c}}\left(\dfrac{h_{max}}{\bar{h}_{c}}\right)^{5/3}}{0.33\left(\dfrac{1}{I_{L}}\right)}\right]^{5/8} \tag{6-17}$$

式中　A——单宽流量集中系数，$A=1.0\sim1.2$；

　　　I_{L}——粘性土液性指数，本公式的适用范围为 $I_{L}=0.16\sim1.19$；

　　　其他符号意义同式（6-6）。

2）河滩部分

$$h_{p} = \left[\frac{\dfrac{Q_{tp}}{\mu L_{t}}\left(\dfrac{h_{mt}}{\bar{h}_{t}}\right)^{5/3}}{0.33\left(\dfrac{1}{I_{L}}\right)}\right]^{6/7} \tag{6-18}$$

式中符号意义同式（6-9）。

6.1.3　桥台偏斜水流的一般冲刷

当桥前无导流堤，而河滩被压缩较多时，河滩水流在桥台附近集中，形成偏斜冲刷。这种桥台冲刷计算我国目前尚无成熟的研究成果可供使用。《公路桥位勘测设计规范》（JTJ062-91）推荐的计算公式为

$$h_{p}' = P\left[h + (h_{max} - h)\frac{h}{h_{max}}\right] \tag{6-19}$$

式中：h_{p}'——冲刷后桥台处水深；

　　　h——冲刷前桥台处水深；

　　　h_{max}——冲刷前桥下河槽的最大水深；

　　　P——冲刷系数，取值见表 5-2。

【例6-1】已知桥址断面如图 6-1 所示，设计洪峰流量 $Q_{p}=6000\text{m}^3/\text{s}$，设计洪水位 93.18m，平滩水位 90.88m，天然情况下主槽的流速 $V_{s}=2.92\text{m/s}$，汛期含沙量 $S_{pj}=5\text{kg/m}^3$。桥梁与河道正交，采用 24 孔 32m 的预应力混凝土梁。其他有关地质资料及计算数据见表 6-2 和表 6-3，假定建桥后桥下河滩不会改变为河槽，试确定一般冲刷深度。

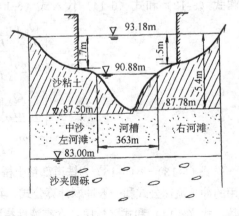

图 6-1　桥址断面图

地 质 资 料 表   表 6-2

土层层次	土的名称	土的性质	附　注
表层 (标高 87.5m 以上)	沙粘土	液性指数 $I_L = 0.55$	
第二层 (87.5~83.0m)	中沙	$\bar{d} = 0.32\text{mm}$	
第三层 (83.0m 以下)	沙夹圆砾	$\bar{d} = 6.49\text{mm}$	

计 算 数 据 表   表 6-3

项　别	左河滩	河　槽	右河槽	合　计
桥下平均水深 $\bar{h}$ (m)	2.0	3.82	1.73	
桥下最大水深 h_m (m)	2.3	5.4	2.0	
各部分净孔长 L (m)	181.0	330.8	211.2	723
桥下冲刷前过水面积 (m²)	361.8	1260.0	365.2	1987
流速系数 C	35.0	50.0	20.0	

1. 河槽一般冲刷最大深度计算

因为河槽的最深点已接近沙层,故认为河槽一般冲刷最大深度计算可用非粘性土河床的计算公式。因桥下河槽不能扩至全桥,则桥下河槽部分通过的设计流量为

$$Q_{cp} = \frac{\omega_c C_c \sqrt{h_c}}{\sum\limits_{i=1}^{n} (\omega_i C_i \sqrt{h_i})} Q_p$$

$$= 6000 \times \frac{1260 \times 50 \times \sqrt{3.82}}{361.8 \times 35 \times \sqrt{2} + 1260 \times 50 \times \sqrt{3.82} + 365.2 \times 20 \times \sqrt{1.73}}$$

$$= 4905 \text{m}^3/\text{s}$$

平滩时河槽水面宽 $B = 363\text{m}$,河槽平均水深 $H = 3.82 - (93.18 - 90.88) = 1.52\text{m}$,故

$$A = \left(\frac{\sqrt{B}}{H} \right)^{0.15} = \left(\frac{\sqrt{363}}{1.52} \right)^{0.15} = 1.46$$

因为汛期含沙量 $S_{pj} = 5.0 \text{kg/m}^3$,故 $E = 0.66$。

侧收缩系数为

$$\mu = 1 - 0.375 \frac{V_s}{l_j} = 1 - 0.375 \times \frac{2.92}{\dfrac{723}{24}} = 0.96$$

由公式 (6-6) 得一般冲刷的最大深度为

$$h_p = \left[\frac{A Q_{cp}}{\mu L_c E \bar{d}^{1/6}} \left(\frac{h_{max}}{\bar{h}_c} \right)^{5/3} \right]^{3/5}$$

$$= \left[\frac{1.46 \times 4905}{0.96 \times 330.8 \times 0.66 \times 0.32^{1/6}} \left(\frac{5.4}{3.82} \right)^{5/3} \right]^{3/5}$$

$$= 13.2\text{m}$$

冲刷线标高＝93.18－13.2＝79.98m，冲刷已深入第3层土内。因此，改按第3层土（沙夹圆砾）计算冲刷深度为

$$h_p = \left[\frac{1.46 \times 4905}{0.96 \times 330.8 \times 0.66 \times 6.49^{1/6}}\left(\frac{5.4}{3.82}\right)^{5/3}\right]^{3/5}$$

$$= 9.75\text{m}$$

则冲刷线标高＝93.18－9.75＝83.43m，冲刷线反位于第2层土内。由这两种计算结果可知，冲刷最深点位于第2层与第3层土交界面上，即最大冲刷深度

$$h_p = 93.18 - 83.0 = 10.18\text{m}$$

2. 河滩一般冲刷最大深度计算

因左右两河滩的河床组成均为沙粘土，计算最大冲刷深度时需用适合粘性土的计算公式。左滩通过的设计流量

$$Q_{ltp} = 6000 \times \frac{361.8 \times 35 \times \sqrt{2}}{150720} = 714 \text{ m}^3/\text{s}$$

右滩通过的设计流量

$$Q_{rtp} = 6000 \times \frac{365.2 \times 20 \times \sqrt{1.73}}{150720} = 383 \text{ m}^3/\text{s}$$

用公式（6-18）得左滩的最大冲刷深度

$$h_{lp} = \left[\frac{\dfrac{Q_{ltp}}{\mu L_t}\left(\dfrac{h_{mt}}{h_t}\right)^{5/3}}{0.33\left(\dfrac{1}{I_L}\right)}\right]^{6/7} = \left[\frac{\dfrac{714}{0.96 \times 181.0}\left(\dfrac{2.3}{2.0}\right)^{5/3}}{0.33\left(\dfrac{1}{0.55}\right)}\right]^{6/7} = 6.35\text{m}$$

冲刷线标高＝93.18－6.35＝86.83m，已在第2层土层内，故需再用非粘性土河滩冲刷计算公式（6-9）计算。查表6-1得 $\overline{d}=0.32$mm 对应的不冲刷流速 $V_{H1}\approx0.34$m/s，得

$$h_{lP} = \left[\frac{Q_{ltp}}{\mu L_t V_{H1}}\left(\frac{h_{mt}}{h_t}\right)^{5/3}\right]^{5/6}$$

$$= \left[\frac{714}{0.96 \times 181 \times 0.34}\left(\frac{2.3}{2.0}\right)^{5/3}\right]^{5/6}$$

$$= 9.69\text{m}$$

冲刷线标高＝93.18－9.69＝83.49m，左河滩冲刷最深点在中沙层内。

同理，可得右滩的最大冲刷深度：

$$h_{rp} = \left[\frac{\dfrac{Q_{rtp}}{\mu L_t}\left(\dfrac{h_{mt}}{h_t}\right)^{5/3}}{0.33\left(\dfrac{1}{I_L}\right)}\right]^{6/7}$$

$$= \left[\frac{\dfrac{383}{0.96 \times 211.2}\left(\dfrac{2.0}{1.73}\right)^{5/3}}{0.33\dfrac{1}{0.55}}\right]^{6/7}$$

$$= 3.29\text{m}$$

右滩冲刷线标高$=93.18-3.29=89.89$m，在沙粘土层内。

3. 桥台偏斜冲刷深度

取冲刷系数$P=1.2$，冲刷前左桥台水深$h_1=1.7$m，右桥台水深$h_r=1.5$m，由式（6-19）得左、右两桥台偏斜冲刷深度分别为

左桥台
$$h'_{lp}=P\left[h+(h_{\max}-h)\frac{h}{h_{\max}}\right]$$
$$=1.2\times\left[1.7+(5.4-1.7)\frac{1.7}{5.4}\right]=3.44\text{m}$$

右桥台
$$h'_{rp}=1.2\times\left[1.5+(5.4-1.5)\frac{1.5}{5.4}\right]=3.1\text{m}$$

左桥台前偏斜冲刷后标高$=93.18-1.7-3.44=88.04$m，在沙粘土层内，高于左滩冲刷线标高。

右桥台前偏斜冲刷后标高$=93.18-1.5-3.1=88.58$m，在沙粘土层内，低于右滩冲刷线标高。

§6.2 桥墩旁局部冲刷

6.2.1 局部冲刷现象

由于桥墩阻碍水流，其周围的水流结构发生急剧变化。水流受阻后，部分水流向两侧绕流，使墩前两侧水流集中，流速加大；部分水流直冲桥墩，其中上层水流受阻后转向水面，引起水面壅高；下层水流受阻后转向河底，形成下降水流，并在近河床处形成一个逆流上行的横轴环流，挟带泥沙上行，导致墩前出现冲刷坑。同时，此漩流和上游来流结合在一起绕桥墩两侧靠近河底的地方流向下游，形成马蹄涡系。如图6-2所示，在此马蹄涡系作用下，桥墩两侧河床上泥沙被冲起带向下游，逐渐形成冲刷坑。随着冲刷坑的冲深加大，水流挟沙能力逐渐减弱，上游进入冲刷坑的泥沙与水流冲走的泥沙趋向平衡。同时，由于冲刷引起的桥墩局部冲刷坑内的床沙粗化作用，使抗冲作用逐渐增强，水流冲刷作用与床沙的抗冲作用也趋向平衡。当上述两种情况中的任一种先趋向平衡时，冲刷逐渐停止。

从实验资料可知，桥墩局部冲刷深度h_b与涌向桥墩的垂线平均流速V有关。当流速V由小逐渐增加时，可以看到局部冲刷首先发生在墩前两侧，此时的流速称为河床的起冲流速V'_0。随着流速增大，冲刷坑沿着桥墩两侧逐渐向上游发展，很快在桥墩上游相遇，形成冲刷最深点。在涌向桥墩的垂线平均流速大于起冲流速V'_0而小于起动流速V_0范围内，上游床面无推移质运动，冲刷坑发展速度较快，冲刷深度h_b与流速成直线关系，如图6-3所示。当流速大于起动流速V_0时，桥墩上

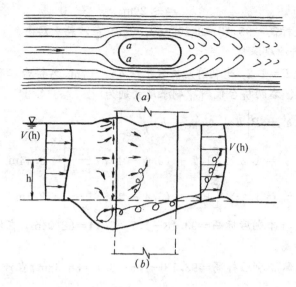

图 6-2   桥墩局部冲刷现象示意图

(a) 平面图；(b) 侧面图

游床面泥沙大量起动，由于有泥沙补给，冲刷坑发展减缓，冲刷坑深与流速呈曲线关系。

　　影响局部冲刷的主要因素还有：墩宽、墩形、水深和床沙组成等。

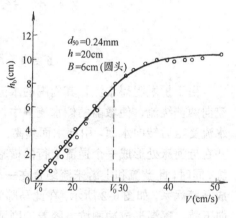

图 6-3 h_p-V 试验曲线

6.2.2 非粘性土河床的局部冲刷计算

　　桥墩局部冲刷坑最大深度 h_b 的计算，1992 年前广泛采用 1965 年我国铁路和公路部门根据我国实桥观测资料和模型试验资料制定的两个公式，简称 65-1公式和 65-2 公式。1992 年起实施的《公路桥位勘测设计规范》（JTJ062-91），在总结以往应用经验和实测资料基础上，针对原公式中的一些缺点，作了较大改进和修正。以下称之为 65-1 修正公式和 65-2 修正公式，现在在桥墩局部冲刷中得到比较普遍的应用。

　　1. 65-1 修正公式法

当 $V \leqslant V_0$ 时（图 6-3 中的直线部分）

$$h_b = K_\xi K_\eta B^{0.6}(V - V_0') \tag{6-20}$$

当 $V > V_0$ 时（图 6-3 中的曲线部分）

$$h_b = K_\xi K_\eta B^{0.6}(V - V_0')\left(\frac{V - V_0'}{V_0 - V_0'}\right)^n \tag{6-21}$$

式中　h_b——桥墩局部冲刷坑最大深度，m；

$\quad\quad K_\xi$——墩形系数，取值见表6-4；

$\quad\quad B$——桥墩计算宽度，见表6-4；

$\quad\quad V_0$——河床泥沙起动流速，m/s，按下式计算：

$$V_0 = 0.0246\left(\frac{h_p}{\overline{d}}\right)^{0.14}\sqrt{332\overline{d} + \frac{10+h_p}{\overline{d}^{0.72}}}$$

其中　K_η——河床颗粒的影响因素：$K_\eta = 0.8\left(\dfrac{1}{\overline{d}^{0.45}} + \dfrac{1}{\overline{d}^{0.15}}\right)$；

$\quad\quad V_0'$——墩前泥沙起冲流速，m/s，计算式为

$$V_0' = 0.462\left(\frac{\overline{d}}{B}\right)^{0.06} V_0;$$

其中　V——一般冲刷后墩前行近垂线平均流速，m/s，按 $V = E\overline{d}^{1/6}h_p^{2/3}$ 计算；

$\quad\quad h_p$——一般冲刷后水深，m；

$\quad\quad n$——指数，按 $n = \left(\dfrac{V_0}{V}\right)^{0.25\overline{d}^{0.19}}$ 计算；

$\quad\quad \overline{d}$——河床泥沙平均粒径，mm。

墩型系数及桥墩计算宽度　　　　　　　　　　表6-4

编号	桥墩示意图	墩型系数 K_ξ	桥墩计算宽度 B
1		1.00	$B=d$
2		不带联系梁：$K_\xi = 1.00$ 带联系梁 <table><tr><td>α</td><td>0°</td><td>15°</td><td>20°</td><td>45°</td></tr><tr><td>K_ξ</td><td>1.00</td><td>1.05</td><td>1.10</td><td>1.15</td></tr></table>	$B=d$
3			$B=(L-b)\sin\alpha + b$

编号	桥墩示意图	墩型系数 K_ξ	桥墩计算宽度 B
4		与水流正交时各种迎水角的系数 | θ	45°	60°	75°	90°	120°
---	---	---	---	---	---
K_ξ	0.70	0.84	0.90	0.95	1.10	 迎水角 $\theta=90°$，与水流斜交时的系数 K_ξ 	$B=(L-b)\sin\alpha+b$ （为了简便按圆端墩计算）
5			与水流正交时 $$B=\frac{b_1h_1+b_2h_2}{h}$$ 与水流斜交时 $$B=\frac{B_1h_1+B_2h_2}{h}$$ 其中： $B_1=L_1\sin\alpha+b_1\cos\alpha$ $B_2=L_2\sin\alpha+b_2\cos\alpha$
6		$K_\xi=K_{\xi1}K_{\xi2}$ 注：沉井和墩身的 $K_{\xi2}$ 相差较大时，根据 h_1、h_2 的大小，在两线间按比例定点取值	与水流正交时 $$B=\frac{b_1h_1+b_2h_2}{h}$$ 与水流斜交时 $$B=\frac{B_1h_1+B_2h_2}{h}$$ 其中： $B_1=(L_1-b_1)\sin\alpha+b_1$ $B_2=L_1\sin\alpha+b_2\cos\alpha$

编号	桥墩示意图	墩型系数 K_ξ	桥墩计算宽度 B
7		与水流正交时：$K_\xi = K_{\xi 1}$　h_2/h 其他角度可插取补值 迎水角 $\theta = 90°$，与水流斜交时：$K_\xi = K_{\xi 2} \cdot K_{\xi 1}$ 注：沉井和墩身的 $K_{\xi 2}$ 相差较大时，根据 h_1、h_2 的大小在两线间按比例定点取值	与水流正交时 $$B = \dfrac{b_1 h_1 + b_2 h_2}{h}$$ 与水流斜交时 $$B = \dfrac{B_1 h_1 + B_2 h_2}{h}$$ 其中： $B_1 = (L_1 - b_1)\sin\alpha + b_1$ $B_2 = L_1 \sin\alpha + b_2 \cos\alpha$
8		1.00	与水流正交时 $B = b$ 与水流斜交时 $B = (L - b)\sin\alpha + b$
9		$K_\xi = K'_\xi K_{m\phi}$ 式中　K'_ξ——单桩形状系数，按编号 (1)、(2)、(3)、(5) 定（多为圆桩，$K'_\xi = 1.0$ 可省略）； 　　$K_{m\phi}$——桩群系数， $$K_{m\phi} = 1 + 5\left[\dfrac{(m-1)\phi}{B_m}\right]^2,$$ 其中　B_m——桩群垂直水流方向的分布宽度； 　　m——桩的排数	$B = \phi$

续表

编号	桥墩示意图	墩型系数 K_ξ	桥墩计算宽度 B
10		桩承台桥墩局部冲刷计算方法： 　当承台底面低于一般冲刷线时，按上部实体计算；承台底面高于水面时，按排架墩计算；承台底面相对高度在 $0 \leqslant h_\phi/h \leqslant 0.1$ 时，冲刷深度 h_b 按下式计算，即： $$h_b = (K_\xi K_{m\phi} K_{h\phi}^{0.6} + 0.85 K_{\xi 1} K_{h2} B^{0.6}) K_\eta (V_0 - V_0')\left(\frac{V}{V_0}\right)^n$$ 式中　$K_{h\phi}$——淹没柱体折减系数， $$K_{h\phi} = 1.0 - \frac{0.001}{(h_\phi/h + 0.1)^3};$$ $K_{\xi 1}$、B——按承台底处于一般冲刷线计算； K_{h2}——为墩身承台减少系数； K_η、V、V_0、V_0'、n 同 65-1 修正公式 	

2.65-2 修正公式法

该法的计算公式为

$$h_b = 0.46 K_\xi B^{0.60} h_p^{0.15} \overline{d}^{-0.068}\left(\frac{V - V_0'}{V_0 - V_0'}\right)^n \qquad (6\text{-}22)$$

式中　V_0——河床泥沙起动流速，m/s，由下式计算：

$$V_0 = \left(\frac{h_p}{\overline{d}}\right)^{0.14}\left(29\overline{d} + 6.05 \times 10^{-7} \frac{10 + h_p}{\overline{d}^{0.72}}\right)^{0.5};$$

V_0'——墩前泥沙起冲流速，m/s，由下式计算：

$$V_0' = 0.645\left(\frac{\overline{d}}{B}\right)^{0.053} V_0;$$

n——指数，清水冲刷（$V \leqslant V_0$）时，$n = 1.0$；动床冲刷（$V > V_0$）时，

$$n = \left(\frac{V_0}{V}\right)^{9.35 + 2.23\lg\overline{d}};$$

$\overline{d}$——河床泥沙平均粒径，m。

其余符号，意义同前。

6.2.3　粘性土河床的局部冲刷计算

《公路桥位勘测设计规范》(JTJ062-91) 推荐粘性土河床桥墩局部冲刷计算公

式为：

当 $\dfrac{h_p}{B} \geqslant 2.5$ 时

$$h_b = 0.83 K_\xi B^{0.6} I_L^{1.25} V \tag{6-23}$$

当 $\dfrac{h_p}{B} < 2.5$ 时

$$h_b = 0.55 K_\xi B^{0.6} h_p^{0.1} I_L V \tag{6-24}$$

式中　h_b——桥墩局部冲刷深度，m；

　　　h_p——河床一般冲刷深度，m；

　　　B——桥墩计算宽度，m，见表 6-4；

　　　K_ξ——墩形系数，见表 6-4；

　　　I_L——冲刷坑范围内粘性土液性指数，该式中 I_L 的适用范围为 0.16～1.48；

　　　V——桥墩前行近垂线平均流速，m/s，采用一般冲刷停止时的冲止流速。

6.2.4　墩台底面埋设高程计算

确定墩台基础埋设高程的依据是自建桥前天然河床床面算起的河床自然演变冲刷，一般冲刷和局部冲刷三者最不利组合所得的总冲刷深度。墩台底面最低埋设高程就是设计水位减去总冲刷深度和安全埋入深度，即

$$Z_{jd} = Z_s - h_p - h_b - \Delta h - \Delta c \tag{6-25}$$

式中　Z_{jd}——基础底面埋置高程；

　　　Z_s——设计水位；

　　　h_p——一般冲刷深度；

　　　h_b——局部冲刷深度；

　　　Δh——河床自然演变冲刷深度；

　　　Δc——基础安全埋入深度，见表 6-5 和表 6-6。

非岩性河床墩台基底埋深安全值　　　　表 6-5

桥梁类别	总冲刷深度（m）				
	0	5	10	15	20
一般桥梁	1.5	2.0	2.5	3.0	3.5
特殊大桥	2.0	2.5	3.0	3.5	4.0

注：1. 总冲刷深度为自河床面算起的河床自然演变冲刷、一般冲刷与局部冲刷深度之和。

　　2. 表列数字为墩台基底埋入总冲刷深度以下的最小限值，若计算流量、水位和原始断面资料无十分把握或河床演变尚不能获得确准资料时，安全值可适当加大。

　　3. 若桥址上下游有已建桥梁或属旧桥改建，应调查旧桥的特大洪水冲刷情况，新桥墩台基底埋置深度应在旧桥最大冲刷深度上酌加必要的安全值。

岩性河床墩台基底埋深安全值　　　　　　　　表 6-6

岩石类别		岩石名称	埋入岩面深度（m）（按枯水季节平均水深 h 分级）		
			$h<2m$	$h=（2\sim10）$ m	$h>10m$
I	极软岩	胶结不良的长石砂岩、炭质石岩	3～4	4～5	5～7
II	软质岩	粘土岩、泥质页岩	2～3	3～4	4～5
II	软质岩	砂质页岩、砂质页岩互层、砂质砾岩	1～2	2～3	3～4
II	硬质岩	板岩、钙质砂岩、矽质岩、石灰岩、花岗岩、流纹岩、石英岩	0.2～1.0	0.2～2.0	0.5～3.0

由于 64-1 修正公式和 64-2 简化公式建立时所依据的实测资料包含部分河床自然演变冲刷，用上两式计算得到的 h_p 已包括了这部分河床自然演变冲刷，式 (6-25) 中的 Δh 只应考虑未包括的部分，即河流发育成长性的变形等。

对稳定河段，河槽稳定，不会展宽，河槽部分和河滩部分的墩台，可分别采用各自的冲刷深度确定埋置高程。对不稳定河段，河槽有可能扩宽，河槽和河滩上所有的墩台基底高程均应用河槽墩台基底高程值。

近年，随着经济建设的快速发展，河道挖沙十分普遍。河道过度挖沙导致局部河段的河床高程大幅降低，有时其影响远远超过河床自然演变冲刷和一般冲刷。若桥位河段及上下游的床沙粒径适宜于作建筑用沙，确定墩台基础底面埋置高程时，应对这个问题给予足够重视。

【例 6-2】　根据例 6-1 所给的资料和计算结果，采用圆端形桥墩，宽 3.10m，横向宽 9.10m，基础为沉井，尺寸为 4.6m×10.6m，沉井顶标高为 87.70m，试确定位于不同河床部分的基底最小埋深。

1. 河槽的桥墩旁局部冲刷和桥墩基底高程

根据例 6-1 的计算结果，一般冲刷后河槽最深点位于第 2 层与第 3 层土交界面上，故局部冲刷将切入第 3 层土，河床质的平均粒径 $\overline{d}=6.49$mm，$h_p=10.18$m，$E=0.66$，得墩前行近流速

$$V = E\overline{d}^{1/6}h_p^{2/3} = 0.66 \times 6.49^{1/6} \times 10.18^{2/3} = 4.23\text{m/s}$$

河床颗粒的影响因素：

$$K_\eta = 0.8\left(\frac{1}{\overline{d}^{0.45}} + \frac{1}{\overline{d}^{0.15}}\right) = 0.8\left(\frac{1}{6.49^{0.45}} + \frac{1}{6.49^{0.15}}\right) = 0.95$$

查表 6-4，得墩形系数 $K_\xi=1.2$，桥墩计算宽度

$$B = \frac{b_1 h_1 + b_2 h_2}{h} = \frac{3.1 \times (93.18-87.70) + 4.6 \times (87.70-83.00)}{10.18} = 3.79\text{m}$$

(1) 用 65-1 修正公式计算局部冲刷深度

$$V_0 = 0.0246\left(\frac{h_p}{d}\right)^{0.14}\sqrt{332\overline{d} + \frac{10+h_p}{\overline{d}^{0.72}}}$$

$$= 0.0246\left(\frac{10.18}{6.49}\right)^{0.14}\sqrt{332 \times 6.49 + \frac{10+10.18}{6.49^{0.72}}}$$

$$= 1.22\text{m/s}$$

$$V_0' = 0.462\left(\frac{\overline{d}}{B}\right)^{0.06} V_0 = 0.462 \times \left(\frac{6.49}{3.79}\right)^{0.06} \times 1.22 = 0.58\text{m/s}$$

$$n = \left(\frac{V_0}{V}\right)^{0.25\overline{d}^{0.19}} = \left(\frac{1.22}{4.23}\right)^{0.25\times6.49^{0.19}} = 0.64$$

因为 $V>V_0$，选用式（6-21）计算桥墩局部冲刷坑最大深度

$$h_b = K_\xi K_\eta B^{0.6}(V_0 - V_0')\left(\frac{V - V_0'}{V_0 - V_0'}\right)^n$$

$$= 1.2 \times 0.95 \times 3.79^{0.6} \times (1.22 - 0.58) \times \left(\frac{4.23 - 0.58}{1.22 - 0.58}\right)^{0.64}$$

$$= 4.94\text{m}$$

（2）用 65-2 修正公式计算局部冲刷深度

$$V_0 = \left(\frac{h_p}{\overline{d}}\right)^{0.14}\left(29\overline{d} + 6.05 \times 10^{-7}\frac{10 + h_p}{\overline{d}^{0.72}}\right)^{0.5}$$

$$= \left(\frac{10.18}{0.00649}\right)^{0.14}\left(29 \times 0.00649 + 6.05 \times 10^{-7} \times \frac{10 + 10.18}{0.00649^{0.72}}\right)^{0.5}$$

$$= 1.22\text{m/s}$$

$$V_0' = 0.645\left(\frac{\overline{d}}{B}\right)^{0.053} V_0$$

$$= 0.645 \times \left(\frac{0.00649}{3.79}\right)^{0.053} \times 1.22$$

$$= 0.56\text{m/s}$$

因为 $V>V_0$，采用下式计算 n：

$$n = \left(\frac{V_0}{V}\right)^{(9.35+2.23\lg d)} = \left(\frac{1.22}{4.23}\right)^{(9.35+2.23\lg0.00649)} = 0.00386$$

用式（6-22）计算桥墩局部冲刷坑最大深度为

$$h_b = 0.46K_\xi B^{0.60}h_p^{0.15}\overline{d}^{-0.068}\left(\frac{V - V_0'}{V_0 - V_0'}\right)^n$$

$$= 0.46 \times 1.2 \times 3.79^{0.60} \times 10.18^{0.15} \times 0.00649^{-0.068} \times \left(\frac{4.23 - 0.58}{1.22 - 0.58}\right)^{0.00386}$$

$$= 2.47\text{m}$$

比较 65-1 修正公式和 65-2 修正公式的计算结果，为安全计，取 $h_b=4.94$m。

（3）桥下河槽桥墩基底的埋置高程　若暂不考虑其他因素引起的冲刷深度，则自床面算起的总冲刷深度＝10.18－（93.18－87.78）＋4.94＝9.72m。查表6-5，得基础安全埋入深度 $\Delta c=2.5$m。由式（6-25）得河槽内桥墩基底的埋置高程

$$Z_{jd} = Z_s - h_p - h_b - \Delta c = 93.18 - 10.18 - 4.94 - 2.5 = 75.56\text{m}$$

2. 左河滩桥墩旁基底的埋置高程

根据题意，建桥后桥下河滩不会改变为河槽，河槽及河滩处桥墩基底埋置可

分别采用不同的高程。

首先需要弄清的是左河滩在一般冲刷停止时对应的流速 V。由式 (6-9)、式 (6-2) 和式 (6-1) 可以推得河滩上一般冲刷后墩前行近流速

$$V = V_{H1} h_p^{1/5}$$

根据例 6-1 的计算结果，左河滩一般冲刷最深点在中沙层内，$V_{H1} = 0.34 \text{m/s}$, $h_p = 9.69 \text{m}$，由上式得

$$V = 0.34 \times 9.69^{1/5} = 0.54 \text{m/s}$$

因一般冲刷线高程为 83.49m，离第 3 层土只有 0.49m，再发生冲刷第 2 层土很容易冲完，故局部冲刷计算时，河床泥沙粒径取 $\bar{d} = 6.49 \text{mm}$, $K_\eta = 0.95$, $K_\xi = 1.2$,

$$B = \frac{3.1 \times (93.18 - 87.70) + 4.6 \times (87.70 - 83.49)}{9.69} = 3.75 \text{m}$$

$$V_0' = 0.462 \left(\frac{\bar{d}}{B} \right)^{0.06} V_0$$

$$= 0.462 \times \left(\frac{6.49}{3.75} \right)^{0.06} \times 1.21$$

$$= 0.58 \text{m/s}$$

因为 $V < V_0'$，故局部冲刷不会切入第 3 土层。为简单计算，不再作第 2 层土的计算，近似认为局部冲刷高程为第 2 和第 3 土层交界面，即 $h_b = 0.49 \text{m}$。左河滩桥墩基底高程

$$Z_{jd} = Z_s - h_p - h_b - \Delta c = 93.18 - 9.69 - 0.49 - 2.5 = 80.5 \text{m}$$

左桥台基底高程亦按此高程埋置。

3. 右河滩桥墩旁局部冲刷和桥墩基底高程

根据例 6-1 的计算结果，一般冲刷后，右河滩冲刷线在沙粒土层内。用上述相似的方法，由式 (6-18)、式 (6-2) 和式 (6-1)，得

$$V = 0.33 \left(\frac{1}{I_L} \right) h_p^{1/6}$$

$$= 0.33 \times \frac{1}{0.55} \times 3.29^{1/6}$$

$$= 0.73 \text{m/s}$$

若右河滩桥墩的沉井顶高程仍为 87.70m，低于一般冲刷后冲刷线高程，查表 6-4 得墩形系数 $K_\xi = 0.99$, $B = 3.1 \text{m}$，由式 (6-24) 可算得右河滩桥墩的局部冲刷深度

$$h_b = 0.55 K_\xi B^{0.6} h_p^{0.1} I_L V = 0.55 \times 0.99 \times 3.1^{0.6} \times 3.29^{0.1} \times 0.55 \times 0.73 = 0.49 \text{m}$$

局部冲刷坑高程 $= 93.18 - 3.29 - 0.49 = 89.4 \text{m}$，尚在沙粘土层内。右河滩桥墩基底高程

$$Z_{jd} = Z_s - h_p - h_b - \Delta c = 93.18 - 3.29 - 0.49 - 2.0 = 87.4 \text{m}$$

右桥台基底高程亦可按此高程埋置。

请注意，本例未考虑其他因素引起的冲刷深度，对于具体的实际桥址，应在

作实地调查后合理确定墩台最小埋置深度。例如本例中的河床表层为粘性土，第2层为中沙，较易冲刷。施工过程中，表面粘土层易遭破坏，而第2土层的抗冲性较弱。实际设计中，确定右河滩墩台基底高程时应考虑这个因素的影响，降低墩台高程。

6.2.5 数值计算法简介

修建桥渡后，由于河段的边界条件发生一定变化，河道将作出相应调整。这个调整过程是十分复杂的物理现象。为了解决生产中提出来的问题，特别是一些重要桥梁设计中有关数据的确定，不能完全按上述的计算公式作简单计算就能解决，而常常要通过河工模型试验加以确定。

随着计算机功能和计算技术的发展，推动了河道水流泥沙数值计算方法的蓬勃发展。一些桥渡河段的水流计算工作已借助数值模拟来进行。

数值模拟包括数学模型的建立和求解两个方面。数学模型的建立主要是指基本方程的确定、参数的取值和率定，以及边界和初始条件的概化处理等。模型的求解方法主要是指基本方程的数值解方法，主要有差分法、有限体积法、有限元法等方法。

根据基本方程中空间坐标维数，桥渡河段水流泥沙数学模型分为一维、二维和三维模型。对一维和二维水流模型及河床变形预测，已有比较可靠的数学模型。它们可用于模拟桥渡河段水面线、河床自然演变引起的冲淤变化和一般冲刷等。至于三维河床变形模拟预测，如桥墩旁的局部冲刷，由于边界条件过于复杂，特别是这种复杂边界条件下的水沙运动规律目前了解甚少，尚处于研究发展阶段，还需作更多的工作。

数学模型还可分为恒定流和非恒定流模型。恒定流模型主要用于模拟预测某一固定设计流量下桥渡河段的水流和河床变形过程。非恒定流模型则可用于模拟桥渡河段在一场洪水中的变化过程。

根据河床边界变化与否，数学模型可分为定床模型和动床模型。定床模型不考虑泥沙运动，只研究水流问题。桥渡河段数学模型一般均需涉及桥下河床的冲刷问题，应采用动床模型。

1. 一维动床模型

一维动床模型的基本方程由以下这些方程组成：

水流连续性方程

$$B \frac{\partial Z}{\partial t} + \frac{\partial BhU}{\partial x} = 0 \tag{6-26}$$

水流运动方程

$$\frac{\partial U}{\partial t} + U \frac{\partial U}{\partial x} + g \frac{\partial Z}{\partial x} + g n^2 A \frac{U^2}{R^{4/3}} = 0 \tag{6-27}$$

泥沙连续性方程

$$B \frac{\partial hS}{\partial t} + \frac{\partial BhUS}{\partial x} = -\alpha B\omega(S - S_*) \tag{6-28}$$

河床变形方程

$$\rho' B \frac{\partial Z_b}{\partial t} + \frac{Q_b}{\partial x} = \alpha B\omega(S - S_*) \tag{6-29}$$

式中　Z——水位；

　　　x——沿水流方向距离；

　　　t——时间；

　　　U——x 方向的断面平均流速；

　　　h——断面平均水深；

　　　B——水面宽；

　　　Z_b——断面平均河床高程；

　　　Q_b——断面推移质输沙率；

　　　S_*——水流挟沙力；

　　　S——断面平均含沙量；

　　　R——断面水力半径；

　　　g——重力加速度；

　　　α——系数；

　　　ω——悬移质断面平均沉速；

　　　ρ'——河床泥沙干密度。

利用以上四个方程，可解出待求物理量 Z、U、Z_b 和 S。变量 Q_b、S_* 和 ω 是水力、泥沙因素的函数，可根据泥沙运动理论中相应的计算公式求出它们的数值。

用上述方程组进行桥渡河段水面线或河床变形计算时，常作适当简化。例如：①将水流看做恒定流，即流量采用桥渡河段的设计流量；②假设水体中含沙量不随时间变化，即设 $\frac{\partial hS}{\partial t} = 0$。这样，上述方程组可简化为

$$Q = \text{常数} \tag{6-30}$$

$$\frac{dZ}{dx} + \frac{1}{2g} \frac{\partial}{\partial x}\left(\frac{Q^2}{A^2}\right) + \frac{n^2 Q^2}{A^2 R^{4/3}} = 0 \tag{6-31}$$

$$\rho' B \frac{\partial Z_b}{\partial t} + \frac{\partial Q_b}{\partial x} + \frac{\partial BhUS}{\partial x} = 0 \tag{6-32}$$

从方程（6-31）和（6-32）可以计算 2 个变量，但方程中尚有 Z、Z_b 和 S 3 个待求量。工程计算中通常假设断面平均含沙量与该断面的水流挟沙力近似相等，这样，S 可用水流挟沙力公式计算，即 $S = S_* = k\left(\frac{U^3}{gk\omega}\right)^m$。剩下的 2 个变量 Z、Z_b 即可从方程（6-31）和（6-32）求得。其差分方程为

$$Z_1 = Z_2 + \Delta x \frac{n^2 Q^2}{\overline{A}^2 \cdot \overline{R}^{4/3}} + \frac{Q^2}{2g}\left(\frac{1}{A_2^2} - \frac{1}{A_1^2}\right) \tag{6-33}$$

$$\rho' \Delta Z_b \cdot \overline{B} \Delta x = (Q_{b1} - Q_{b2})\Delta t + (QS_1 - QS_2)\Delta t \tag{6-34}$$

式中 Δx——计算河段长度；

Δt——计算时间步长；

ΔZ_b——计算河段河段平均淤积或冲刷厚度，正值为淤，负值为冲；

Q_{b1}——进口断面推移质输沙率，$Q_{b1}=B_1 q_{b1}$，B_1 为进口断面推移质转移带宽度，一般可取与河槽宽相等，q_{b1} 为进口断面单宽推移质输沙率，可用式（2-39）计算；

Q_{b2}——出口断面推移质输沙率，$Q_{b2}=B_2 q_{b2}$，B_2 和 q_{b2} 的意义和计算与 B_1 和 q_{b1} 相似；

S_1、S_2——进、出口断面含沙量，可用水流挟沙公式计算；

$\overline{A}$、$\overline{B}$、$\overline{R}$——计算河段平均过水断面面积、水面宽和平均水力半径，对宽浅断面，平均水力半径可用平均水深代替；

Z_1、Z_2——进、出口断面水位；

A_1、A_2——进、出口断面过水面积。

具体计算时，将桥渡河段划分为若干短河段（即长度为 Δx 的河段），每一短河段的上、下游断面即为该河段的进、出口断面。当不考虑河床冲淤变形，只推求水面线时，只须用方程（6-33）计算。天然河道泥沙颗粒大小不一，计算河床变形时有两种处理方法，一是用平均粒径代替，二是将非均匀沙分成若干粒径组分别计算。上述一维模型中对泥沙的计算即为第一种处理方法。分组粒径的基本方程和计算方法放在二维模型中介绍。计算短河段划定后，以下的计算步骤为：

（1）绘制各断面的工作曲线，如水位～河宽关系曲线，水位～过水断面面积关系曲线等。桥渡河段当路堤压缩河滩时，桥位上下游存在回流区，河宽和过水断面积应扣除回流区部分，桥址断面应取桥孔净宽和相应过水面积。

（2）根据水文资料确定桥渡河段下边界断面的水位作为控制水位，利用方程（6-33）按水力学中求解天然河道恒定非均匀流水面曲线的方法逐段向上游计算出各断面的水位，并据以推求各断面的水力因素。

（3）根据水文调查资料，确定已知流量下通过上边界断面的悬移质含沙量和推移质输沙率。

（4）利用悬移质水流挟沙力公式和单宽推移质输沙率公式，计算各断面的断面输沙率。

（5）利用式（6-34）计算各短河段内的平均冲淤厚度。

（6）根据算得的各短河段的平均冲淤厚度，修改各断面的有关工作曲线，按步骤（2）～（5）进行第二时段的冲淤计算，如此反复继续下去，即可算出长时间内桥渡河段冲刷发展情况。

　　当需计算一次或多次洪水过程中河床的冲淤变化时可将流量过程线简化成若干流量梯级，每个梯级的流量为常数。当某个梯级的历时过长，还应进一步划分若干个计算时段 Δt，接下来的计算与上面的步骤相同。

　　上述计算方法，只要计算时段取得比较短，划分河段的长度恰当，同时对其中某些问题和系数确定处理得比较合理，所得到的计算结果是可以达到一定精度。需要指出的是，本模型水面线推求方法只适用于计算河段为缓流的情况。山区河流存在急流时，建议使用能同时适用于急流和缓流计算的数值计算方法。恒定流模型中这样的数值计算方法比较复杂，不如直接使用非恒定流模型进行求解。

　　2. 平面二维非恒定流动床模型

　　天然河段的平面和横断面形状是千变万化的。河道横断面可分为河槽和河滩两部分，水流和泥沙在河槽和河滩上的运动不尽相同，用一维模型的断面平均值计算时，不能分出二者之间的差异。路堤压缩河滩后，使河段的平面形状复杂化，路堤上游和下游产生回流区，用一维模型计算时河宽和过水面积应扣除回流区部分，但具体操作时，有一定任意性。为在一维模型计算基础上更好地模拟桥渡河段水流现象，下面介绍平面二维数学模型。平面二维数学模型能较好解决以上这些问题。为了能模拟冲刷发展时河床颗粒级配相应的变化过程，对用分级粒径法处理非均匀泥沙的方法亦作了介绍。

　　(1) 基本方程

　　描述平面二维水流及河床变形的基本方程为

水流连续性方程

$$\frac{\partial Z}{\partial t} + \frac{\partial M}{\partial x} + \frac{\partial N}{\partial y} = 0 \tag{6-35}$$

水流运动方程

$$\frac{\partial M}{\partial t} + \frac{\partial uM}{\partial x} + \frac{\partial vM}{\partial y} = -gh\frac{\partial Z}{\partial x} - \frac{gn^2 u\sqrt{u^2 + v^2}}{h^{1/3}} \tag{6-36}$$

$$\frac{\partial N}{\partial t} + \frac{\partial uN}{\partial x} + \frac{\partial vN}{\partial y} = -gh\frac{\partial Z}{\partial x} - \frac{gn^2 u\sqrt{u^2 + v^2}}{h^{1/3}} \tag{6-37}$$

泥沙连续性方程

$$\frac{\partial h s_k}{\partial t} + \frac{\partial M s_k}{\partial x} + \frac{\partial N s_k}{\partial y} = -\alpha \omega_k (s_k - s_{*k}) + \frac{\partial}{\partial x}\left(\varepsilon h \frac{\partial s_k}{\partial y}\right) + \frac{\partial}{\partial y}\left(\varepsilon h \frac{\partial s_k}{\partial y}\right) \tag{6-38}$$

河床变形方程

$$\rho'\frac{\partial Z_b}{\partial t} = \sum_{k=1}^{N_s} \alpha \omega_k (s_k - s_{*k}) - \frac{\partial q_{bx}}{\partial x} - \frac{\partial q_{by}}{\partial y} \tag{6-39}$$

式中　Z——水位；

　　　h——水深；

　　　Z_b——河床高程；

u、v——垂线平均流速在 x、y 方向的分量；

M、N——单宽流量在 x、y 方向的分量，$M=hu$，$N=hv$；

n——曼宁糙率系数；

ε——紊动扩散系数；

s_k——非均匀悬移质中第 k 粒径组的含沙量；

s_{*k}——非均匀沙中第 k 粒径组的水流挟沙力；

ω_k——非均匀悬移质中第 k 粒径组的泥沙沉速；

α——恢复系数，淤积时取 $\alpha=0.25$，冲刷时取 $\alpha=1.0$；

ρ'——河床淤积物干密度；

q_{bx}、q_{by}——x、y 方向单宽推移质输沙率；

N_s——床沙分组数；

g——重力加速度。

(2) 补充方程

以上 5 个基本方程包含有 5 个基本未知量：水位 Z、河床高程 Z_b、单宽流量 M 和 N 以及含沙量 S_k。方程中尚有其他的未知量：水流挟沙力 S_{*k}、泥沙沉速 ω_k、单宽推移质输沙率 q_{bx} 和 q_{by} 等，须建立它们的求解方程，即补充方程。

1) 水流挟沙力及挟沙力级配

非均匀沙水流挟沙力的计算有多种方法。其中比较简单可靠的方法之一是认为总水流挟沙力仍可由张瑞瑾公式确定

$$S_* = k\left(\frac{u^2 + v^2}{gh\overline{\omega}}\right)^m \tag{6-40}$$

式中　k、m——系数和指数，确定方法见第 2 章 §2.1 的有关内容；

$\overline{\omega}$——平均粒径对应的泥沙沉速，其计算式为

$$\overline{\omega} = \left(\sum_k^{N_s} \beta_{*k}\omega_k^m\right)^{1/m}$$

$$\beta_{*k} = \frac{(p_k/\omega_k)^{0.9}}{\sum_i^{N_s}(p_i/\omega_i)^{0.9}}$$

ω_k——第 k 组粒径泥沙对应的沉速；

p_k——河床泥沙级配。

悬移质分组挟沙力则由下式计算：

$$s_{*k} = \beta_{*k}s_* \tag{6-41}$$

2) 河床泥沙级配变化方程

河床冲淤变形是由于水流挟带的泥沙与床面作不等量交换的结果。这种交换发生在床面层。有时，水流挟带的泥沙会落淤到床面上，有时床面上的泥沙会被水流冲走。在泥沙落淤或冲刷的过程中，床面层中泥沙颗粒级配将作相应变化。建

桥后河床在冲刷过程中，由于细颗粒容易被冲走，留在床面上的粗颗粒所占比重会随着冲刷的发展逐渐增大，最后形成抗冲粗化层。为模拟这一过程，须建立床沙混合层中颗粒级配方程，方程的形式为

$$\rho' \frac{\partial(E_m p_k)}{\partial t} - \alpha \omega_k(s_k - s_{*k}) + \frac{\partial q_{bkx}}{\partial x} + \frac{\partial q_{bky}}{\partial y} +$$

$$\rho' \varepsilon_1 [\varepsilon_2 p_{0k} + (1 - \varepsilon_2) p_k] \left(\frac{\partial Z_b}{\partial t} - \frac{\partial E_m}{\partial t} \right) = 0 \qquad (6\text{-}42)$$

式中　E_m——混合层厚度，计算中为简便起见，在一定时间内可取为常数；

ε_1、ε_2——符号函数，当只发生淤积时，$\varepsilon_1 = 0$，否则 $\varepsilon_1 = 1$；当混合层下边界下移到原始河床时，$\varepsilon_2 = 1$，否则 $\varepsilon_2 = 0$。

p_{0k}——天然河床床沙级配；

p_k——混合层床沙级配；

q_{bkx}、q_{bky}——x、y 方向上第 k 粒径组单宽推移质输沙率。

其他符号意义同前。

3) 推移质输沙率

除一些山区河流，大多数河道的变形主要是由悬移质的冲淤变化引起的，推移质冲淤变化所占比重比较小，可以忽略。但当推移质冲淤变化所占的比重较大时，应予考虑。

分组推移质输沙率的计算方法有很多，但由于推移质运动比较复杂，各家公式的计算结果之间差异比较大。数值计算中，需根据计算河段的特点慎重选用。有条件的话，应用计算河段的实测资料作必要验证和修正。

4) 泥沙起动流速

河床发生冲刷后，水深增大，流速减小，水流输沙能力逐渐降低，另一方面随着冲刷发展，床面上的泥沙变粗，变得难以起动，当水流流速与床面泥沙的起动流速相等时，即使水流输沙能力尚未达到平衡，河床亦变为不可冲刷。所以在冲刷计算中，应引入泥沙起动流速，用于判别河床是否会继续发生冲刷。

床面混合层由非均匀沙组成。由于粗细颗粒间的相互作用，非均匀沙的起动流速应不同于均匀沙的起动流速。为简便计，可选用张瑞瑾公式近似计算各粒径级的泥沙的起动流速，即

$$U_{ck} = \left(\frac{h}{d_k} \right)^{0.14} \sqrt{2g \frac{\gamma_s - \gamma}{\gamma} d_k + 6.05 \times 10^{-7} \left(\frac{10 + h}{d_k^{0.72}} \right)} \qquad (6\text{-}43)$$

式中　U_{ck}——第 k 粒径组混合层床沙的起动流速；

d_k——第 k 粒径组混合层床沙的粒径；

γ_s、γ——泥沙和水的容重；

h——水深。

(3) 数值解方法

所谓数值解方法就是将连续区域中的基本方程进行离散,在有限个离散的网格结点上计算待求的物理量。有限差分法、有限体积法和有限元法是目前最常用的数值方法。

上述 3 类方法均可再分为显格式和隐格式二类。显格式是指任一结点上的变量在新时间层的值可以通过早先时间层上相邻结点变量值直接解出来。由于早先时间层的变量值是已知的,当时间向前推进时,新时间层各结点的变量值可逐点计算出来。隐格式任一结点上变量在新时间层的值不仅与早先时间层的已知值有关,还与新时间层的相邻结点值有关,方程包含数个相邻结点上的未知数,需要进行联解。隐格式的主要缺点是每一时间步中计算工作量大,优点是时间步长可以取得比较大。数值计算格式的种类繁多,有各自的适用对象。下面介绍的数值格式属显格式有限体积法,适用范围广,可用于桥渡河段水流和河床变形的数值计算。

此数值格式采用交错网格,计算物理量在网格上的布置如图 6-4 所示。这种布置方式的优越性在于能使水量和沙量保持守恒。

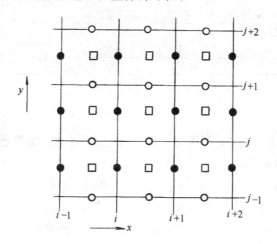

图 6-4　网格上计算物理量的布置

●M,　○N,　□Z, Z_b, S_k, s_{*k}, h

各基本方程离散后的形式为

水流连续性方程

$$\frac{Z_{i+1/2,j+1/2}^{n+3} - Z_{i+1/2,j+1/2}^{n+1}}{2\Delta t} + \frac{M_{i+1,j+1/2}^{n+2} - M_{i,j+1/2}^{n+2}}{\Delta x} + \frac{N_{i+1/2,j+1}^{n+2} - N_{i+1/2,j}^{n+2}}{\Delta y} = 0$$

$$(6-44)$$

x 方向水流运动方程

$$\frac{M_{i,j+1/2}^{n+2} - M_{i,j+1/2}^{n}}{2\Delta t} + \begin{cases} \dfrac{u_{i,j+1/2}^{n}M_{i,j+1/2}^{n} - u_{i-1,j+1/2}^{n}M_{i-1,j+1/2}^{n}}{\Delta x} & u_{i,j+1/2}^{n} \geqslant 0, u_{i-1,j+1/2}^{n} > 0 \\[2mm] \dfrac{u_{i,j+1/2}^{n}M_{i,j+1/2}^{n}}{\Delta x} & u_{i,j+1/2}^{n} > 0, u_{i-1,j+1/2}^{n} \leqslant 0 \\[2mm] \dfrac{u_{i+1,j+1/2}^{n}M_{i+1,j+1/2}^{n} - u_{i,j+1/2}^{n}M_{i,j+1/2}^{n}}{\Delta x} & u_{i,j+1/2}^{n} \leqslant 0, u_{i+1,j+1/2}^{n} < 0 \\[2mm] \dfrac{- u_{i,j+1/2}^{n}M_{i,j+1/2}^{n}}{\Delta x} & u_{i,j+1/2}^{n} < 0, u_{i+1,j+1/2}^{n} \geqslant 0 \end{cases}$$

$$+ \begin{cases} \dfrac{\widetilde{v}_{i,j+1/2}^{n}M_{i,j+1/2}^{n} - \widetilde{v}_{i,j-1/2}^{n}M_{i,j-1/2}^{n}}{\Delta y} & \widetilde{v}_{i,j+1/2}^{n} \geqslant 0, \widetilde{v}_{i,j-1/2}^{n} > 0 \\[2mm] \dfrac{\widetilde{v}_{i,j+1/2}^{n}M_{i,j+1/2}^{n}}{\Delta y} & \widetilde{v}_{i,j+1/2}^{n} > 0, \widetilde{v}_{i,j-1/2}^{n} \leqslant 0 \\[2mm] \dfrac{\widetilde{v}_{i,j+3/2}^{n}M_{i,j+3/2}^{n} - \widetilde{v}_{i,j+1/2}^{n}M_{i,j+1/2}^{n}}{\Delta y} & \widetilde{v}_{i,j+1/2}^{n} \leqslant 0, \widetilde{v}_{i,j+3/2}^{n} < 0 \\[2mm] \dfrac{- \widetilde{v}_{i,j+1/2}^{n}M_{i,j+1/2}^{n}}{\Delta y} & \widetilde{v}_{i,j+1/2}^{n} < 0, \widetilde{v}_{i,j+3/2}^{n} \geqslant 0 \end{cases}$$

$$= -g\frac{h_{i-1/2,j+1/2}^{n+1} + h_{i+1/2,j+1/2}^{n+1}}{2} \cdot \frac{Z_{i+1,j+1/2}^{n+1} - Z_{i-1,j+1/2}^{n+1}}{\Delta x}$$

$$- \frac{g\left(\dfrac{n_{i-1/2,j+1/2} + n_{i+1/2,j+1/2}}{2}\right)^2 \dfrac{M_{i,j+1/2}^{n+2} + M_{i,j+1/2}^{n}}{h_{i-1/2,j+1/2}^{n+1} + h_{i+1/2,j+1/2}^{n+1}}\sqrt{(u_{i,j+1/2}^{n})^2 + (\widetilde{v}_{i,j+1/2}^{n})^2}}{\left(\dfrac{h_{i-1/2,j+1/2}^{n+1} + h_{i+1/2,j+1/2}^{n+1}}{2}\right)^{1/3}}$$

$$(6-45)$$

y 方向水流运动方程（6-37）可用与上式相同的方法离散，为节省篇幅，不再列出其离散结果。上两式中：

$$u_{i,j+1/2}^{n} = 2M_{i,j+1/2}^{n}/(h_{i-1/2,j+1/2}^{n+1} + h_{i+1/2,j+1/2}^{n+1})$$

$$\widetilde{v}_{i+1/2,j}^{n} = 2N_{i+1/2,j}^{n}/(h_{i+1/2,j-1/2}^{n+1} + h_{i+1/2,j+1/2}^{n+1})$$

$$v_{i,j+1/2}^{n} = (v_{i-1/2,j}^{n} + v_{i-1/2,j+1}^{n} + v_{i+1/2,j}^{n} + v_{i+1/2,j+1}^{n})/4$$

泥沙连续方程

$$\frac{(hs_k)_{i+1/2,j+1/2}^{n+3} - (hs_k)_{i+1/2,j+1/2}^{n+1}}{2\Delta t} + \frac{M_{i+1,j+1/2}^{n+2}s_{ki+1,j+1/2}^{n+1} - M_{i,j+1/2}^{n+2}s_{ki,j+1/2}^{n+1}}{\Delta x} +$$

$$\frac{N_{i+1/2,j+1}^{n+2}s_{ki+1/2,j+1}^{n+1} - N_{i+1/2,j}^{n+2}s_{ki+1/2,j}^{n+1}}{\Delta y}$$

$$= -\alpha\omega_k(s_{ki+1/2,j+1/2}^{n+1} - s_{*ki+1/2,j+1/2}^{n+1}) + \frac{CFF_x - CFB_x}{\Delta x} + \frac{CFF_y - CFB_y}{\Delta y} \quad (6-46)$$

式中

$$CFF_x = \varepsilon\frac{h_{i+3/2,j+1/2}^{n+1} + h_{i+1/2,j+1/2}^{n+1}}{2} \cdot \frac{s_{i+3/2,j+1/2}^{n+1} - s_{i+1/2,j+1/2}^{n+1}}{\Delta x}$$

$$CFB_x = \varepsilon\frac{h_{i+1/2,j+1/2}^{n+1} + h_{i-1/2,j+1/2}^{n+1}}{2} \cdot \frac{s_{i+1/2,j+1/2}^{n+1} - s_{i-1/2,j+1/2}^{n+1}}{\Delta x}$$

$$CFF_y = \varepsilon\frac{h_{i+1/2,j+3/2}^{n+1} + h_{i+1/2,j+1/2}^{n+1}}{2} \cdot \frac{s_{i+1/2,j+3/2}^{n+1} - s_{i+1/2,j+1/2}^{n+1}}{\Delta y}$$

$$CFB_y = \varepsilon \frac{h_{i+1/2,j+1/2}^{n+1} + h_{i+1/2,j-1/2}^{n+1}}{2} \cdot \frac{s_{i+1/2,j+1/2}^{n+1} - s_{i+1/2,j-1/2}^{n+1}}{\Delta y}$$

河床变形方程

$$\rho' \frac{Z_{bi+1/2,j+1/2}^{n+3} - Z_{bi+1/2,j+1/2}^{n+1}}{2\Delta t} + \frac{q_{bxi+1,j+1/2}^{n+2} - q_{bxi,j+1/2}^{n+2}}{\Delta x} + \frac{q_{byi+1/2,j+1}^{n+2} - q_{byi+1,j}^{n+2}}{\Delta y}$$

$$= \sum_{k=1}^{N} \alpha \omega_k \left(s_{ki+1/2,j+1/2}^{n+3} - s_{*ki+1/2,j+1/2}^{n+3} \right) \tag{6-47}$$

混合层中泥沙颗粒级配方程

$$(E_m p_k)_{i+1/2,j+1/2}^{n+3} = (E_m p_k)_{i+1/2,j+1/2}^{n+1} + Z_{bi+1/2,j+1/2}^{n+3} - Z_{bi+1/2,j+1/2}^{n+1}$$

$$- \varepsilon_1 [\varepsilon_2 p_{0ki+1/2,j+1/2}^{n+1} + (1-\varepsilon_2) p_{0ki+1/2,j+1/2}^{n+1}][Z_{bi+1/2,j+1/2}^{n+3} - Z_{bi+1/2,j+1/2}^{n+1}]$$

$$- (E_{mi+1/2,j+2}^{n+3} - E_{mi+1/2,j+1/2}^{n+1}) \tag{6-48}$$

对桥渡河段，用上述离散方程进行计算时，所需的初始条件资料包括：河床初始高程，河床颗粒级配，水深和流速。一般情况下，水深和流速很难准确给定，可先根据计算起始时刻的进口流量和出口断面的水位，不考虑河床变形，只用方程 (6-44) 和 (6-45) 进行较长时间的迭代，达到稳定后的计算值可作为实际起算时的初始水深和初始流速。所需的边界条件资料为：上边界用上游来流流量和含沙量过程，下边界用出口断面水位过程。上述模型为非恒定流模型，对恒定流同样可用上述方程计算，只要让上边界的来水过程以及下游边界的水位保持不变即可。

上述格式在沿时间方向作推进计算时，采用蛙跃法的思想。即流速（单宽流量）的计算在 $n+2$ 时间层，其他所有变量的计算在 $n+3$ 时间层。交替向前推进。计算的顺序是，根据初始条件，先由式 (6-45) 计算各点在第 1 个时间层的单宽流量和流速；然后由式 (6-44) 计算第 2 个时间层的水位，之后依次由式 (6-46)、式 (6-47) 和式 (6-48) 计算同一时间层的含沙量，河床高程和混合层颗粒级配。由于不需联合求解各变量，上述各离散方程均为显格式。

数值计算中，初始条件和边界条件对计算结果有较大影响，应注重收集能反映河段实际来水来沙过程，河床组成以及水位过程的资料。上面介绍的数学模型可用于桥渡河段沿程和沿河宽两个方向水位、流速，河床自然演变引起的冲刷变化和一般冲刷等的模拟和预测。对桥墩旁的局部冲刷。二维模型只能作大致模拟。详细的需用三维或准三维数学模型，目前这方面工作处于研究发展阶段，读者可参看有关资料。

§6.3 小桥涵进出口沟床加固

小桥涵修建后造成水流集中，流速增加，为防止冲刷，危及桥涵基础和路基安全，在小桥涵进出口均应作铺砌加固。从实际工程遭破坏的情况看，小桥涵进出口加固不当常是导致破坏的主要原因，并且出水口引起的问题又较进水口为多。

对于小桥,其孔径是根据河床铺砌类型的允许流速值决定的,其进出口沟床要采用同类铺砌规格。小桥进出口的铺砌范围以及深度等的计算可参照涵洞进出口的计算方法进行。下面主要介绍涵洞进出口沟床的处理方法。

6.3.1 进口沟床加固

在纵坡 $J<0.1$ 的顺直河沟,涵洞常顺河沟纵坡设置,一般在进口翼墙前作 1m 干砌片石铺砌,如图 6-5(a) 所示。流速较小的多孔涵洞,则常在翼墙前作 1m 的 U 型干砌片石,以减少铺砌数量,如图 6-5(b) 所示。铺砌厚度 0.35m,下加 0.1m 碎石垫层。

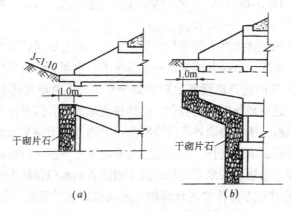

(a)　　　　　　(b)

图 6-5　$J<0.1$ 时涵洞进水口沟床加固
(a) 单孔涵洞;(b) 多孔涵洞

在纵坡 $J=0.1\sim0.4$ 的河沟,若设置缓坡涵洞,应在进口前设一段缓坡,防止水流在进口或洞内发生水跃。缓坡段长度约为涵洞孔径的 $1\sim2$ 倍。对非岩石河段,开挖后均需对沟底、边坡以及路基边沟进行铺砌加固,如图 6-6(a) 所示。若设置陡坡涵洞,缓坡段可省略,进口沟槽开挖后的铺砌方法与上面相同,如图 6-6(b) 所示。

在纵坡 $J>0.5$ 的陡坡河沟,进口处应设跌水井,上游沟槽纵坡应开挖成坡度为 $J=0.1\sim0.25$ 的急流槽。沟槽开挖后均应作铺砌,如图 6-7 所示。急流槽、跌水井等的水力计算详见有关水力学教材和小桥涵设计专著。

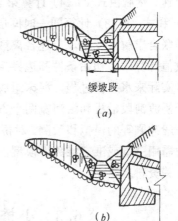

缓坡段
(a)

(b)

图 6-6　$J=0.1\sim0.4$ 时涵洞进水口沟床加固型式
(a) 缓坡涵洞;(b) 陡坡涵洞

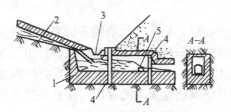

图 6-7　$J > 0.5$ 时跌水井洞口型式

1—跌水井；2—急流槽；3—路基排水沟；

4—沉降缝；5—消力槛

6.3.2　出口沟床加固

与进口相似，出口河床的加固按纵坡大小分为二大类。当纵坡 $J < 0.15$，涵洞设置为缓坡涵洞（涵洞底坡小于 0.05）时，出口可采用延长铺砌，加深截水墙的加固方法，如图 6-8 所示。铺砌长度按下式计算：

$$l = kq^n \qquad (6-49)$$

式中　l——铺砌长度，m；

　　　q——单宽流量，$m^3 / (s \cdot m)$；

　　　k、n——系数，见表 6-7。

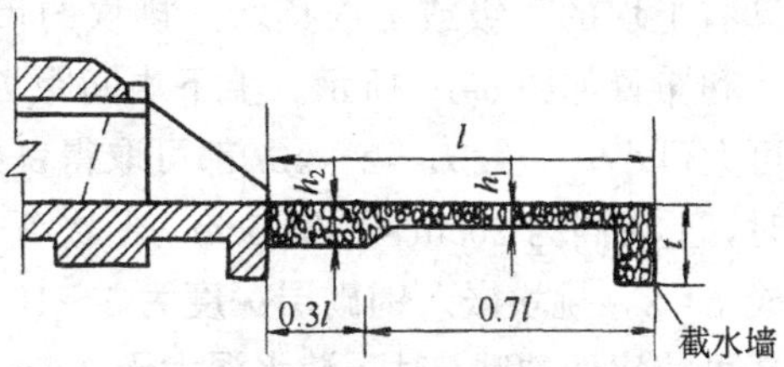

图 6-8　$J \leqslant 0.15$ 时，涵闸出口延长铺砌加深截水墙加固

河床土质	自由出流		淹没出流		河床土质	自由出流		淹没出流	
	k	n	k	n		k	n	k	n
亚粘土和亚砂土	2.5	0.7	1.7	0.7	卵石、砾石	1.7	0.75	1.1	0.75
重亚粘土和密实亚砂土	2.2	0.7	1.4	0.7	大卵石	1.1	0.75	0.7	0.75

k、n 取值　　　　　　　　　　　　　表 6-7

铺砌厚度 h_1 一般取 $0.2 \sim 0.35m$，常用单层铺砌，下设碎石垫 $0.1m$。也可按表 5-12 选定。加厚段厚度 h_2 计算式为

$$h_2 = \frac{\gamma}{\gamma_s - \gamma}(h_k - h) \qquad (6-50)$$

式中　h_2——加厚段厚度；

　　　γ——水的容重，取 $9.8kN/m^3$；

　　　γ_s——石块或混凝土容量，一般取 $26kN/m^3$；

　　　h_k——涵洞出口处的临界水深；

　　　h——加固段上的平均水深。

加厚段长度约为 $0.3l$，不小于 1.5m。截水墙埋置深度 t，一般应等于或大于涵洞

翼墙基础的埋置深度。

实践证明，用延长铺砌，加深截水墙的方法来防护小桥涵下游冲刷的效果有时不够理想。近年我国公路研究部门通过模型试验提出了在涵洞出口采用八字翼墙内设挑坎的消能方式，如图6-9所示。挑坎具有良好的消能效果，减小水流流速，抬高下游水位，达到消除铺砌层末端的冲刷，防护效果良好。挑坎一般布置在八字翼墙范围内，而不由冲刷计算来决定其长度。

挑坎级数按铺砌长度可以有几种变化方式，一般八字翼墙铺砌长度在4m以上时采用三级挑坎，如图6-9所示；铺砌长度为2～4m时，中间平台可以不设，成为二级挑坎；铺砌长度小于2m时，采用只有上坎的一级或二级挑坎。挑坎的尺寸和布置如图6-10所示。上下坎间距L

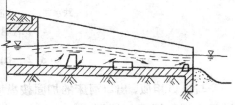

图6-9   涵洞出口八字翼墙内设挑坎消能

可大可小，一般$L=2～4$m 都可取得良好的防护效果。当下游水深为1.5～2.5m时，上坎高为20cm，顶宽5cm，下坎高10cm，顶宽5cm，挑坎的迎水面边坡可做成1：2，挑坎嵌入铺砌层深度为5～10cm。当下游水深小于1.5m时，上、下坎高可按比例酌减。对下游水深大于2.5m以上的一些特殊情况，须作专门设计。末端垂裙深度与出口流速有关，可采用表6-8的结果。

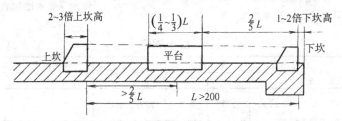

图6-10   涵洞三级挑坎的一般布置（L—上下坎间距，单位cm）

末端垂裙埋置深度   表6-8

出口流速（m/s）	1.0	2.0	3.0	4.0	5.0	6.0
垂裙深度（m）	0.5	0.9	1.32	1.7	2.0	2.2

当纵坡$J>0.15$，涵洞设置为陡坡涵洞（涵洞底坡大于0.05）时，其出口应视地形、地质和水力条件，分别采用急流槽、消力池、人工加糙及跌水（包括多级跌水）等设施的不同组合对沟床作适当处理。组合的方式有多种，例如，跌水后可加消力池，如图6-11（a）所示；也可在急流槽后紧接消力池，如图6-11（b）所示，其中急流槽槽身底部视情况做人工加糙。下游这些设施与涵身之间可采用30°扩张的八字翼墙相衔接。有关这些方面的水力计算详见有关的小桥涵设计专著。对某些重要工程，还需进行模型试验，并作多方案比较，择优选用。

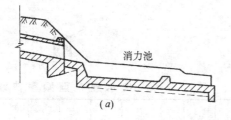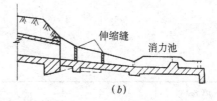

(a)　　　　　　　　　　　　　　(b)

图 6-11　陡坡涵洞出口防护设施布置
(a) 跌水接消力池；(b) 急流槽接消力池

思　考　题

6.1　一般冲刷和局部冲刷现象形成的原因有何不同？

6.2　为什么说一般冲刷计算公式 64-1 修正公式和 64-2 简化公式的计算结果包括河道自然演变产生的变形？

6.3　为什么在流速大于起冲流速 V_0' 而小于起动流速 V_0 范围内，桥墩上游床面无推移质运动，有无矛盾？

6.4　一般冲刷后河床最大冲刷水深 h_p 与局部冲刷深度 h_b 之和等于河床净冲刷深度，对否？

6.5　叙述一维恒定流动床模型的计算步骤。

6.6　一维模型中的水面宽要扣除回流区部分，而平面二维模型中则不需要这么做，为什么？

6.7　小桥涵的进水口河床为什么要进行加固处理？

习　　题

6.1　根据习题 5-3 所给的资料计算

(1) 桥下一般冲刷深度；

(2) 桥墩局部冲刷深度；

(3) 墩台埋置深度。

6.2　根据例 5-1 所给的资料计算

(1) 桥下一般冲刷深度；

(2) 桥墩局部冲刷深度；

(3) 墩台埋置标高。

6.3　当一维恒定流模型中用分粒径组的方法计算河床变形时，参照二维模型的方法，列出有关计算式和计算步骤。

皮 尔 逊 Ⅲ 型 频 率 曲 线

C_s \ $p(\%)$	0.001	0.01	0.1	0.2	0.333	0.5	1	2	3	5	10	20	25	30
0.0	4.26	3.72	3.09	2.88	2.71	2.58	2.33	2.05	1.88	1.64	1.28	0.84	0.67	0.52
0.1	4.56	3.94	3.23	3.00	2.82	2.67	2.40	2.11	1.92	1.67	1.29	0.84	0.66	0.51
0.2	4.86	4.16	3.38	3.12	2.92	2.76	2.47	2.16	1.96	1.70	1.30	0.83	0.65	0.50
0.3	5.16	4.38	3.52	3.24	3.03	2.86	2.54	2.21	2.00	1.73	1.31	0.82	0.64	0.48
0.4	5.47	4.61	3.67	3.36	3.14	2.95	2.62	2.26	2.04	1.75	1.32	0.82	0.64	0.47
0.5	5.78	4.83	3.81	3.48	3.25	3.04	2.68	2.31	2.08	1.77	1.32	0.81	0.62	0.46
0.6	6.09	5.05	3.96	3.60	3.35	3.13	2.75	2.35	2.12	1.80	1.33	0.80	0.61	0.44
0.7	6.40	5.28	4.10	3.72	3.45	3.22	2.82	2.40	2.15	1.82	1.33	0.79	0.59	0.43
0.8	6.71	5.50	4.24	3.85	3.55	3.31	2.89	2.45	2.18	1.84	1.34	0.78	0.58	0.41
0.9	7.02	5.73	4.39	3.97	3.65	3.40	2.96	2.50	2.22	1.86	1.34	0.77	0.57	0.40
1.0	7.33	5.96	4.53	4.09	3.76	3.49	3.02	2.54	2.25	1.88	1.34	0.76	0.55	0.38
1.1	7.65	6.18	4.67	4.20	3.86	3.58	3.09	2.58	2.28	1.89	1.34	0.74	0.54	0.36
1.2	7.97	6.41	4.81	4.32	3.95	3.66	3.15	2.62	2.31	1.91	1.34	0.73	0.52	0.35
1.3	8.29	6.64	4.95	4.44	4.05	3.74	3.21	2.67	2.34	1.92	1.34	0.72	0.51	0.33
1.4	8.61	6.87	5.09	4.56	4.15	3.83	3.27	2.71	2.37	1.94	1.33	0.71	0.49	0.31
1.5	8.93	7.09	5.23	4.68	4.24	3.91	3.33	2.74	2.39	1.95	1.33	0.69	0.47	0.30
1.6	9.25	7.31	5.37	4.80	4.34	3.99	3.39	2.78	2.42	1.96	1.33	0.68	0.46	0.28
1.7	9.57	7.54	5.50	4.91	4.43	4.07	3.44	2.82	2.44	1.97	1.32	0.66	0.44	0.26
1.8	9.89	7.76	5.64	5.01	4.52	4.15	3.50	2.85	2.46	1.98	1.32	0.64	0.42	0.24
1.9	10.20	7.98	5.77	5.12	4.61	4.23	3.55	2.88	2.49	1.99	1.31	0.63	0.40	0.22
2.0	10.51	8.21	5.91	5.22	4.70	4.30	3.61	2.91	2.51	2.00	1.30	0.61	0.39	0.20
2.1	10.83	8.43	6.04	5.33	4.79	4.37	3.66	2.93	2.53	2.00	1.29	0.59	0.37	0.19
2.2	11.14	8.65	6.17	5.43	4.88	4.44	3.71	2.96	2.55	2.00	1.28	0.57	0.35	0.17
2.3	11.45	8.87	6.30	5.53	4.97	4.51	3.76	2.99	2.56	2.00	1.27	0.55	0.33	0.15
2.4	11.76	9.08	6.42	5.63	5.05	4.58	3.81	3.02	2.57	2.01	1.26	0.54	0.31	0.13
2.5	12.07	9.30	6.55	5.73	5.13	4.65	3.85	3.04	2.59	2.01	1.25	0.52	0.29	0.11
2.6	12.38	9.51	6.67	5.82	5.20	4.72	3.89	3.06	2.60	2.01	1.23	0.50	0.27	0.09
2.7	12.69	9.72	6.79	5.92	5.28	4.78	3.93	3.09	2.61	2.01	1.22	0.48	0.25	0.08
2.8	13.00	9.93	6.91	6.01	5.36	4.84	3.97	3.11	2.62	2.01	1.21	0.46	0.23	0.06
2.9	13.31	10.14	7.03	6.10	5.44	4.90	4.01	3.13	2.63	2.01	1.20	0.44	0.21	0.04
3.0	13.61	10.35	7.15	6.20	5.51	4.96	4.05	3.15	2.64	2.00	1.18	0.42	0.19	0.03

录

40	50	60	70	75	80	85	90	95	97	99	99.9	100	$p(\%)$ / C_s
0.25	0.00	−0.25	−0.52	−0.67	−0.84	−1.04	−1.28	−1.64	−1.88	−2.33	−3.09	−∞	0.0
0.24	−0.02	−0.27	−0.53	−0.68	−0.85	−1.04	−1.27	−1.62	−1.84	−2.25	−2.95	−20.0	0.1
0.22	−0.03	−0.28	−0.55	−0.69	−0.85	−1.03	−1.26	−1.59	−1.79	−2.18	−2.81	−10.0	0.2
0.20	−0.05	−0.30	−0.56	−0.70	−0.85	−1.03	−1.24	−1.55	−1.75	−2.10	−2.67	−6.67	0.3
0.19	−0.07	−0.31	−0.57	−0.71	−0.85	−1.03	−1.23	−1.52	−1.70	−2.03	−2.54	−5.00	0.4
0.17	−0.08	−0.33	−0.58	−0.71	−0.85	−1.02	−1.22	−1.49	−1.66	−1.96	−2.40	−4.00	0.5
0.16	−0.10	−0.34	−0.59	−0.72	−0.85	−1.02	−1.20	−1.45	−1.61	−1.88	−2.27	−3.33	0.6
0.14	−0.12	−0.36	−0.60	−0.72	−0.85	−1.01	−1.18	−1.42	−1.57	−1.81	−2.14	−2.86	0.7
0.12	−0.13	−0.37	−0.60	−0.73	−0.85	−1.00	−1.17	−1.38	−1.52	−1.74	−2.02	−2.50	0.8
0.11	−0.15	−0.38	−0.61	−0.73	−0.85	−0.99	−1.15	−1.35	−1.47	−1.66	−1.90	−2.22	0.9
0.09	−0.16	−0.39	−0.62	−0.73	−0.85	−0.98	−1.13	−1.32	−1.42	−1.59	−1.79	−2.00	1.0
0.07	−0.18	−0.41	−0.62	−0.74	−0.85	−0.97	−1.10	−1.28	−1.38	−1.52	−1.68	−1.82	1.1
0.05	−0.19	−0.42	−0.63	−0.74	−0.84	−0.96	−1.08	−1.24	−1.33	−1.45	−1.58	−1.67	1.2
0.04	−0.21	−0.43	−0.63	−0.74	−0.84	−0.95	−1.06	−1.20	−1.28	−1.38	−1.48	−1.54	1.3
0.02	−0.22	−0.44	−0.64	−0.73	−0.83	−0.93	−1.04	−1.17	−1.23	−1.32	−1.39	−1.43	1.4
0.00	−0.24	−0.45	−0.64	−0.73	−0.82	−0.92	−1.02	−1.13	−1.19	−1.26	−1.31	−1.33	1.5
−0.02	−0.25	−0.46	−0.64	−0.73	−0.81	−0.90	−0.99	−1.10	−1.14	−1.20	−1.24	−1.25	1.6
−0.03	−0.27	−0.47	−0.64	−0.72	−0.81	−0.89	−0.97	−1.06	−1.10	−1.14	−1.17	−1.18	1.7
−0.05	−0.28	−0.48	−0.64	−0.72	−0.80	−0.87	−0.94	−1.02	−1.06	−1.09	−1.11	−1.11	1.8
−0.07	−0.29	−0.48	−0.64	−0.72	−0.79	−0.85	−0.92	−0.98	−1.01	−1.04	−1.05	−1.05	1.9
−0.08	−0.31	−0.49	−0.64	−0.71	−0.78	−0.84	−0.895	−0.949	−0.970	−0.989	−0.999	−1.000	2.0
−0.10	−0.32	−0.49	−0.64	−0.71	−0.76	−0.82	−0.869	−0.911	−0.935	−0.915	−0.952	−0.952	2.1
−0.11	−0.33	−0.50	−0.64	−0.70	−0.75	−0.80	−0.844	−0.879	−0.900	−0.905	−0.909	−0.909	2.2
−0.13	−0.34	−0.50	−0.64	−0.69	−0.74	−0.78	−0.820	−0.849	−0.865	−0.867	−0.870	−0.870	2.3
−0.15	−0.35	−0.51	−0.63	−0.68	−0.72	−0.77	−0.795	−0.820	−0.830	−0.831	−0.833	−0.833	2.4
−0.16	−0.36	−0.51	−0.63	−0.67	−0.71	−0.75	−0.772	−0.791	−0.800	−0.800	−0.800	−0.800	2.5
−0.17	−0.37	−0.51	−0.62	−0.66	−0.70	−0.73	−0.748	−0.764	−0.769	−0.769	−0.769	−0.769	2.6
−0.18	−0.37	−0.51	−0.61	−0.65	−0.68	−0.71	−0.726	−0.736	−0.740	−0.740	−0.741	−0.741	2.7
−0.20	−0.38	−0.51	−0.61	−0.64	−0.67	−0.69	−0.702	−0.710	−0.714	−0.714	−0.714	−0.714	2.8
−0.21	−0.39	−0.51	−0.60	−0.63	−0.66	−0.67	−0.680	−0.687	−0.690	−0.690	−0.690	−0.690	2.9
−0.23	−0.39	−0.51	−0.59	−0.62	−0.64	−0.65	−0.658	−0.665	−0.667	−0.667	−0.667	−0.667	3.0

C_s \ $p(\%)$	0.001	0.01	0.1	0.2	0.333	0.5	1	2	3	5	10	20	25	30
3.1	13.92	10.56	7.26	6.30	5.59	5.02	4.08	3.17	2.64	2.00	1.16	0.40	0.17	0.01
3.2	14.22	10.77	7.38	6.39	5.66	5.08	4.12	3.19	2.65	2.00	1.14	0.38	0.15	-0.01
3.3	14.52	10.97	7.49	6.48	5.74	5.14	4.15	3.21	2.65	1.99	1.12	0.36	0.14	-0.02
3.4	14.81	11.17	7.60	6.56	5.80	5.20	4.18	3.22	2.65	1.98	1.11	0.34	0.12	-0.04
3.5	15.11	11.37	7.72	6.65	5.86	5.25	4.22	3.23	2.65	1.97	1.09	0.32	0.10	-0.06
3.6	15.41	11.57	7.83	6.73	5.93	5.30	4.25	3.24	2.66	1.96	1.08	0.30	0.09	-0.07
3.7	15.70	11.77	7.94	6.81	5.99	5.35	4.28	3.25	2.66	1.95	1.06	0.28	0.07	-0.09
3.8	16.00	11.97	8.05	6.89	6.05	5.40	4.31	3.26	2.66	1.94	1.04	0.26	0.06	-0.10
3.9	16.29	12.16	8.15	6.97	6.11	5.45	4.34	3.27	2.66	1.93	1.02	0.24	0.04	-0.11
4.0	16.58	12.36	8.25	7.05	6.18	5.50	4.37	3.27	2.66	1.92	1.00	0.23	-0.02	-0.13
4.1	16.87	12.55	8.35	7.13	6.24	5.54	4.39	3.28	2.66	1.91	0.98	0.21	0.00	-0.14
4.2	17.16	12.74	8.45	7.21	6.30	5.59	4.41	3.29	2.65	1.90	0.96	0.19	-0.02	-0.15
4.3	17.44	12.93	8.55	7.29	6.36	5.63	4.44	3.29	2.65	1.88	0.94	0.17	-0.03	-0.16
4.4	17.72	13.12	8.65	7.36	6.41	5.68	4.46	3.30	2.65	1.87	0.92	0.16	-0.04	-0.17
4.5	18.01	13.30	8.75	7.43	6.46	5.72	4.48	3.30	2.64	1.85	0.90	0.14	-0.05	-0.18
4.6	18.29	13.49	8.85	7.50	6.52	5.76	4.50	3.30	2.63	1.84	0.88	0.13	-0.06	-0.18
4.7	18.57	13.67	8.95	7.56	6.57	5.80	4.52	3.30	2.62	1.82	0.86	0.11	-0.07	-0.19
4.8	18.85	13.85	9.04	7.63	6.63	5.84	4.54	3.30	2.61	1.80	0.84	0.09	-0.08	-0.20
4.9	19.13	14.04	9.13	7.70	6.68	5.88	4.55	3.30	2.60	1.78	0.82	0.08	-0.10	-0.21
5.0	19.41	14.22	9.22	7.77	6.73	5.92	4.57	3.30	2.60	1.77	0.80	0.06	-0.11	-0.22
5.1	19.68	14.40	9.31	7.84	6.78	5.95	4.58	3.30	2.59	1.75	0.78	0.05	-0.12	-0.22
5.2	19.95	14.57	9.40	7.90	6.83	5.99	4.59	3.30	2.58	1.73	0.76	0.03	-0.13	-0.22
5.3	20.22	14.75	9.49	7.96	6.87	6.02	4.60	3.30	2.57	1.72	0.74	0.02	-0.14	-0.22
5.4	20.46	14.92	9.57	8.02	6.91	6.05	4.62	3.29	2.56	1.70	0.72	0.00	-0.14	-0.23
5.5	20.76	15.10	9.66	8.08	6.96	6.08	4.63	3.28	2.55	1.68	0.70	-0.01	-0.15	-0.23
5.6	21.03	15.27	9.74	8.14	7.00	6.11	4.64	3.28	2.53	1.66	0.67	-0.03	-0.16	-0.24
5.7	21.31	15.45	9.82	8.21	7.04	6.14	4.65	3.27	2.52	1.65	0.65	-0.04	-0.17	-0.24
5.8	21.58	15.62	9.91	8.27	7.08	6.17	4.67	3.27	2.51	1.63	0.63	-0.05	-0.18	-0.25
5.9	21.84	15.78	9.99	8.32	7.12	6.20	4.68	3.26	2.49	1.61	0.61	-0.06	-0.18	-0.25
6.0	22.10	15.94	10.07	8.38	7.15	6.23	4.68	3.25	2.48	1.59	0.59	-0.07	-0.19	-0.25
6.1	22.37	16.11	10.15	8.43	7.19	6.26	4.69	3.24	2.46	1.57	0.57	-0.08	-0.19	-0.26
6.2	22.63	16.28	10.22	8.49	7.23	6.28	4.70	3.23	2.45	1.55	0.55	-0.09	-0.20	-0.26
6.3	22.89	16.45	10.30	8.54	7.26	6.30	4.70	3.22	2.43	1.53	0.53	-0.10	-0.20	-0.26
6.4	23.15	16.61	10.38	8.60	7.30	6.32	4.71	3.21	2.41	1.51	0.51	-0.11	-0.21	-0.26

续表

40	50	60	70	75	80	85	90	95	97	99	99.9	100	$P\%$ / C_s
-0.24	-0.40	-0.51	-0.58	-0.60	-0.62	-0.63	-0.639	-0.644	-0.645	-0.645	-0.645	-0.645	3.1
-0.25	-0.40	-0.51	-0.57	-0.59	-0.61	-0.62	-0.621	-0.625	-0.625	-0.625	-0.625	-0.625	3.2
-0.26	-0.40	-0.50	-0.56	-0.58	-0.59	-0.60	-0.604	-0.606	-0.606	-0.606	-0.606	-0.666	3.3
-0.27	-0.41	-0.50	-0.55	-0.57	-0.58	-0.58	-0.587	-0.588	-0.588	-0.588	-0.588	-0.588	3.4
-0.28	-0.41	-0.50	-0.54	-0.55	-0.56	-0.56	-0.570	-0.571	-0.571	-0.571	-0.571	-0.571	3.5
-0.29	-0.41	-0.49	-0.53	-0.54	-0.55	-0.552	-0.555	-0.556	-0.556	-0.556	-0.556	-0.556	3.6
-0.29	-0.42	-0.48	-0.52	-0.53	-0.535	-0.537	-0.540	-0.541	-0.541	-0.541	-0.541	-0.541	3.7
-0.30	-0.42	-0.48	-0.51	-0.52	-0.522	-0.524	-0.525	-0.526	-0.526	-0.526	-0.526	-0.526	3.8
-0.30	-0.41	-0.47	-0.50	-0.506	-0.510	-0.511	-0.512	-0.513	-0.513	-0.513	-0.513	-0.513	3.9
-0.31	-0.41	-0.46	-0.49	-0.495	-0.498	-0.499	-0.500	-0.500	-0.500	-0.500	-0.500	-0.500	4.0
-0.32	-0.41	-0.46	-0.48	-0.484	-0.486	-0.487	-0.488	-0.488	-0.488	-0.488	-0.488	-0.488	4.1
-0.32	-0.41	-0.45	-0.47	-0.473	-0.475	-0.475	-0.476	-0.476	-0.476	-0.476	-0.476	-0.476	4.2
-0.33	-0.41	-0.44	-0.46	-0.462	-0.464	-0.464	-0.465	-0.465	-0.465	-0.465	-0.465	-0.465	4.3
-0.33	-0.40	-0.44	-0.45	-0.453	-0.454	-0.454	-0.455	-0.455	-0.455	-0.455	-0.455	-0.455	4.4
-0.33	-0.40	-0.43	-0.44	-0.444	-0.444	-0.444	-0.444	-0.444	-0.444	-0.444	-0.444	-0.444	4.5
-0.33	-0.40	-0.42	-0.43	-0.435	-0.435	-0.435	-0.435	-0.435	-0.435	-0.435	-0.435	-0.435	4.6
-0.33	-0.39	-0.42	-0.42	-0.426	-0.426	-0.426	-0.426	-0.426	-0.426	-0.426	-0.426	-0.426	4.7
-0.33	-0.39	-0.41	-0.41	-0.417	-0.417	-0.417	-0.417	-0.417	-0.417	-0.417	-0.417	-0.417	4.8
-0.33	-0.39	-0.40	-0.40	-0.408	-0.408	-0.408	-0.408	-0.408	-0.408	-0.408	-0.408	-0.408	4.9
-0.33	-0.379	-0.395	-0.399	-0.400	-0.400	-0.400	-0.400	-0.400	-0.400	-0.400	-0.400	-0.400	5.0
-0.32	-0.374	-0.387	-0.391	-0.392	-0.392	-0.392	-0.392	-0.392	-0.392	-0.392	-0.392	-0.392	5.1
-0.32	-0.369	-0.380	-0.384	-0.385	-0.385	-0.385	-0.385	-0.385	-0.385	-0.385	-0.385	-0.385	5.2
-0.32	-0.363	-0.373	-0.376	-0.377	-0.377	-0.377	-0.377	-0.377	-0.377	-0.377	-0.377	-0.377	5.3
-0.32	-0.358	-0.366	-0.369	-0.370	-0.370	-0.370	-0.370	-0.370	-0.370	-0.370	-0.370	-0.370	5.4
-0.32	-0.353	-0.360	-0.363	-0.364	-0.364	-0.364	-0.364	-0.364	-0.364	-0.364	-0.364	-0.364	5.5
-0.32	-0.349	-0.355	-0.356	-0.357	-0.357	-0.357	-0.357	-0.357	-0.357	-0.357	-0.357	-0.357	5.6
-0.32	-0.344	-0.349	-0.350	-0.351	-0.351	-0.351	-0.351	-0.351	-0.351	-0.351	-0.351	-0.351	5.7
-0.32	-0.339	-0.344	-0.345	-0.345	-0.345	-0.345	-0.345	-0.345	-0.345	-0.345	-0.345	-0.345	5.8
-0.31	-0.334	-0.338	-0.339	-0.339	-0.339	-0.339	-0.339	-0.339	-0.339	-0.339	-0.339	-0.339	5.9
-0.31	-0.329	-0.333	-0.333	-0.333	-0.333	-0.333	-0.333	-0.333	-0.333	-0.333	-0.333	-0.333	6.0
-0.31	-0.325	-0.328	-0.328	-0.328	-0.328	-0.328	-0.328	-0.328	-0.328	-0.328	-0.328	-0.328	6.1
-0.30	-0.320	-0.322	-0.323	-0.323	-0.323	-0.323	-0.323	-0.323	-0.323	-0.323	-0.323	-0.323	6.2
-0.30	-0.315	-0.317	-0.317	-0.317	-0.317	-0.317	-0.317	-0.317	-0.317	-0.317	-0.317	-0.317	6.3
-0.30	-0.311	-0.312	-0.313	-0.313	-0.313	-0.313	-0.313	-0.313	-0.313	-0.313	-0.313	-0.313	6.4

瞬 时 单 位 线

t/K \ n	1.0	1.1	1.2	1.3	1.4	1.5	1.6	1.7	1.8	1.9
0	0	0	0	0	0	0	0	0	0	0
0.1	0.095	0.072	0.054	0.041	0.030	0.022	0.017	0.012	0.009	0.007
0.2	0.181	0.147	0.118	0.095	0.075	0.060	0.047	0.036	0.029	0.022
0.3	0.259	0.218	0.182	0.152	0.126	0.104	0.086	0.069	0.057	0.045
0.4	0.330	0.285	0.244	0.209	0.178	0.150	0.127	0.107	0.089	0.074
0.5	0.393	0.346	0.305	0.266	0.230	0.198	0.171	0.146	0.126	0.106
0.6	0.451	0.403	0.360	0.318	0.281	0.237	0.216	0.188	0.164	0.142
0.7	0.503	0.456	0.411	0.369	0.331	0.294	0.261	0.231	0.200	0.178
0.8	0.551	0.505	0.461	0.418	0.378	0.340	0.306	0.273	0.243	0.216
0.9	0.593	0.549	0.505	0.464	0.423	0.385	0.349	0.315	0.285	0.255
1.0	0.632	0.589	0.547	0.506	0.466	0.428	0.392	0.356	0.324	0.293
1.1	0.667	0.626	0.585	0.545	0.506	0.468	0.431	0.396	0.363	0.331
1.2	0.699	0.660	0.621	0.582	0.544	0.506	0.470	0.436	0.400	0.368
1.3	0.728	0.691	0.654	0.616	0.579	0.543	0.506	0.471	0.447	0.405
1.4	0.753	0.719	0.684	0.648	0.612	0.577	0.541	0.507	0.473	0.440
1.5	0.777	0.744	0.711	0.677	0.643	0.608	0.574	0.540	0.507	0.474
1.6	0.798	0.768	0.736	0.704	0.671	0.638	0.605	0.572	0.539	0.507
1.7	0.817	0.789	0.759	0.729	0.698	0.666	0.634	0.602	0.570	0.538
1.8	0.835	0.808	0.781	0.752	0.722	0.692	0.661	0.630	0.599	0.568
1.9	0.850	0.826	0.800	0.773	0.745	0.716	0.687	0.657	0.627	0.596
2.0	0.865	0.842	0.818	0.792	0.766	0.739	0.710	0.682	0.653	0.623
2.1	0.878	0.856	0.834	0.810	0.785	0.759	0.733	0.706	0.679	0.649
2.2	0.890	0.870	0.849	0.826	0.803	0.778	0.753	0.727	0.700	0.673
2.3	0.900	0.882	0.862	0.841	0.819	0.796	0.772	0.748	0.722	0.696
2.4	0.909	0.895	0.875	0.855	0.835	0.813	0.790	0.767	0.742	0.717
2.5	0.918	0.902	0.886	0.868	0.849	0.828	0.807	0.784	0.761	0.737
2.6	0.926	0.912	0.896	0.879	0.861	0.842	0.822	0.801	0.779	0.756
2.7	0.933	0.920	0.905	0.890	0.873	0.855	0.836	0.816	0.796	0.774
2.8	0.939	0.928	0.914	0.899	0.884	0.867	0.849	0.831	0.811	0.790
2.9	0.945	0.934	0.922	0.908	0.894	0.878	0.862	0.844	0.825	0.806
3.0	0.950	0.940	0.929	0.916	0.903	0.888	0.873	0.856	0.839	0.820
3.1	0.955	0.946	0.935	0.924	0.911	0.898	0.883	0.868	0.851	0.834
3.2	0.959	0.951	0.941	0.930	0.919	0.906	0.893	0.878	0.863	0.846
3.3	0.963	0.955	0.946	0.936	0.926	0.914	0.902	0.888	0.873	0.858
3.4	0.967	0.959	0.951	0.942	0.932	0.921	0.910	0.897	0.883	0.869
3.5	0.970	0.963	0.956	0.947	0.938	0.928	0.917	0.905	0.892	0.879
3.6	0.973	0.967	0.960	0.952	0.944	0.934	0.924	0.913	0.901	0.888
3.7	0.975	0.970	0.963	0.956	0.948	0.940	0.930	0.920	0.909	0.897
3.8	0.978	0.973	0.967	0.960	0.953	0.945	0.936	0.926	0.916	0.905
3.9	0.980	0.975	0.970	0.964	0.957	0.950	0.941	0.932	0.923	0.912
4.0	0.982	0.977	0.973	0.967	0.961	0.954	0.946	0.938	0.929	0.919
4.2	0.985	0.981	0.977	0.973	0.967	0.962	0.955	0.948	0.940	0.931
4.4	0.988	0.985	0.981	0.977	0.973	0.968	0.962	0.956	0.949	0.942
4.6	0.990	0.987	0.985	0.981	0.975	0.973	0.963	0.963	0.957	0.951
4.8	0.992	0.990	0.987	0.985	0.981	0.978	0.974	0.969	0.964	0.958
5.0	0.993	0.992	0.990	0.987	0.984	0.981	0.978	0.974	0.970	0.965
5.5	0.996	0.995	0.994	0.992	0.990	0.988	0.986	0.983	0.980	0.977
6.0	0.998	0.997	0.996	0.995	0.994	0.993	0.991	0.989	0.987	0.985
7.0	0.999	0.999	0.998	0.998	0.998	0.997	0.996	0.996	0.995	0.994
8.0			0.999	0.999	0.999	0.999	0.999	0.998	0.998	0.997
9.0								0.999	0.999	0.999

S 曲 线 查 用 表　　　　　　　附表2

2.0	2.1	2.2	2.3	2.4	2.5	2.6	2.7	2.8	2.9	3.0
0	0	0	0	0	0	0	0	0	0	0
0.005	0.003	0.002	0.002	0.001	0.001	0.001	0	0	0	0
0.018	0.014	0.010	0.008	0.006	0.004	0.003	0.002	0.002	0.001	0.001
0.037	0.030	0.024	0.019	0.015	0.012	0.010	0.007	0.006	0.005	0.004
0.061	0.051	0.042	0.034	0.028	0.023	0.019	0.015	0.012	0.010	0.008
0.090	0.076	0.065	0.054	0.045	0.037	0.031	0.025	0.022	0.018	0.014
0.122	0.104	0.090	0.076	0.065	0.055	0.046	0.039	0.033	0.028	0.023
0.156	0.136	0.117	0.101	0.088	0.075	0.065	0.056	0.044	0.039	0.034
0.191	0.169	0.149	0.130	0.113	0.098	0.086	0.074	0.064	0.056	0.047
0.228	0.202	0.180	0.160	0.141	0.124	0.109	0.096	0.084	0.073	0.063
0.264	0.238	0.213	0.190	0.170	0.151	0.134	0.118	0.104	0.092	0.080
0.301	0.273	0.247	0.222	0.200	0.179	0.160	0.143	0.127	0.113	0.100
0.337	0.308	0.281	0.255	0.231	0.219	0.188	0.169	0.151	0.135	0.121
0.373	0.343	0.315	0.288	0.262	0.239	0.216	0.196	0.171	0.159	0.143
0.408	0.378	0.348	0.321	0.294	0.269	0.246	0.224	0.203	0.184	0.167
0.442	0.411	0.382	0.353	0.326	0.300	0.275	0.252	0.231	0.210	0.191
0.475	0.444	0.414	0.385	0.357	0.331	0.305	0.281	0.258	0.237	0.217
0.507	0.476	0.446	0.417	0.389	0.361	0.335	0.310	0.287	0.264	0.243
0.537	0.507	0.477	0.448	0.419	0.392	0.365	0.330	0.315	0.292	0.269
0.596	0.536	0.507	0.478	0.449	0.421	0.395	0.368	0.343	0.319	0.296
0.594	0.565	0.536	0.507	0.478	0.451	0.423	0.397	0.372	0.347	0.323
0.620	0.592	0.565	0.535	0.507	0.479	0.452	0.425	0.400	0.375	0.350
0.645	0.618	0.590	0.562	0.534	0.507	0.480	0.453	0.427	0.402	0.377
0.669	0.642	0.615	0.588	0.560	0.533	0.507	0.480	0.454	0.429	0.404
0.692	0.665	0.639	0.613	0.586	0.559	0.533	0.507	0.481	0.455	0.430
0.713	0.688	0.662	0.636	0.610	0.584	0.558	0.532	0.506	0.481	0.456
0.733	0.708	0.684	0.659	0.634	0.608	0.582	0.557	0.532	0.506	0.482
0.751	0.728	0.704	0.680	0.656	0.631	0.606	0.581	0.556	0.531	0.506
0.769	0.747	0.724	0.701	0.677	0.653	0.629	0.604	0.579	0.555	0.531
0.785	0.764	0.742	0.720	0.697	0.674	0.650	0.626	0.602	0.578	0.554
0.801	0.781	0.760	0.738	0.716	0.694	0.671	0.648	0.624	0.600	0.577
0.815	0.796	0.776	0.756	0.734	0.713	0.691	0.668	0.645	0.622	0.599
0.829	0.811	0.792	0.772	0.752	0.731	0.709	0.688	0.665	0.643	0.620
0.841	0.824	0.806	0.787	0.768	0.748	0.727	0.706	0.685	0.663	0.641
0.853	0.837	0.820	0.802	0.783	0.764	0.744	0.724	0.703	0.682	0.660
0.864	0.849	0.832	0.815	0.798	0.779	0.760	0.741	0.721	0.700	0.679
0.874	0.860	0.844	0.828	0.811	0.794	0.776	0.757	0.738	0.718	0.697
0.884	0.870	0.856	0.840	0.824	0.807	0.790	0.772	0.753	0.734	0.715
0.893	0.880	0.866	0.851	0.846	0.820	0.804	0.786	0.768	0.750	0.731
0.901	0.889	0.876	0.862	0.848	0.834	0.817	0.800	0.783	0.765	0.747
0.908	0.897	0.885	0.872	0.858	0.844	0.829	0.813	0.796	0.779	0.762
0.922	0.912	0.901	0.890	0.877	0.864	0.851	0.837	0.822	0.806	0.790
0.934	0.925	0.915	0.905	0.894	0.883	0.870	0.857	0.844	0.830	0.815
0.944	0.936	0.928	0.919	0.909	0.896	0.888	0.876	0.864	0.851	0.837
0.952	0.946	0.938	0.930	0.922	0.913	0.903	0.892	0.881	0.870	0.857
0.960	0.954	0.917	0.940	0.933	0.925	0.916	0.907	0.897	0.886	0.875
0.973	0.969	0.965	0.960	0.955	0.949	0.942	0.935	0.928	0.920	0.912
0.983	0.980	0.977	0.973	0.969	0.965	0.961	0.956	0.950	0.944	0.938
0.993	0.991	0.990	0.988	0.986	0.944	0.982	0.980	0.977	0.974	0.970
0.997	0.996	0.996	0.995	0.994	0.993	0.992	0.991	0.989	0.988	0.986
0.999	0.999	0.998	0.998	0.997	0.997	0.997	0.996	0.995	0.995	0.994

t/K \ n	3.0	3.1	3.2	3.3	3.4	3.5	3.6	3.7	3.8	3.9
0	0	0	0	0	0	0	0	0	0	0
0.5	0.014	0.012	0.010	0.008	0.006	0.005	0.004	0.003	0.003	0.002
1.0	0.080	0.070	0.061	0.053	0.046	0.040	0.035	0.030	0.026	0.022
1.1	0.100	0.088	0.077	0.038	0.060	0.052	0.045	0.040	0.034	0.030
1.2	0.121	0.107	0.095	0.084	0.074	0.066	0.058	0.051	0.044	0.039
1.3	0.143	0.128	0.114	0.102	0.091	0.081	0.071	0.063	0.056	0.049
1.4	0.167	0.150	0.135	0.121	0.109	0.097	0.087	0.077	0.069	0.061
1.5	0.191	0.173	0.157	0.142	0.128	0.115	0.103	0.092	0.083	0.074
1.6	0.217	0.198	0.180	0.164	0.148	0.134	0.121	0.109	0.098	0.088
1.7	0.243	0.223	0.204	0.186	0.170	0.154	0.140	0.127	0.115	0.103
1.8	0.269	0.248	0.228	0.210	0.192	0.175	0.160	0.146	0.132	0.120
1.9	0.296	0.274	0.253	0.234	0.215	0.197	0.181	0.166	0.151	0.138
2.0	0.323	0.301	0.279	0.258	0.239	0.220	0.203	0.186	0.171	0.156
2.1	0.350	0.327	0.305	0.283	0.263	0.244	0.225	0.208	0.191	0.176
2.2	0.377	0.354	0.331	0.309	0.287	0.267	0.248	0.230	0.212	0.196
2.3	0.404	0.380	0.356	0.334	0.312	0.291	0.271	0.252	0.234	0.217
2.4	0.430	0.406	0.382	0.359	0.337	0.316	0.295	0.275	0.256	0.238
2.5	0.456	0.432	0.408	0.385	0.362	0.340	0.319	0.299	0.279	0.260
2.6	0.482	0.457	0.433	0.410	0.387	0.364	0.343	0.322	0.302	0.283
2.7	0.506	0.482	0.458	0.434	0.411	0.389	0.367	0.346	0.325	0.305
2.8	0.531	0.506	0.482	0.459	0.436	0.413	0.391	0.369	0.348	0.328
2.9	0.554	0.530	0.506	0.483	0.460	0.437	0.414	0.392	0.371	0.350
3.0	0.577	0.553	0.530	0.506	0.483	0.460	0.438	0.416	0.394	0.373
3.1	0.599	0.576	0.552	0.529	0.506	0.483	0.461	0.439	0.417	0.396
3.2	0.620	0.603	0.574	0.552	0.528	0.506	0.484	0.462	0.440	0.418
3.3	0.641	0.618	0.596	0.573	0.551	0.528	0.506	0.484	0.462	0.441
3.4	0.660	0.638	0.616	0.594	0.572	0.550	0.528	0.506	0.484	0.463
3.5	0.679	0.658	0.636	0.615	0.593	0.571	0.549	0.528	0.506	0.485
3.6	0.697	0.677	0.656	0.634	0.613	0.592	0.570	0.549	0.527	0.506
3.7	0.715	0.695	0.674	0.653	0.633	0.612	0.590	0.569	0.548	0.527
3.8	0.731	0.712	0.692	0.672	0.651	0.631	0.610	0.589	0.568	0.547
3.9	0.747	0.728	0.709	0.689	0.670	0.649	0.629	0.609	0.588	0.567
4.0	0.762	0.744	0.725	0.706	0.687	0.667	0.647	0.627	0.607	0.587
4.2	0.790	0.773	0.756	0.738	0.720	0.701	0.682	0.663	0.644	0.624
4.4	0.815	0.799	0.783	0.767	0.750	0.733	0.715	0.697	0.678	0.660
4.6	0.837	0.823	0.809	0.793	0.778	0.761	0.745	0.728	0.710	0.692
4.8	0.857	0.845	0.831	0.817	0.803	0.788	0.772	0.756	0.740	0.723
5.0	0.875	0.864	0.851	0.838	0.825	0.811	0.797	0.782	0.767	0.751
5.2	0.891	0.881	0.870	0.858	0.846	0.833	0.820	0.806	0.792	0.777
5.4	0.905	0.896	0.886	0.875	0.864	0.852	0.840	0.828	0.814	0.801
5.6	0.918	0.909	0.900	0.891	0.880	0.870	0.859	0.847	0.835	0.822
5.8	0.928	0.921	0.913	0.904	0.895	0.885	0.875	0.865	0.854	0.842
6.0	0.938	0.930	0.924	0.916	0.908	0.899	0.890	0.881	0.870	0.860
6.5	0.957	0.952	0.947	0.941	0.935	0.927	0.921	0.913	0.905	0.897
7.0	0.970	0.967	0.963	0.958	0.954	0.949	0.943	0.938	0.932	0.925
7.5	0.980	0.977	0.974	0.971	0.968	0.964	0.960	0.956	0.951	0.946
8.0	0.986	0.984	0.982	0.980	0.978	0.975	0.972	0.969	0.965	0.962
9.0	0.994	0.993	0.991	0.990	0.989	0.988	0.986	0.985	0.983	0.981
10.0	0.997	0.997	0.996	0.996	0.995	0.994	0.994	0.993	0.992	0.991
11.0	0.999	0.999	0.998	0.998	0.998	0.997	0.997	0.997	0.996	0.996
12.0			0.999	0.999	0.999	0.999	0.999	0.999	0.998	0.998

续表

4.0	4.1	4.2	4.3	4.4	4.5	4.6	4.7	4.8	4.9	5.0
0	0	0	0	0	0	0	0	0	0	0
0.002	0.001	0.001	0.001	0.001	0.001	0	0	0	0	0
0.019	0.016	0.014	0.012	0.010	0.009	0.007	0.006	0.005	0.004	0.004
0.026	0.022	0.019	0.016	0.014	0.012	0.010	0.009	0.008	0.006	0.005
0.034	0.029	0.026	0.022	0.019	0.017	0.014	0.012	0.011	0.009	0.018
0.043	0.038	0.033	0.029	0.025	0.022	0.019	0.017	0.014	0.012	0.011
0.054	0.047	0.042	0.037	0.032	0.028	0.025	0.022	0.019	0.016	0.014
0.066	0.058	0.052	0.046	0.040	0.036	0.031	0.028	0.024	0.021	0.019
0.079	0.070	0.063	0.056	0.050	0.044	0.039	0.035	0.031	0.027	0.024
0.093	0.084	0.075	0.067	0.060	0.054	0.048	0.043	0.038	0.033	0.030
0.109	0.098	0.089	0.080	0.072	0.064	0.058	0.051	0.046	0.041	0.036
0.125	0.114	0.103	0.093	0.084	0.076	0.068	0.061	0.055	0.049	0.044
0.143	0.130	0.119	0.108	0.098	0.089	0.080	0.072	0.065	0.059	0.053
0.161	0.148	0.135	0.123	0.112	0.102	0.093	0.084	0.076	0.069	0.062
0.181	0.168	0.153	0.140	0.128	0.117	0.107	0.097	0.088	0.080	0.072
0.201	0.185	0.171	0.157	0.144	0.132	0.121	0.111	0.101	0.092	0.084
0.221	0.205	0.190	0.175	0.161	0.149	0.137	0.125	0.115	0.105	0.096
0.242	0.225	0.209	0.194	0.179	0.166	0.153	0.141	0.129	0.119	0.109
0.264	0.246	0.229	0.213	0.198	0.183	0.170	0.157	0.145	0.133	0.123
0.286	0.268	0.250	0.233	0.217	0.202	0.187	0.174	0.161	0.149	0.137
0.308	0.289	0.271	0.253	0.237	0.221	0.206	0.191	0.178	0.165	0.152
0.330	0.311	0.292	0.274	0.257	0.240	0.224	0.209	0.195	0.181	0.168
0.353	0.333	0.314	0.295	0.277	0.260	0.244	0.228	0.213	0.198	0.185
0.375	0.355	0.335	0.316	0.298	0.280	0.263	0.246	0.231	0.216	0.202
0.397	0.377	0.357	0.338	0.319	0.301	0.283	0.266	0.250	0.234	0.219
0.420	0.399	0.379	0.359	0.340	0.321	0.304	0.286	0.269	0.253	0.237
0.442	0.421	0.400	0.380	0.361	0.342	0.324	0.306	0.289	0.272	0.256
0.462	0.442	0.422	0.404	0.382	0.363	0.344	0.326	0.308	0.291	0.275
0.484	0.464	0.443	0.423	0.403	0.384	0.365	0.346	0.328	0.311	0.293
0.506	0.485	0.464	0.444	0.424	0.404	0.385	0.366	0.348	0.330	0.313
0.527	0.506	0.485	0.465	0.445	0.425	0.406	0.387	0.368	0.350	0.332
0.548	0.526	0.506	0.485	0.465	0.446	0.426	0.407	0.388	0.370	0.352
0.567	0.546	0.526	0.506	0.486	0.466	0.446	0.427	0.403	0.389	0.371
0.605	0.585	0.565	0.545	0.525	0.506	0.486	0.467	0.448	0.429	0.410
0.641	0.621	0.602	0.582	0.563	0.544	0.525	0.506	0.486	0.468	0.449
0.674	0.656	0.637	0.619	0.600	0.581	0.562	0.543	0.524	0.505	0.487
0.706	0.688	0.671	0.653	0.634	0.616	0.596	0.579	0.560	0.542	0.524
0.735	0.718	0.702	0.683	0.667	0.650	0.632	0.614	0.596	0.578	0.560
0.762	0.746	0.731	0.714	0.698	0.681	0.664	0.647	0.629	0.612	0.594
0.787	0.772	0.757	0.742	0.726	0.710	0.694	0.678	0.661	0.644	0.627
0.809	0.796	0.782	0.768	0.753	0.738	0.722	0.707	0.691	0.674	0.658
0.830	0.818	0.805	0.791	0.777	0.763	0.749	0.734	0.719	0.703	0.687
0.849	0.837	0.825	0.813	0.800	0.787	0.773	0.759	0.745	0.730	0.715
0.888	0.879	0.869	0.859	0.848	0.837	0.826	0.814	0.802	0.789	0.776
0.918	0.911	0.903	0.895	0.887	0.878	0.868	0.859	0.848	0.838	0.827
0.941	0.935	0.929	0.923	0.916	0.911	0.602	0.894	0.886	0.877	0.868
0.958	0.953	0.949	0.944	0.939	0.933	0.927	0.921	0.915	0.908	0.900
0.979	0.976	0.974	0.971	0.968	0.965	0.961	0.958	0.954	0.950	0.945
0.990	0.988	0.987	0.985	0.984	0.982	0.980	0.978	0.976	0.973	0.971
0.995	0.994	0.994	0.993	0.992	0.991	0.990	0.989	0.988	0.986	0.985
0.998	0.997	0.997	0.997	0.996	0.996	0.995	0.994	0.994	0.993	0.992

t/K \ n	5.0	5.1	5.2	5.3	5.4	5.5	5.6	5.7	5.8	5.9
0	0	0	0	0	0	0	0	0	0	0
0.5										
1.0	0.004	0.003	0.003	0.002	0.002	0.002	0.001	0.001	0.001	0.001
1.5	0.019	0.016	0.014	0.012	0.011	0.009	0.008	0.007	0.006	0.005
2.0	0.053	0.047	0.042	0.038	0.024	0.030	0.027	0.024	0.021	0.009
2.5	0.109	0.100	0.091	0.083	0.076	0.069	0.063	0.057	0.051	0.047
3.0	0.185	0.172	0.160	0.148	0.137	0.127	0.117	0.108	0.099	0.091
3.2	0.219	0.205	0.192	0.179	0.166	0.155	0.144	0.133	0.123	0.114
3.4	0.256	0.240	0.226	0.211	0.198	0.185	0.173	0.161	0.150	0.139
3.6	0.294	0.217	0.261	0.246	0.231	0.217	0.204	0.191	0.179	0.167
3.8	0.332	0.315	0.298	0.282	0.266	0.251	0.237	0.223	0.210	0.197
4.0	0.371	0.353	0.336	0.319	0.303	0.287	0.271	0.256	0.242	0.228
4.1	0.391	0.373	0.355	0.338	0.321	0.305	0.289	0.274	0.259	0.244
4.2	0.410	0.392	0.374	0.357	0.340	0.323	0.307	0.291	0.276	0.261
4.3	0.430	0.411	0.393	0.375	0.358	0.341	0.325	0.309	0.293	0.278
4.4	0.449	0.430	0.412	0.394	0.377	0.360	0.343	0.327	0.311	0.295
4.5	0.468	0.449	0.431	0.413	0.395	0.378	0.361	0.345	0.328	0.312
4.6	0.487	0.469	0.450	0.432	0.414	0.397	0.379	0.363	0.346	0.330
4.7	0.505	0.487	0.469	0.451	0.433	0.415	0.398	0.381	0.364	0.348
4.8	0.524	0.505	0.487	0.469	0.451	0.433	0.416	0.399	0.382	0.365
4.9	0.542	0.524	0.505	0.487	0.469	0.452	0.434	0.417	0.400	0.383
5.0	0.560	0.541	0.523	0.505	0.487	0.470	0.452	0.435	0.418	0.401
5.1	0.577	0.559	0.541	0.523	0.505	0.488	0.470	0.453	0.435	0.418
5.2	0.594	0.576	0.558	0.541	0.523	0.505	0.488	0.470	0.453	0.436
5.3	0.610	0.593	0.575	0.558	0.540	0.523	0.505	0.488	0.471	0.453
5.4	0.627	0.609	0.592	0.575	0.557	0.540	0.522	0.505	0.488	0.471
5.5	0.642	0.626	0.608	0.591	0.574	0.557	0.539	0.522	0.505	0.488
5.6	0.658	0.641	0.624	0.607	0.590	0.573	0.556	0.539	0.522	0.505
5.7	0.673	0.656	0.640	0.623	0.606	0.590	0.573	0.556	0.539	0.522
5.8	0.687	0.671	0.655	0.639	0.622	0.606	0.589	0.572	0.555	0.538
5.9	0.701	0.686	0.670	0.654	0.638	0.621	0.605	0.588	0.571	0.555
6.0	0.715	0.700	0.684	0.668	0.652	0.636	0.620	0.604	0.587	0.571
6.2	0.741	0.726	0.712	0.696	0.681	0.666	0.650	0.634	0.618	0.602
6.4	0.765	0.751	0.737	0.723	0.708	0.693	0.678	0.663	0.648	0.632
6.6	0.787	0.774	0.761	0.748	0.734	0.720	0.705	0.690	0.676	0.661
6.8	0.808	0.796	0.783	0.771	0.758	0.744	0.730	0.716	0.702	0.688
7.0	0.827	0.816	0.804	0.792	0.780	0.767	0.754	0.741	0.727	0.713
7.2	0.844	0.834	0.823	0.812	0.800	0.788	0.776	0.764	0.751	0.738
7.4	0.860	0.851	0.841	0.830	0.819	0.808	0.797	0.785	0.773	0.760
7.6	0.875	0.866	0.857	0.845	0.837	0.826	0.816	0.805	0.793	0.781
7.8	0.888	0.880	0.871	0.862	0.853	0.843	0.833	0.823	0.812	0.801
8.0	0.900	0.893	0.885	0.877	0.868	0.859	0.850	0.840	0.830	0.819
8.5	0.926	0.920	0.913	0.907	0.899	0.892	0.884	0.876	0.868	0.859
9.0	0.945	0.940	0.935	0.930	0.924	0.918	0.912	0.906	0.899	0.892
9.5	0.960	0.956	0.952	0.948	0.943	0.938	0.933	0.928	0.923	0.917
10.0	0.971	0.968	0.965	0.962	0.958	0.955	0.951	0.946	0.942	0.938
11.0	0.985	0.983	0.982	0.979	0.978	0.975	0.973	0.971	0.968	0.965
12.0	0.992	0.992	0.991	0.990	0.988	0.981	0.986	0.985	0.983	0.981
13.0	0.996	0.995	0.995	0.995	0.994	0.993	0.993	0.992	0.991	0.990
14.0	0.998	0.998	0.998	0.997	0.997	0.997	0.996	0.996	0.996	0.995
15.0	0.999	0.999	0.999	0.999	0.999	0.998	0.998	0.998	0.998	0.997

6.0	6.1	6.2	6.3	6.4	6.5	6.6	6.7	6.8	6.9	7.0
0	0	0	0	0	0	0	0	0	0	0
0.001	0	0	0	0	0	0	0	0	0	0
0.004	0.004	0.003	0.003	0.002	0.002	0.002	0.001	0.001	0.001	0.001
0.017	0.015	0.013	0.011	0.010	0.009	0.008	0.007	0.006	0.005	0.004
0.042	0.038	0.034	0.031	0.028	0.025	0.022	0.020	0.018	0.016	0.014
0.084	0.077	0.071	0.065	0.059	0.054	0.049	0.045	0.041	0.037	0.034
0.105	0.098	0.090	0.083	0.076	0.070	0.064	0.059	0.053	0.049	0.045
0.129	0.120	0.111	0.103	0.095	0.088	0.081	0.075	0.069	0.063	0.058
0.156	0.146	0.135	0.126	0.117	0.109	0.100	0.093	0.086	0.080	0.073
0.184	0.173	0.162	0.151	0.141	0.132	0.122	0.114	0.106	0.098	0.091
0.215	0.202	0.190	0.178	0.167	0.157	0.146	0.137	0.128	0.119	0.111
0.231	0.218	0.205	0.193	0.181	0.170	0.159	0.149	0.139	0.130	0.121
0.247	0.233	0.220	0.208	0.195	0.184	0.172	0.162	0.151	0.142	0.133
0.263	0.249	0.236	0.223	0.210	0.198	0.186	0.175	0.164	0.154	0.144
0.280	0.266	0.251	0.238	0.225	0.212	0.200	0.189	0.177	0.167	0.156
0.297	0.282	0.268	0.254	0.240	0.227	0.214	0.203	0.191	0.180	0.169
0.314	0.299	0.284	0.270	0.256	0.243	0.229	0.217	0.205	0.193	0.182
0.332	0.316	0.301	0.286	0.272	0.258	0.244	0.232	0.219	0.207	0.195
0.349	0.333	0.318	0.203	0.288	0.274	0.260	0.247	0.234	0.221	0.209
0.366	0.350	0.335	0.320	0.304	0.290	0.276	0.262	0.249	0.236	0.223
0.384	0.368	0.352	0.336	0.321	0.306	0.292	0.278	0.264	0.251	0.238
0.402	0.385	0.369	0.353	0.338	0.323	0.308	0.294	0.279	0.266	0.253
0.419	0.403	0.386	0.370	0.354	0.339	0.324	0.310	0.295	0.281	0.268
0.437	0.420	0.403	0.387	0.371	0.356	0.340	0.326	0.311	0.297	0.283
0.454	0.437	0.421	0.404	0.388	0.373	0.357	0.342	0.327	0.313	0.298
0.471	0.454	0.438	0.421	0.405	0.389	0.374	0.358	0.343	0.328	0.314
0.488	0.471	0.455	0.438	0.422	0.406	0.390	0.375	0.359	0.345	0.330
0.505	0.488	0.472	0.455	0.439	0.423	0.407	0.391	0.376	0.361	0.346
0.522	0.505	0.488	0.472	0.456	0.439	0.423	0.408	0.392	0.377	0.362
0.538	0.522	0.505	0.489	0.472	0.456	0.440	0.424	0.408	0.393	0.378
0.554	0.538	0.521	0.505	0.489	0.472	0.456	0.440	0.425	0.409	0.394
0.586	0.570	0.553	0.537	0.521	0.505	0.489	0.473	0.457	0.441	0.426
0.616	0.600	0.585	0.568	0.553	0.537	0.521	0.505	0.489	0.473	0.458
0.645	0.630	0.614	0.597	0.583	0.568	0.552	0.536	0.520	0.505	0.489
0.673	0.658	0.643	0.628	0.613	0.597	0.582	0.566	0.551	0.536	0.520
0.699	0.685	0.671	0.656	0.641	0.626	0.611	0.596	0.581	0.566	0.550
0.724	0.710	0.697	0.682	0.668	0.654	0.639	0.624	0.610	0.595	0.580
0.747	0.734	0.721	0.708	0.694	0.680	0.666	0.652	0.637	0.623	0.608
0.769	0.757	0.744	0.732	0.718	0.705	0.691	0.678	0.664	0.650	0.635
0.790	0.778	0.766	0.754	0.741	0.729	0.716	0.702	0.689	0.675	0.662
0.809	0.798	0.786	0.775	0.763	0.751	0.738	0.725	0.713	0.700	0.687
0.850	0.841	0.831	0.821	0.811	0.800	0.790	0.778	0.767	0.755	0.744
0.884	0.876	0.869	0.860	0.851	0.842	0.833	0.823	0.814	0.804	0.793
0.911	0.905	0.898	0.891	0.884	0.877	0.869	0.861	0.853	0.844	0.835
0.933	0.928	0.922	0.917	0.911	0.905	0.898	0.892	0.885	0.877	0.870
0.962	0.959	0.956	0.952	0.949	0.945	0.940	0.936	0.931	0.926	0.921
0.980	0.978	0.976	0.974	0.971	0.969	0.966	0.963	0.961	0.957	0.954
0.989	0.988	0.987	0.986	0.984	0.983	0.981	0.980	0.978	0.976	0.974
0.994	0.994	0.993	0.993	0.992	0.991	0.990	0.989	0.988	0.987	0.986
0.997	0.997	0.997	0.996	0.996	0.995	0.995	0.994	0.994	0.993	0.992

主要参考文献

1. 吴明远，詹益江，叶守泽合编．工程水文学．北京：水利电力出版社，1987
2. R·K，林斯雷等著．刘光文等译．工程水文学．北京：水利出版社，1981
3. 叶守泽主编．水文水利计算．北京：水利电力出版社，1992
4. 雒文生主编．河流水文学．北京：水利电力出版社，1992
5. 雒文生，宋星原．洪水预报与调度．武汉：湖北科学技术出版社，2000
6. 长江水利委员会主编．水文预报方法（第二版）．北京：水利电力出版社，1993
7. 袁作新主编．流域水文模型．北京：水利电力出版社，1990
8. 赵人俊．流域水文模拟．北京：水利电力出版社，1984
9. 陈家琦，张恭肃著．小流域暴雨洪水计算．北京：水利电力出版社，1985
10. 雒文生．用概化汇流曲线法计算小流域设计最大流量．北京：水文计算经验汇编第三集，1965
11. 小流域暴雨径流研究组．小流域暴雨洪峰流量计算．北京：科学出版社，1978
12. 铁道部第三勘测设计院主编．铁路工程设计技术手册．桥渡水文．北京：中国铁道出版社，1993
13. 交通部公路规划设计院主编．公路桥位勘测设计规范（JTJ）062-91．北京：人民交通出版社，1998
14. 景天然编著．桥涵水文．上海：同济大学出版社，1993
15. 马学尼，黄廷林主编．水文学（第三版）．北京：中国建筑工业出版社，1998
16. 许念曾主编．桥涵水文学．北京：中国铁道出版社，1986
17. 水利部长江水利委员会主编．水利水电工程设计洪水计算规范．北京：水利电力出版社，1993
18. 陆浩，高冬光．桥梁水力学．北京：人民交通出版社，1991
19. 叶镇国．水力学与桥涵水文．北京：人民交通出版社，1998
20. 张红武等．河流桥渡设计．北京：中国建筑工业出版社，1993
21. 尚久骊．桥渡设计．北京：中国铁道出版社，1983
22. 谢鉴衡．河流模拟．北京：水利电力出版社，1990
23. 岩佐义朗．数值水理学．东京：丸善株式会社，1995

高校土木工程专业指导委员会规划推荐教材（经典精品系列教材）

征订号	书　名	定价	作　者	备　注
V16537	土木工程施工（上册）（第二版）	46.00	重庆大学、同济大学、哈尔滨工业大学	21世纪课程教材、"十二五"国家规划教材、教育部2009年度普通高等教育精品教材
V16538	土木工程施工（下册）（第二版）	47.00	重庆大学、同济大学、哈尔滨工业大学	21世纪课程教材、"十二五"国家规划教材、教育部2009年度普通高等教育精品教材
V16543	岩土工程测试与监测技术	29.00	宰金珉	"十二五"国家规划教材
V18218	建筑结构抗震设计（第三版）（附精品课程网址）	32.00	李国强 等	"十二五"国家规划教材、土建学科"十二五"规划教材
V22301	土木工程制图（第四版）（含教学资源光盘）	58.00	卢传贤 等	21世纪课程教材、"十二五"国家规划教材、土建学科"十二五"规划教材
V22302	土木工程制图习题集（第四版）	20.00	卢传贤 等	21世纪课程教材、"十二五"国家规划教材、土建学科"十二五"规划教材
V21718	岩石力学（第二版）	29.00	张永兴	"十二五"国家规划教材、土建学科"十二五"规划教材
V20960	钢结构基本原理（第二版）	39.00	沈祖炎 等	21世纪课程教材、"十二五"国家规划教材、土建学科"十二五"规划教材
V16338	房屋钢结构设计	55.00	沈祖炎、陈以一、陈扬骥	"十二五"国家规划教材、土建学科"十二五"规划教材、教育部2008年度普通高等教育精品教材
V24535	路基工程（第二版）	27.00	刘建坤、曾巧玲 等	"十二五"国家规划教材
V20313	建筑工程事故分析与处理（第三版）	44.00	江见鲸 等	"十二五"国家规划教材、土建学科"十二五"规划教材、教育部2007年度普通高等教育精品教材
V13522	特种基础工程	19.00	谢新宇、俞建霖	"十二五"国家规划教材
V20935	工程结构荷载与可靠度设计原理（第三版）	27.00	李国强 等	面向21世纪课程教材、"十二五"国家规划教材
V19939	地下建筑结构（第二版）（赠送课件）	45.00	朱合华 等	"十二五"国家规划教材、土建学科"十二五"规划教材、教育部2011年度普通高等教育精品教材
V13494	房屋建筑学（第四版）（含光盘）	49.00	同济大学、西安建筑科技大学、东南大学、重庆大学	"十二五"国家规划教材、教育部2007年度普通高等教育精品教材
V20319	流体力学（第二版）	30.00	刘鹤年	21世纪课程教材、"十二五"国家规划教材、土建学科"十二五"规划教材

征订号	书名	定价	作者	备注
V12972	桥梁施工（含光盘）	37.00	许克宾	"十二五"国家规划教材
V19477	工程结构抗震设计（第二版）	28.00	李爱群 等	"十二五"国家规划教材、土建学科"十二五"规划教材
V20317	建筑结构试验	27.00	易伟建、张望喜	"十二五"国家规划教材、土建学科"十二五"规划教材
V21003	地基处理	22.00	龚晓南	"十二五"国家规划教材
V20915	轨道工程	36.00	陈秀方	"十二五"国家规划教材
V21757	爆破工程	26.00	东兆星 等	"十二五"国家规划教材
V20961	岩土工程勘察	34.00	王奎华	"十二五"国家规划教材
V20764	钢-混凝土组合结构	33.00	聂建国 等	"十二五"国家规划教材
V19566	土力学（第三版）	36.00	东南大学、浙江大学、湖南大学 苏州科技学院	21世纪课程教材、"十二五"国家规划教材、土建学科"十二五"规划教材
V24832	基础工程（第三版）（赠送课件）	48.00	华南理工大学、浙江大学、湖南大学	21世纪课程教材、"十二五"国家规划教材、土建学科"十二五"规划教材
V21506	混凝土结构（上册）——混凝土结构设计原理（第五版）（含光盘）	48.00	东南大学、天津大学、同济大学	21世纪课程教材、"十二五"国家规划教材、土建学科"十二五"规划教材、教育部2009年度普通高等教育精品教材
V22466	混凝土结构（中册）——混凝土结构与砌体结构设计（第五版）	56.00	东南大学 同济大学 天津大学	21世纪课程教材、"十二五"国家规划教材、土建学科"十二五"规划教材、教育部2009年度普通高等教育精品教材
V22023	混凝土结构（下册）——混凝土桥梁设计（第五版）	49.00	东南大学 同济大学 天津大学	21世纪课程教材、"十二五"国家规划教材、土建学科"十二五"规划教材、教育部2009年度普通高等教育精品教材
V11404	混凝土结构及砌体结构（上）	42.00	滕智明 等	"十二五"国家规划教材
V11439	混凝土结构及砌体结构（下）	39.00	罗福午 等	"十二五"国家规划教材
V21630	钢结构（上册）——钢结构基础（第二版）	38.00	陈绍蕃	"十二五"国家规划教材、土建学科"十二五"规划教材
V21004	钢结构（下册）——房屋建筑钢结构设计（第二版）	27.00	陈绍蕃	"十二五"国家规划教材、土建学科"十二五"规划教材
V22020	混凝土结构基本原理（第二版）	48.00	张誉 等	21世纪课程教材、"十二五"国家规划教材

征订号	书 名	定价	作 者	备 注
V21673	混凝土及砌体结构（上册）	37.00	哈尔滨工业大学、大连理工大学等	"十二五"国家规划教材
V10132	混凝土及砌体结构（下册）	19.00	哈尔滨工业大学、大连理工大学等	"十二五"国家规划教材
V20495	土木工程材料（第二版）	38.00	湖南大学、天津大学、同济大学、东南大学	21世纪课程教材、"十二五"国家规划教材、土建学科"十二五"规划教材
V18285	土木工程概论	18.00	沈祖炎	"十二五"国家规划教材
V19590	土木工程概论（第二版）	42.00	丁大钧 等	21世纪课程教材、"十二五"国家规划教材、教育部2011年度普通高等教育精品教材
V20095	工程地质学（第二版）	33.00	石振明 等	21世纪课程教材、"十二五"国家规划教材、土建学科"十二五"规划教材
V20916	水文学	25.00	雒文生	21世纪课程教材、"十二五"国家规划教材
V22601	高层建筑结构设计（第二版）	45.00	钱稼茹	"十二五"国家规划教材、土建学科"十二五"规划教材
V19359	桥梁工程（第二版）	39.00	房贞政	"十二五"国家规划教材
V23453	砌体结构（第三版）	32.00	东南大学、同济大学、郑州大学 合编	21世纪课程教材、"十二五"国家规划教材、教育部2011年度普通高等教育精品教材